大庆油田复合驱技术及应用

程杰成　伍晓林　侯兆伟　鹿守亮　等著

石油工業出版社

内容提要

本书系统介绍了大庆油田三元复合驱技术进展，包括复合驱驱油理论、复合驱用表面活性剂的研制及工业生产工艺、复合体系性能评价方法、三元复合驱精细地质研究及油藏表征技术、层系井网及方案优化设计、三元复合驱动态特征及跟踪调整、三元复合驱综合评价技术等。在此基础上，列举了一类油层、二类油层强碱三元复合驱、弱碱三元复合驱及脂肽与石油磺酸盐复配弱碱复合驱等经典矿场试验、示范区实例。

本书可供从事油气田开发工程、提高采收率技术等相关专业的研究人员及三次采油技术人员参考。

图书在版编目（CIP）数据

大庆油田复合驱技术及应用 / 程杰成等著 . -- 北京：石油工业出版社，2024. 8. -- ISBN 978-7-5183-6855-6

Ⅰ. TE34

中国国家版本馆 CIP 数据核字第 2024XH0279 号

出版发行：石油工业出版社

（北京安定门外安华里 2 区 1 号楼　100011）

网　址：www.petropub.com

编辑部：（010）64523829

图书营销中心：（010）64523633

经　　销：全国新华书店

印　　刷：北京中石油彩色印刷有限责任公司

2024 年 8 月第 1 版　2024 年 8 月第 1 次印刷

787 × 1092 毫米　开本：1/16　印张：10.5

字数：232 千字

定价：50.00 元

（如出现印装质量问题，我社图书营销中心负责调换）

《大庆油田复合驱技术及应用》
编 写 组

组　长： 程杰成

副组长： 伍晓林　侯兆伟　鹿守亮　王云超　王海峰

成　员： 郝金生　于晓丹　杨　勇　刘春天　聂春林

徐清华　么世椿　刘　迪　蒋文超

前言

PREFACE

20 世纪 70 年代，美国学者首先提出适合砂岩油藏水驱后大幅度提高原油采收率的三元（碱、聚合物、表面活性剂）复合驱油方法，室内实验可比水驱提高采收率 20 个百分点以上，但由于其理论和工程化难度极大，国外长期停留在实验室和井组试验阶段。

大庆油田从 20 世纪 80 年代开始三元复合驱油技术攻关，突破低酸值原油不适合三元复合驱的理论束缚，利用进口表面活性剂先后在不同地区开展了 5 个先导性矿场试验，同时开展了自主知识产权的国产强碱和弱碱表面活性剂研制及配套工艺技术研究，并先后开展了 6 个工业性矿场试验，均比水驱提高采收率 18 个百分点以上。在此基础上，2014 年开始规模化应用，到 2023 年连续 8 年年产油量突破 $400×10^4$t。使我国成为世界上唯一拥有三元复合驱成套技术并工业应用的国家。

本书由大庆油田勘探开发研究院负责编写，本书汇集了中国石油在三元复合驱油藏方面的主要技术进展，重点介绍了复合驱驱油理论、驱油剂研制及生产、复合体系性能评价、复合驱地质研究方法、方案优化设计、动态变化规律及跟踪调控等技术进展，在此基础上，介绍了强碱三元复合驱、弱碱三元复合驱等经典矿场试验实例。

本书由七个章节构成，第一张由王海峰、鹿守亮编写，第二章由郝金生、杨勇编写，第三章由刘春天编写，第四章由聂春林、徐清华编写，第五章由王云超编写，第六章由么世椿、蒋文超编写，第七章由于晓丹、刘迪编写。全书由程杰成、伍晓林、侯兆伟组织编写和统稿。

鉴于笔者水平有限，难免存在不足之处，恳请读者批评指正。

目录

CONTENTS

第一章　复合驱驱油机理

复合驱是一项利用表面活性剂、碱、聚合物的协同效应，在扩大波及体积的同时显著提高驱油效率，从而大幅度提高原油采收率的技术。

经过多年的技术攻关，大庆油田在原油各组分对界面张力的影响程度研究的基础上，根据亲水亲油平衡理论，研究建立了低酸值原油复合驱油理论，量化了复合体系性能与驱油效率关系，为大庆低酸值石蜡基原油开展复合驱奠定了基础。

第一节　低酸值原油复合驱油理论

复合体系与原油间形成超低界面张力是复合驱提高采收率重要机理之一。20 世纪 70 年代，国外学者通过系统考察碱与原油中酸组分之间的相互作用对油水界面张力的影响，发现碱与原油中酸性组分反应生成石油羧酸盐，与外加表面活性剂协同作用降低油水界面张力，大幅度提高驱油效率[1-3]。在此基础上，国外学者给出复合驱适用原油酸值界限为不小于 0.2mg/g（以 KOH 计）。按照此理论，低酸值原油不适合复合驱。针对大庆低酸值原油［原油酸值 0.01mg/g（以 KOH 计）］，评价了百余种表面活性剂，发现有 3 种磺酸盐类产品能够与大庆低酸值原油在很窄碱浓度范围形成超低界面张力，说明酸值并不是形成超低界面张力的唯一条件。大庆低酸值原油中还存在其他组分，如胶质、沥青质、酚酯类和含氮杂环类化合物等也可通过协同效应进一步降低油水界面张力。

一、低酸值原油组分对界面张力影响

原油族组成对降低界面张力的贡献为胶质＞沥青质＞芳烃＞饱和烃，如图 1-1 所示。根据原油极性分离和酸性分离的特点，首先，对原油按照族组成分离，然后对各个族组分进行酸性活性组分的提取和测定，分别得到了不同极性的酸性活性组分，分离过程如图 1-2 所示。

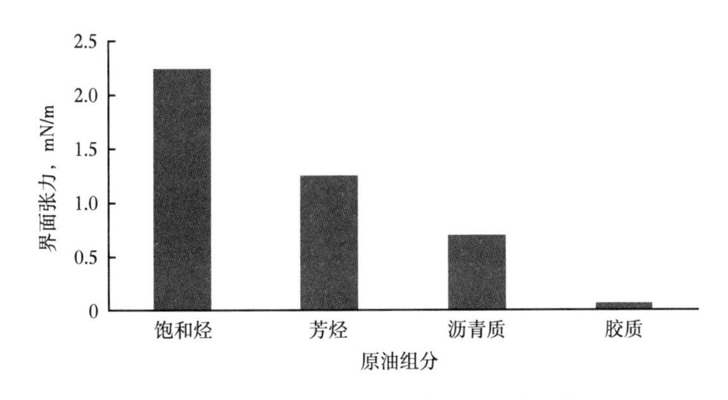

图 1-1　大庆原油组分降低界面张力贡献

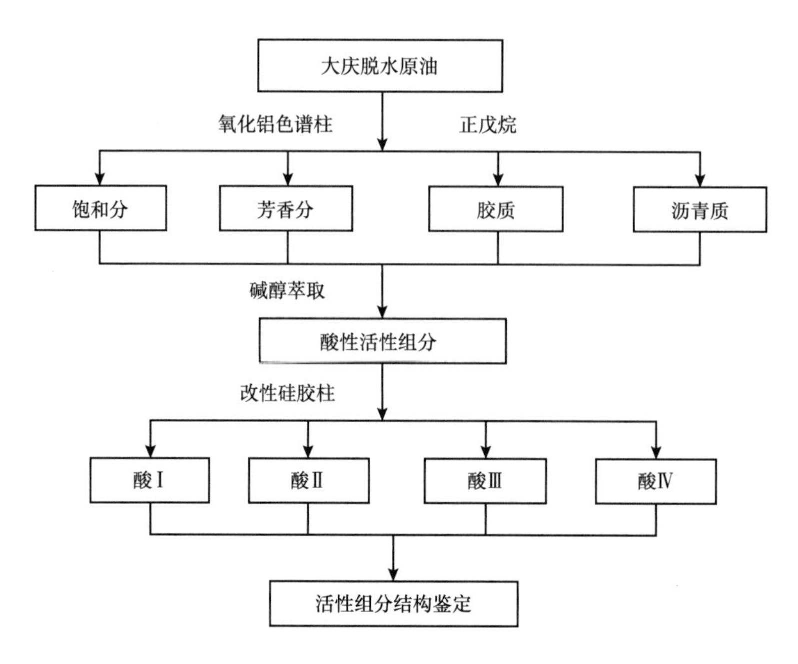

图 1-2　酸性活性组分的综合分离方法流程图

胶质、沥青质是原油中的天然活性组分，胶质和沥青质中除酸性活性组分之外，还含有大分子的含氮杂环化合物。由于含氮化合物结构复杂、极性范围宽，在原油中的含量低，采用络合法进行富集，富集过程如图 1-3 所示。

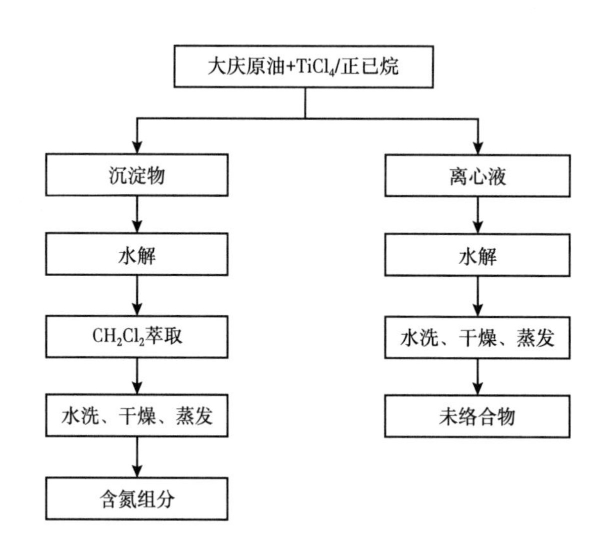

图 1-3　络合法富集含氮杂环化合物流程图

按酸组分和含氮杂环组分在原油中所占比例与煤油混合，测定其与复合体系的界面张力，实验结果如图 1-4 所示。在碱性条件下，含氮杂环化合物与特定结构的表面活性剂同样存在明显的协同效应，可以形成超低界面张力。该发现为低酸值原油应用复合驱技术提供了理论依据[4-6]。

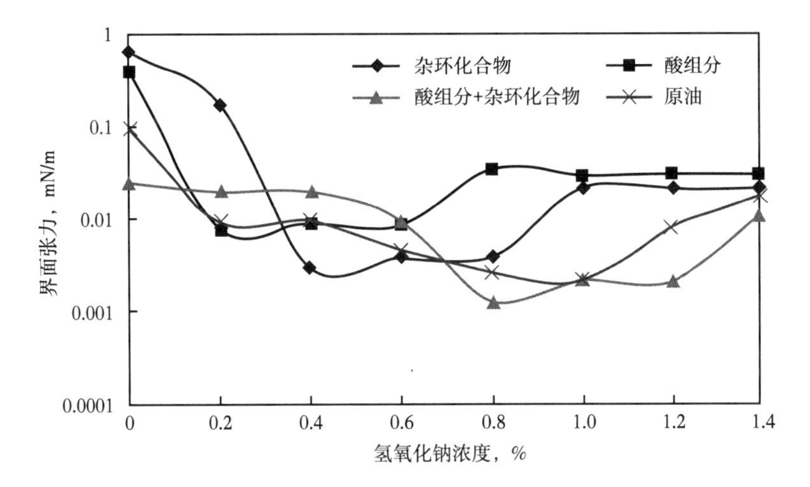

图 1-4　杂环化合物组分对界面张力影响

二、表面活性剂当量与低酸值原油的匹配关系

在原油组成研究的基础上，根据亲水亲油平衡理论，对于单组分的烃类，当与之对应的单组分表面活性剂在油水界面亲油、亲水达到平衡时，可形成超低界面张力，且表面活性剂当量与油相分子量存在最佳对应关系。同理，对于多种烃类混合物组成的油相，依据同系表面活性剂的亲水、亲油平衡值的加和性以及同系烷烃作用的协同效应，可以推导出表面活性剂当量分布与油相分子量分布形态相似、表面活性剂的平均当量与油相的平均分子量相匹配时，表面活性剂与油相间可形成超低界面张力。

基于上述原理，进一步通过不同当量表面活性剂与不同平均分子量原油界面张力实验，结合原油中不同组分与界面张力的关系，确定出非极性组分与极性组分的校正系数，建立表面活性剂当量与低酸值原油的匹配关系，进而创建低酸值原油复合驱油理论：

$$N_{\mathrm{a}}=\frac{\sum X_i N_i}{A\sum X_{\mathrm{oF},j}M_{\mathrm{rF},j}+B\sum X_{\mathrm{oJ},k}M_{\mathrm{rJ},k}} \tag{1-1}$$

式中　N_{a}——匹配系数；

X_i——表面活性剂组分 i 在表面活性剂体系中的百分含量；

N_i——表面活性剂组分 i 的当量；

A——原油中非极性组分贡献系数；

B——原油中极性组分贡献系数；

$X_{\mathrm{oF},j}$——原油中非极性组分 j 的百分含量；

$M_{\mathrm{rF},j}$——原油中非极性组分 j 的相对分子质量；

$X_{\mathrm{oJ},k}$——原油中极性组分 k 的百分含量；

$M_{\mathrm{rJ},k}$——原油中极性组分 k 的相对分子质量；

j——原油中非极性组分编号；

k——原油中极性组分编号。

三、相态转化理论

相态技术的发展与微乳液的出现密不可分，当20世纪40年代微乳液刚出现时，被称为亲水的油胶团（Hydrophilic Oleomicelles）或亲油的水胶团（Oleophilic Hydromicelles）。1959年Schulman等才开始采用“微乳液”（Microemulsion）一词来描述当大量表活剂存在时，油水形成的与乳状液不同的稳定的分散体系。研究发现，微乳液与普通的乳状液有着诸多不同，比如微乳液是可以自发形成的热力学稳定体系，其分散相质点小于0.1μm，从外观上看为透明或几乎透明体系（这与所用油相性能有关），乳化类型分为O/W，W/O和双连续相乳化。

关于微乳液的形成和稳定性，人们提出了不同的机理。Schulman和Prince等提出了瞬时负界面张力概念，即表活剂和助溶剂在油水界面产生混合吸附，大幅度降低油水界面张力到10^{-5}~10^{-3}mN/m范围，甚至产生瞬时负界面张力。为了平衡负界面张力，体系将自动扩张界面，即形成微乳液。如果微乳液发生聚结或者体系界面面积缩小，则又产生负界面张力来对抗微乳液聚结，从而解释了微乳液的稳定性。与此类似，Ruckenstein提出当表活剂和助溶剂（短链醇）存在时，二者会在油水界面产生混合吸附，从而降低油水界面张力到非常低的水平，有利于产生乳化（新的油水界面）。另外，表活剂和助剂在界面吸附导致二者在体相和界面的化学势能不相上下，从而降低了整个体相自由能，如果体相自由能变为负值，则会克服油水界面张力产生的正自由能，从而自动引发液珠分散。Ruckenstein认为上述两种作用是微乳液得以形成的主要原因。总的来看，利用表活剂和助剂来大幅度降低油水界面张力是形成微乳液的必备条件，这与表活剂在化学驱中提高原油采收率的作用相契合。

微乳液刚出现时，为了描述这种特殊的油水混合体系，人们称之为“胶束乳化”“溶胀胶束”等。后来为了更确切的体现每一种微乳液特性，Winsor P A于1948年开始把它们分为四类，分别为Winsor Ⅰ类、Winsor Ⅱ类、Winsor Ⅲ类和Winsor Ⅳ类乳化。这一经典分类法一经提出便被广泛接受，而且一致沿用至今。

（1）Winsor Ⅰ类微乳液。

体系共有两相，分别为富含表活剂的下相微乳液和几乎不含表活剂的过剩油相。微乳液类型为水包油型（O/W），其中水为连续相，油为分散相。Winsor Ⅰ类乳化发生在盐度相对较低的条件下，此时表活剂的亲水性能大于亲油性能。Winsor Ⅰ类微乳液还被称为下相微乳液、Ⅱ（−）类微乳液、γ微乳液，或水为外相的微乳液等。

（2）Winsor Ⅱ类微乳液。

体系共有两相，分别为富含表活剂的上相微乳液和几乎不含表活剂的过剩水相。微乳液类型为油包水型（W/O），其中油为连续相，水为分散相。Winsor Ⅱ类乳化发生在盐度相对较高的条件下，此时表活剂的亲油性能大于亲水性能。Winsor Ⅱ类微乳液还被称为上相微乳液、Ⅱ（+）类微乳液、α微乳液，或油为外相的微乳液等。

（3）Winsor Ⅲ类微乳液。

体系共有三相，分别为富含表活剂的中相和几乎不含表活剂的过剩油相和水相。微乳液类型为双连续相。Winsor Ⅲ类乳化发生在中等盐度条件下（介于形成Ⅰ类乳化和Ⅱ类乳化的盐度之间），表活剂亲油亲水趋于平衡，中相与油水两相界面张力均达到非常低的水

平，如果用于三次采油，此时体系驱油效果最为理想。Winsor Ⅲ类微乳液还被称为中相微乳液、Ⅲ类微乳液、β微乳液，或双连续相微乳液等。

（4）Winsor Ⅳ类乳化。

体系只有一相，油、水、表活剂完全互溶。一般情况下，要想形成 Winsor Ⅳ类乳化，需要非常高的表活剂浓度。如果用于三次采油（胶束驱），理论上可以达到 100% 采收率，但由于化学剂成本非常高，因此高浓度表活剂胶束驱目前已经渐渐淡出人们的视野。

随着高效新型表活剂开发和配方优化，低表活剂浓度、低酸值原油体系形成中相微乳液也成为可能。利用盐度梯度设计，驱油过程中首先利用黏度较高的 Winsor Ⅱ型乳化扩大波及体积，再利用油水互溶的 Winsor Ⅲ型乳化最大程度提高驱油效率，最后利用 Winsor Ⅰ型乳化携带，实现稀体系相态有序转化，从而大幅度提高采收率。

第二节　色谱分离对复合体系性能的影响

复合体系在驱替过程中会发生色谱分离现象。室内及矿场试验研究结果表明，表面活性剂、碱、聚合物的色谱分离直接影响驱油效率。采用 ϕ5cm×720cm 填砂管模型（填充物为天然油砂，黏土含量 7%~11%，渗透率为 $980\times10^{-3}\mu m^2$），系统研究了复合体系（S_{HABS}=0.3%；NaOH=1.2%；$P_{2500万}$=1600mg/L；IFT=4.21×10^{-3}mN/m，黏度为 46.1mPa·s）在驱替过程中化学剂浓度及体系性能随运移距离的变化规律，为复合体系配方设计以取得好的驱油效果奠定了基础[7-8]。

一、化学剂浓度变化规律

填砂管驱油实验采出液分析结果表明（图 1-5），化学剂采出顺序为聚合物、碱、表面活性剂；从化学剂采出浓度来看，聚合物采出浓度最高，碱其次，表面活性剂采出浓度最低（图 1-6）。这与复合驱矿场试验采出端化学剂分析结果一致。

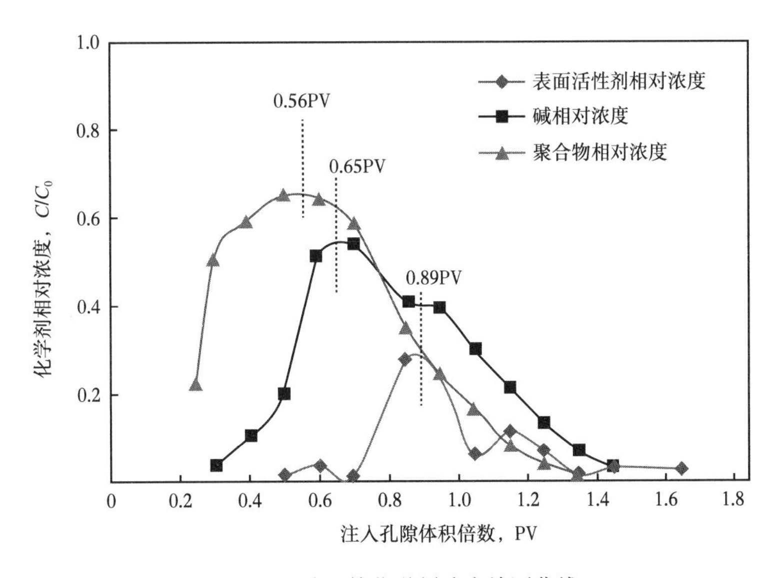

图 1-5　填砂管化学剂浓度检测曲线

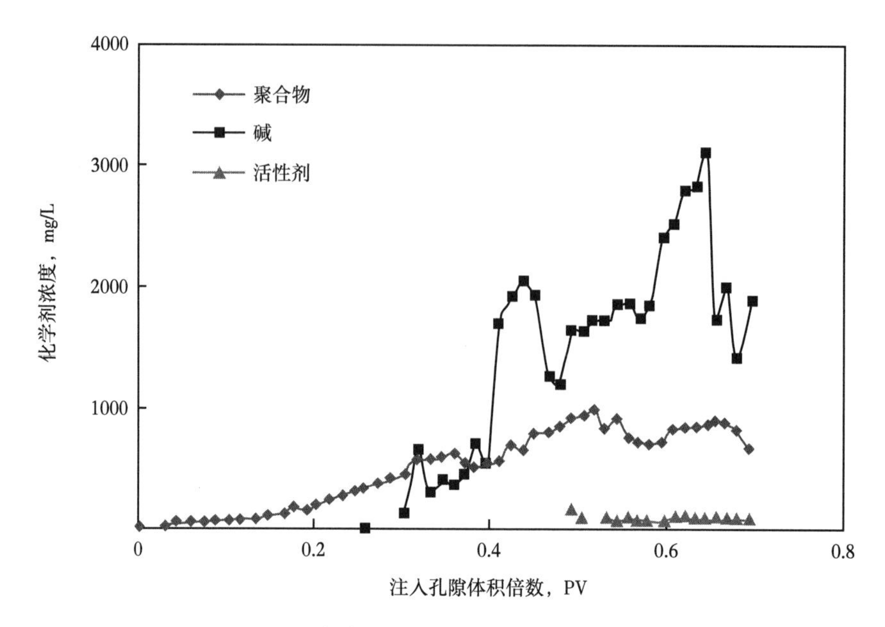

图 1-6　复合驱试验区采出化学剂浓度曲线

从图 1-7 可以看出，聚合物浓度损失较小，在岩心中的峰值浓度基本都维持在 1000mg/L 以上。

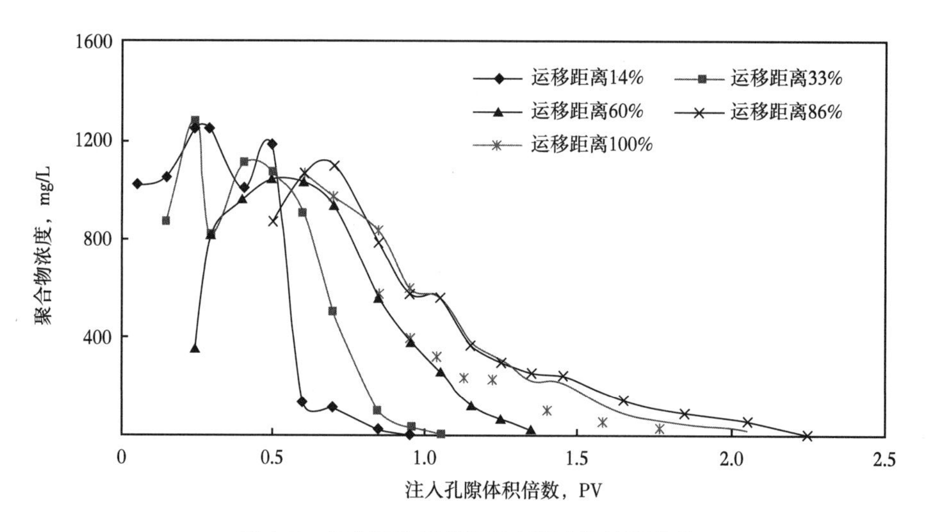

图 1-7　复合驱阶段各取样点聚合物浓度变化

随着段塞的推进，对应各取样点的碱浓度、表面活性剂浓度逐渐上升到峰值，然后逐渐下降，并且峰值浓度依次降低（图 1-8 和图 1-9）。

与聚合物和碱的损耗相比，表面活性剂在岩心中损耗最大，在油相中检测到表面活性剂（图 1-10）。表面活性剂损失的主要原因是表面活性剂进入油相和在岩心中大量吸附滞留。因此，对黏土矿物较多的二类、三类油层，则应通过加入牺牲剂或提高表面活性剂性能，减少表面活性剂的吸附量。

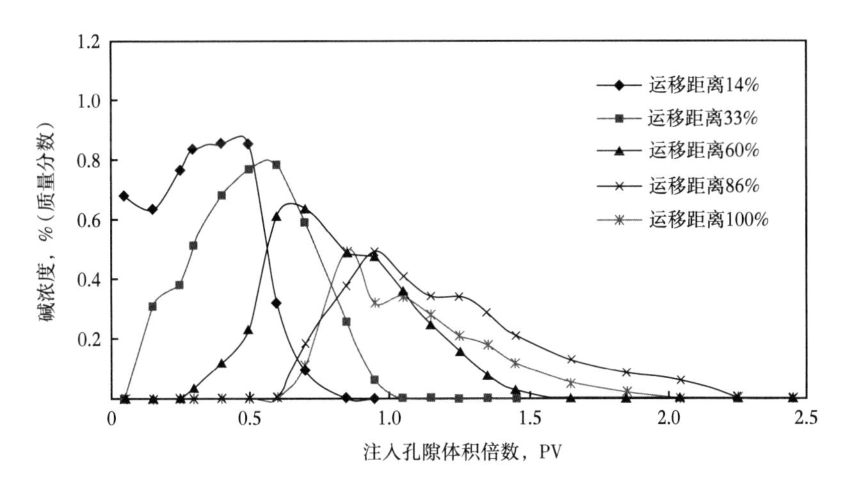

图 1-8　复合驱阶段各取样点碱浓度变化

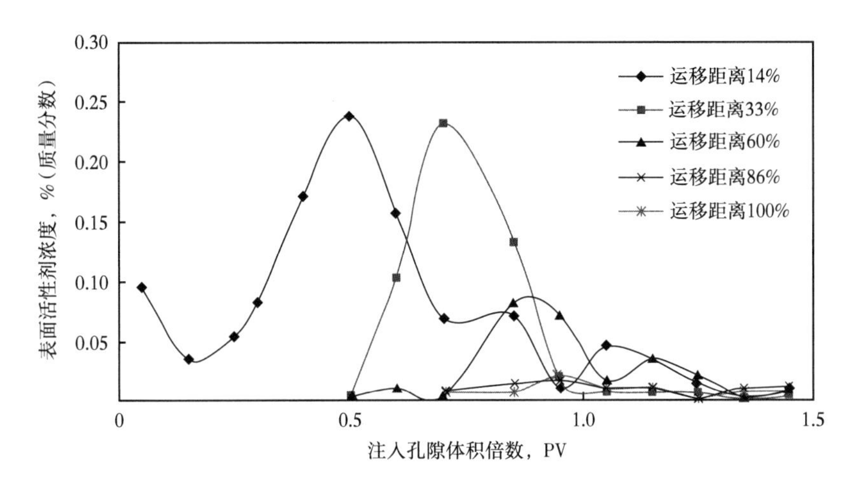

图 1-9　复合驱阶段各取样点表面活性剂浓度变化

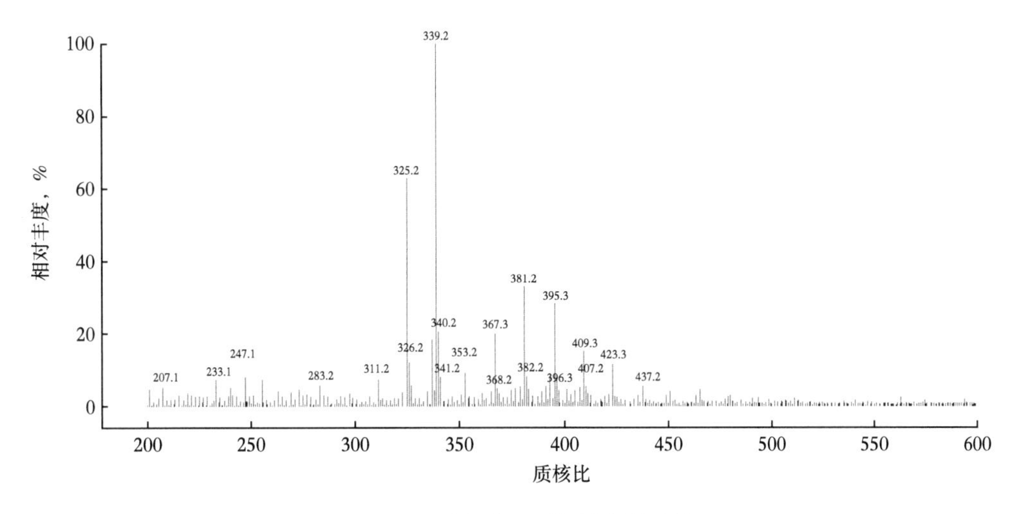

图 1-10　油相中表面活性剂的检测

二、复合体系黏度变化规律

图 1-11 为采出端的聚合物浓度及复合体系黏度测定结果。可以看出，随着注入孔隙体积倍数的增加，复合体系黏度先增大然后逐渐减小。运移过程中聚合物浓度损失较小，各取样点的聚合物黏度峰值均大于注入的复合体系黏度。这主要是因为在运移初期，聚合物与碱在一起，聚合物分子双电层被压缩，分子链发生蜷缩，复合体系黏度降低；随着复合体系段塞的不断运移，聚合物与碱发生色谱分离，聚合物分子链恢复舒展，复合体系黏度上升，注采能力将产生一定程度下降。因此，复合体系中聚合物浓度设计不应过高。

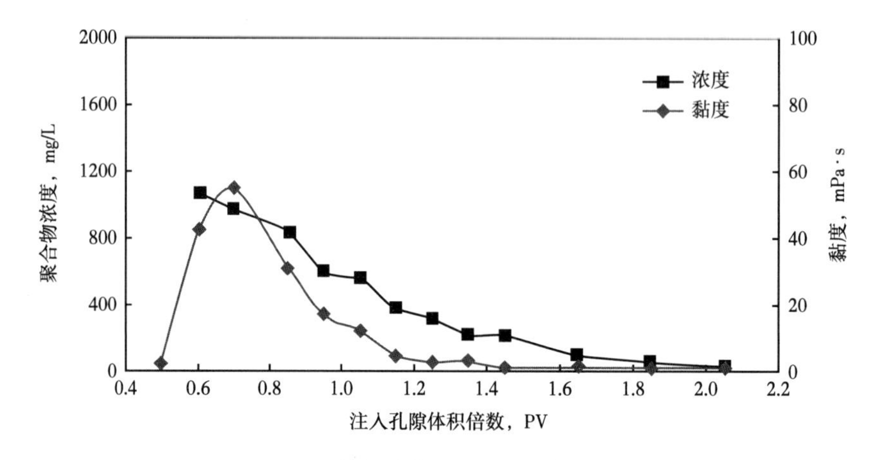

图 1-11　出口端复合体系黏度及聚合物浓度曲线

三、复合体系界面张力性能变化规律

复合体系从注入端至距离注入端 33% 处之前都能保持超低界面张力。但随着复合体系继续向采出端运移，界面张力逐渐上升（图 1-12）。从烷基苯磺酸盐产品吸附前和吸附后的 LC-MS 分析对比中可以看出，表面活性剂也存在着色谱分离，各组成含量发生变化（图 1-13 和图 1-14），导致复合体系界面张力达不到超低。因此，复合体系性能优化时，可通过扩大超低界面张力范围或研制组分相对单一的表面活性剂，增大复合体系在油层中的超低界面张力作用距离，进一步提高驱油效率。

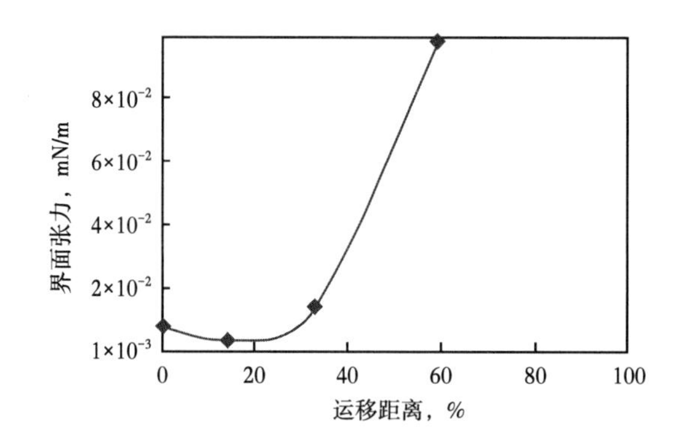

图 1-12　各取样点体系界面张力

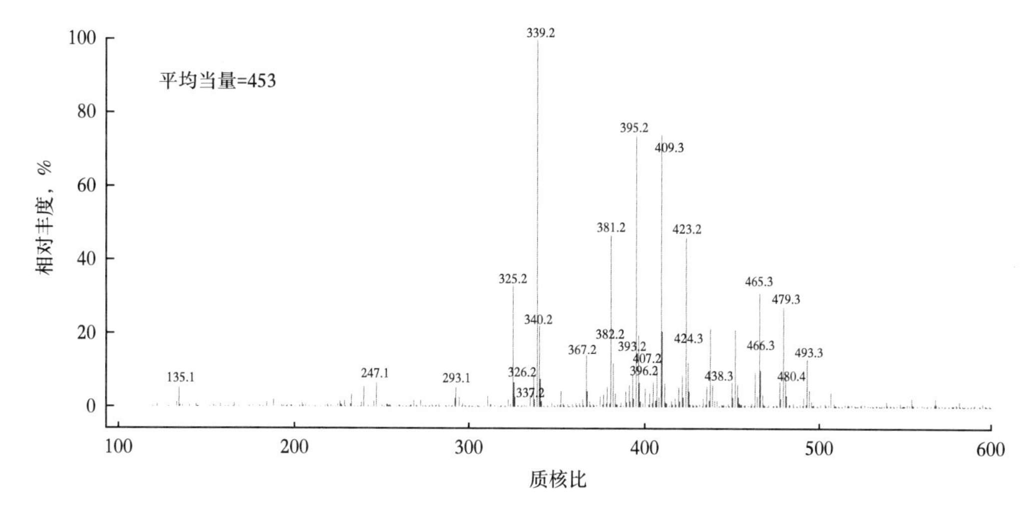

图 1-13　烷基苯磺酸盐产品注入端 LC-MS 分析结果

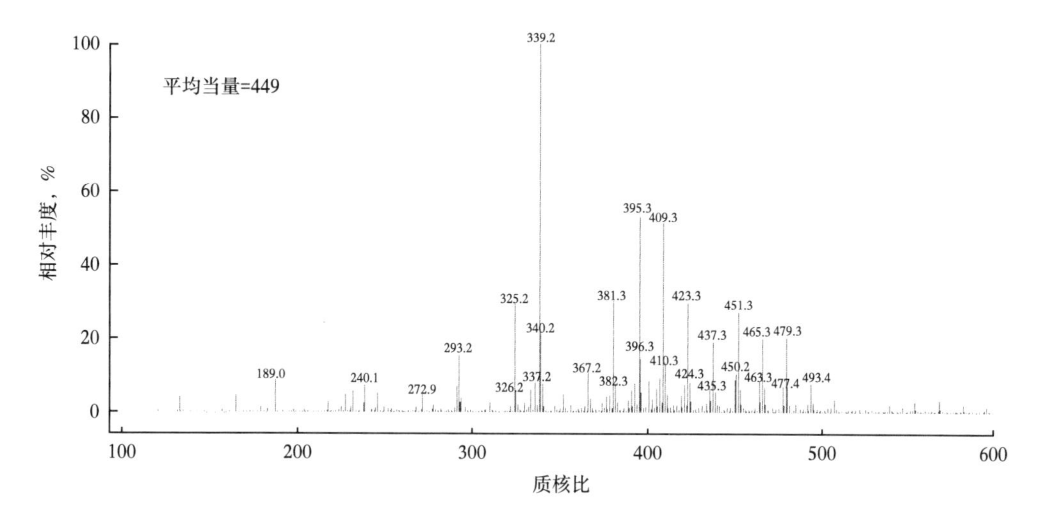

图 1-14　烷基苯磺酸盐产品采出端 LC-MS 分析结果

第三节　复合体系性能与驱油效率

复合体系的界面张力、乳化、吸附等性能直接影响驱油效果。在不同复合体系性能评价的基础上，进一步研究了复合体系界面张力、乳化、吸附与驱油效率关系。

一、复合体系界面张力与乳化性能

选取了强碱三元、弱碱三元、无碱二元和聚合物，共计四种驱油体系。复合体系配制见表 1-1，强碱三元体系和聚合物体系的黏度与聚合物浓度关系如图 1-15 所示。

表 1-1 复合体系配制表

体系名称	碱	表面活性剂	聚合物浓度，mg/L（HPAM 分子量 2500×10^4）	黏度，mPa·s
强碱三元体系	NaOH 浓度 1.2%	强碱表面活性剂浓度 0.3%	1350	30.75
弱碱三元体系	Na_2CO_3 浓度 1.2%	弱碱表面活性剂浓度 0.3%	1350	30.5
无碱二元体系	无	无碱表面活性剂浓度 0.3%	1200	30.25
聚合物体系	无	无	1200	30.5

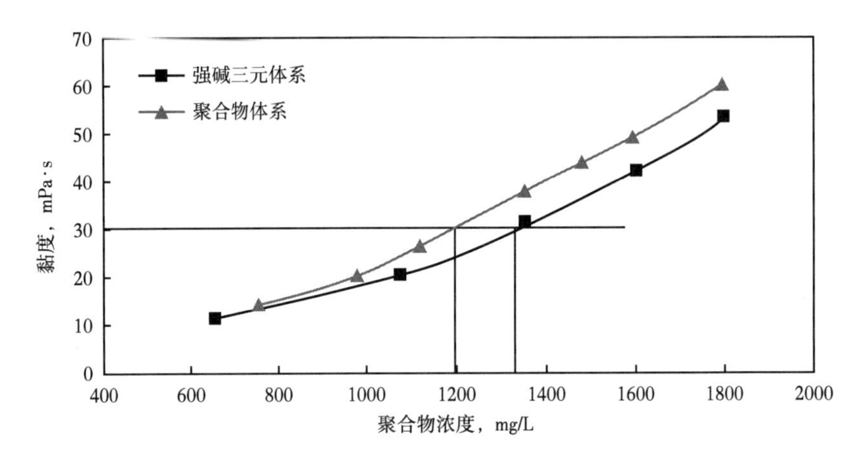

图 1-15 强碱三元体系和聚合物体系的黏度与聚合物浓度关系

1. 界面张力性能

在 45℃ 下，用 Model TX 500C 界面张力仪 5500r/min 测定复合驱油体系与大庆原油间的界面张力。界面张力与时间关系如图 1-16 所示，强碱三元体系不同乳化等级界面张力与时间关系如图 1-17 所示。

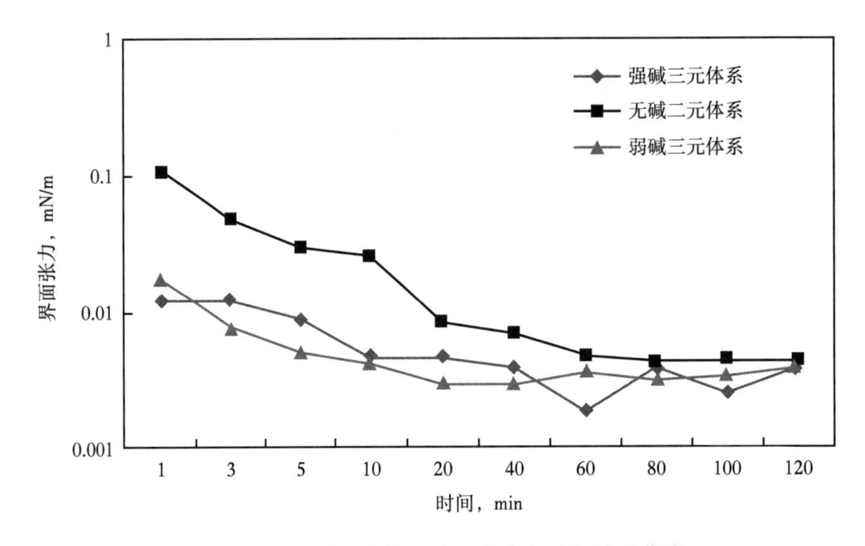

图 1-16 不同驱油体系界面张力和时间关系曲线

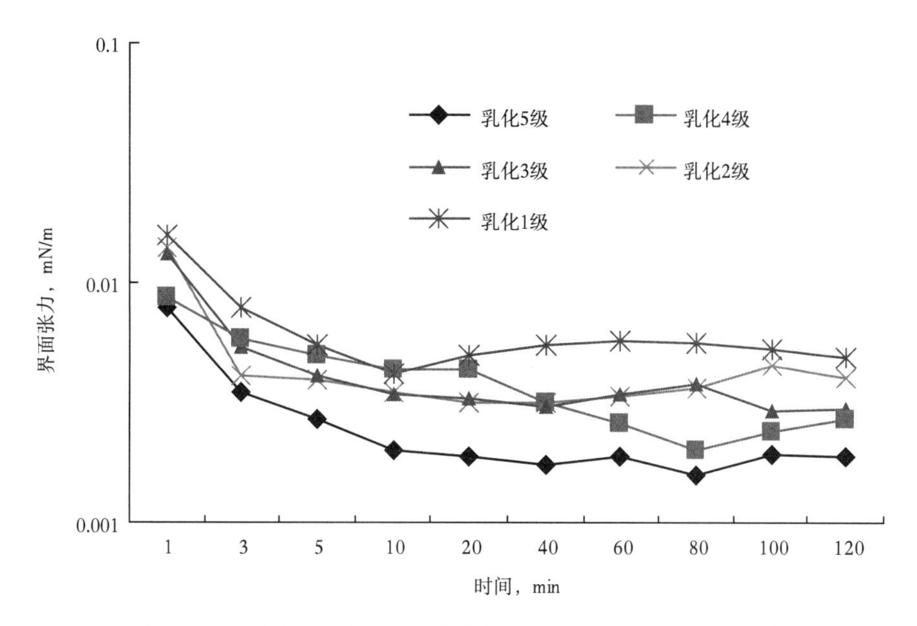

图 1-17　强碱三元体系不同乳化等级界面张力和时间关系曲线

从图 1-16 可以看出，无碱、弱碱和强碱三个体系均能达到超低界面张力（10^{-3}mN/m），在相同时间段强碱三元和弱碱三元体系油水界面张力都明显低于表面活性剂 + 聚合物的无碱二元体系，三元体系达到超低界面张力的时间更早，速度更快。从图 1-17 可以看出，强碱三元 5 个乳化等级的界面张力大致随着乳化等级的增加而降低。强碱三元乳化 5 级界面张力明显高于其他强碱三元乳化等级。强碱三元乳化 1 级界面张力高于其他强碱三元乳化等级。而且乳化 1 级动态曲线还出现界面张力翘尾现象。从这些结果可以看出，不同乳化等级强碱三元体系能够在原界面张力的基础上继续降低界面张力，具有启动原油乳化的能力[9-12]。

2. 乳化性能

（1）乳化稳定性。

取复配体系（聚合物、无碱二元、弱碱三元、强碱三元）和大庆原油按照比例（5∶5、1∶9、3∶7）混合，放置到 45℃，150r/min 恒温摇床中震荡 24h。利用全能近红外线稳定分析仪，分别分析各时间段乳化稳定性系数。分析流程如下：利用全能近红外线稳定分析仪对各个乳状液样品进行扫描分析。扫描程序为 0~60min，每 1min 扫描一次；60~180min，每 5min 扫描一次。根据扫描结果得到各阶段原油乳状液的稳定系数，结果表 1-2。

表 1-2　不同驱油体系不同油水比条件下乳化稳定系数表

序号	体系	油水比 5∶5 乳化稳定系数	油水比 1∶9 乳化稳定系数	油水比 3∶7 乳化稳定系数
1	无碱二元	1.69	0.71	1.49
2	强碱三元	2.06	0.97	2.27

续表

序号	体系	油水比 5∶5 乳化稳定系数	油水比 1∶9 乳化稳定系数	油水比 3∶7 乳化稳定系数
3	弱碱三元	2.08	2.44	4.06
4	聚合物	3.00	—	—

由于聚合物体系没有乳化原油的能力，在整个乳化稳定性分析的过程中，其稳定性系数一直不变。其余 3 种驱油体系（无碱二元、弱碱三元、强碱三元）在油水比为 5∶5 时，稳定性系数在 0.5~2.0 之间，说明这三种驱油体系的乳状液均具有一定的稳定性。

三种驱油体系油水比为1∶9的稳定性系数均小于3∶7的，说明驱油体系的油水比越大，越有利于乳状液体系的稳定。三种体系内比较发现，强碱三元体系的乳状液稳定性系数优于弱碱三元和无碱二元。

（2）不同比例复合驱系乳状液粒径。

取复配体系（无碱二元、弱碱三元、强碱三元）和大庆原油按照不同比例（9∶1、7∶3、5∶5、3∶7、1∶9）混合，将各驱油体系按照不同的油水比例混合，放于 45℃ 摇床，150r/min 震荡 24h，取出后在 45℃ 烘箱放置 10min 后，取出乳化层对乳化颗粒粒径下进行统计。原油乳状液颗粒的平均粒径统计结果如图 1-18 所示。

图 1-18 中原油乳化颗粒平均直径测量结果表明，无碱二元、弱碱三元、强碱三元三种体系均呈现一定的规律，随着原油比例的增加，对于水包油乳状液而言，作为分散相的原油颗粒的粒径逐渐变大。对于强碱三元体系，油水比从 1∶9 增加到 3∶7 和 5∶5 后，原油乳化颗粒平均粒径从 31.552μm 分别增大到 61. 575μm 和 90.496μm，当油水比达到 7∶3 时，乳状液从 O/W 型转变为 W/O 型；对于弱碱三元体系，油水比从 1∶9 增加到 3∶7、5∶5 和 7∶3 后，原油乳化颗粒平均粒径从 63.276μm 分别增大到 95.098μm、114.908μm 和 455.472μm，当油水比达到 9∶1 时，乳状液从 O/W 型转变为 W/O 型；对于无碱二元体系，油水比从 1∶9 增加到 3∶7 后，原油乳化颗粒平均粒径从 52.171μm 增大到 84.213μm，当油水比达到 5∶5 后，乳状液从 O/W 型转变为 W/O 型；当油水比为 1∶9 时，强碱三元体系的平均乳化颗粒平均粒径最小，无碱二元体系次之，弱碱三元体系最大。而且各油水比（3∶7、5∶5）强碱三元体系的乳化颗粒均小于无碱二元体系和弱碱三元体系。说明强碱三元体系的乳化能力最佳，优于无碱二元体系和弱碱三元体系。已知乳化液破乳要求颗粒聚集，颗粒之间存在的引力克服排斥力。在破乳过程中，颗粒越来越大。而强碱三元体系油水比为 1∶9 时，原油乳化颗粒最小，虽然各乳化颗粒联结聚集在强碱三元体系中，但是强碱三元体系能在乳化颗粒表面形成一层界面膜。界面膜对分散相液滴具有保护作用，使其在布朗运动中相互碰撞的液滴不易聚结。因此形成了强碱三元油水比为 1∶9 所呈现的显微观察照片中的图像，也从侧面反映出强碱三元体系乳化原油后具有较强的稳定性。

不同乳化级别强碱三元体系（5∶5）乳化显微照片如图 1-19 所示，从图中可以看出随着乳化等级别的增加，乳化液滴逐渐变小，且相同视野下，乳化液滴增多。从乳状液粒径统计来看，随着乳化等级的增加，乳化颗粒的粒径逐渐变小，平均粒径从 0 级的 99.009μm 逐渐减小到 5 级的 67.915μm（图 1-20）。

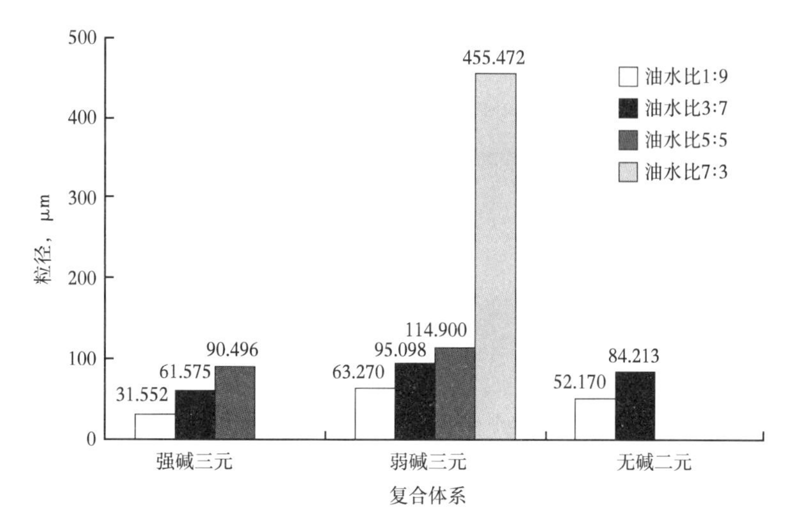

图 1-18 各体系原油乳化颗粒平均粒径

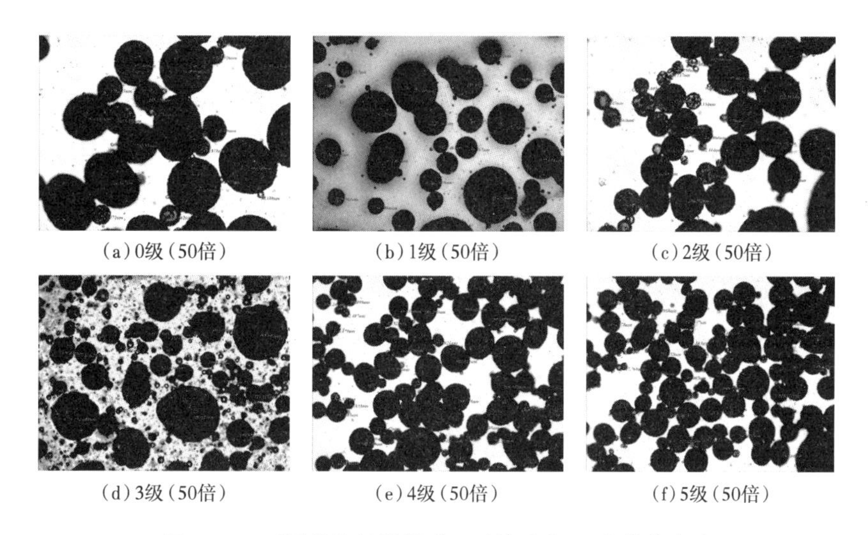

图 1-19 不同乳化级别强碱三元体系（5：5）乳化实验

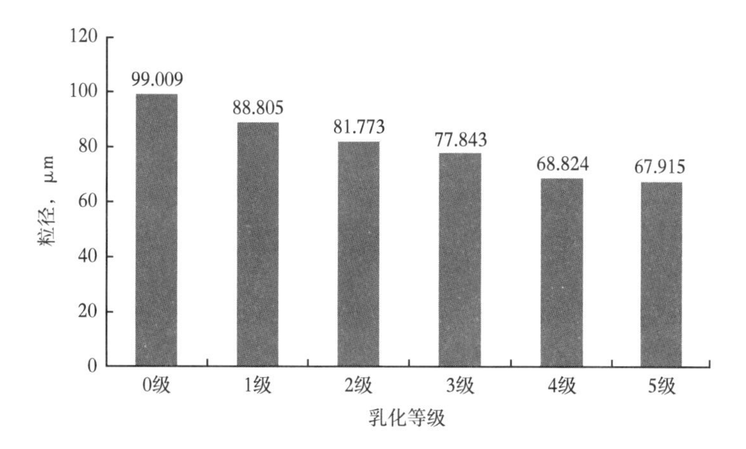

图 1-20 不同乳化级别强碱三元体系（5：5）乳化颗粒粒径统计

（3）不同油水比条件下复合体系乳化性能。

将不同复配体系与油水混合后的乳状液在恒温摇床震荡24h后，倒入试管中，在45℃恒温箱静置，测量乳状液在不同时间的析水率，结果如图1-21所示。

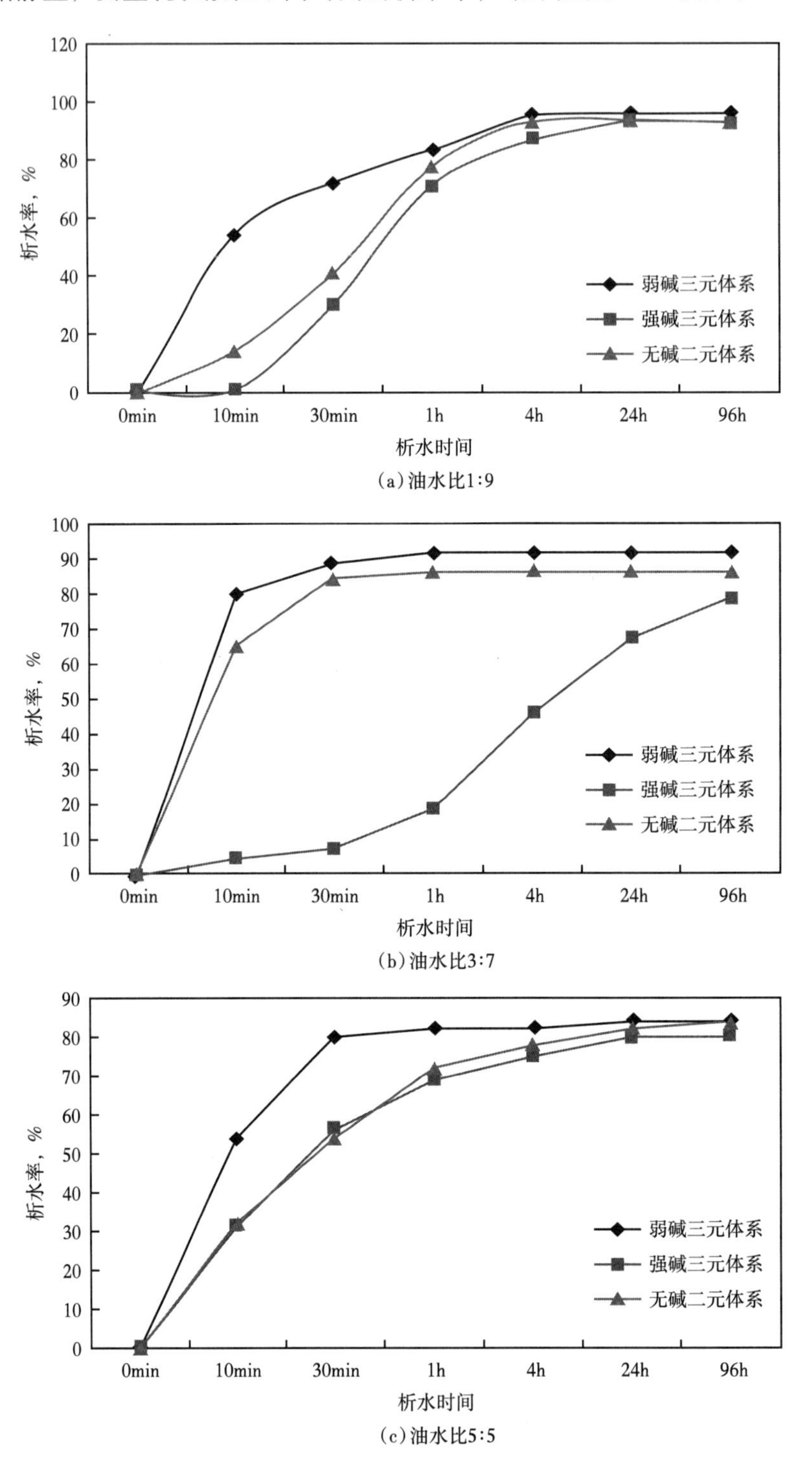

（a）油水比1:9

（b）油水比3:7

（c）油水比5:5

图1-21　各体系不同油水比下的析水率

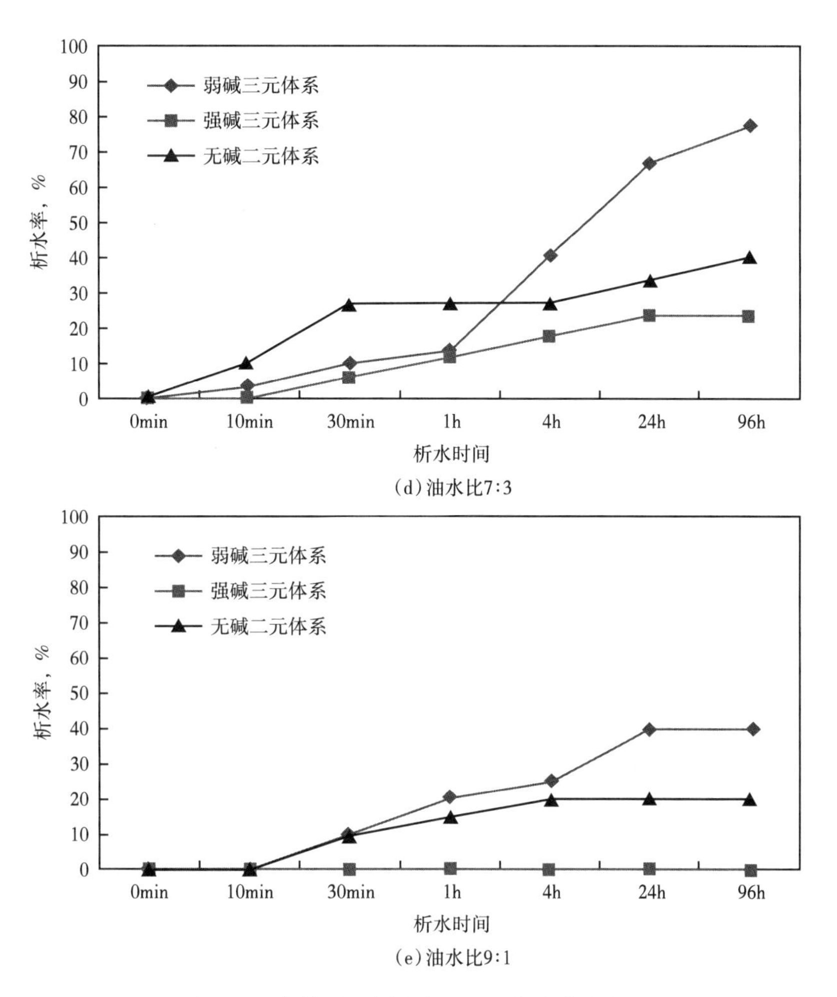

图 1-21　各体系不同油水比下的析水率（续图）

从图 1-21 可以看出，虽然油水比例不同，但是呈现的规律却一致，强碱三元体系的析水率和最终析水率都低于无碱二元体系和弱碱三元体系，而无碱二元体系的析水率和最终析水率均略低于弱碱三元体系。说明在析水率这一指标下，强碱三元体系最佳，无碱二元体系次之，最差为弱碱三元体系。从不同油水比下的析水率可以看出，各驱油体系的油水比越大，析出的程度越小，说明能形成较稳定的油包水的状态。以强碱三元体系为例，油水比为 1∶9 时，析水率为 90%，而油水比为 9∶1 时，在 96h 之内，无水析出。

将不同乳化等级强碱三元体系与油水混合后的乳状液在恒温摇床震荡 24h 后，倒入试管中，在 45℃ 恒温培养箱静置，测量乳状液在不同时间的析水率，结果如图 1-22 所示。

强碱三元不同乳化等级驱油体系对析水率影响较大，乳化等级越高，析水速度越慢，最终的析水率也越低。

无碱二元、弱碱三元和强碱三元 3 种驱油体系的界面张力均能达到超低（小于 1.0×10^{-3}mN/m）；强碱三元体系乳化稳定性、乳化颗粒直径以及析水率等性能都强于弱碱三元体系和无碱二元体系，随着油水比的增大，乳状液平均粒径和分散度先增大再减小。

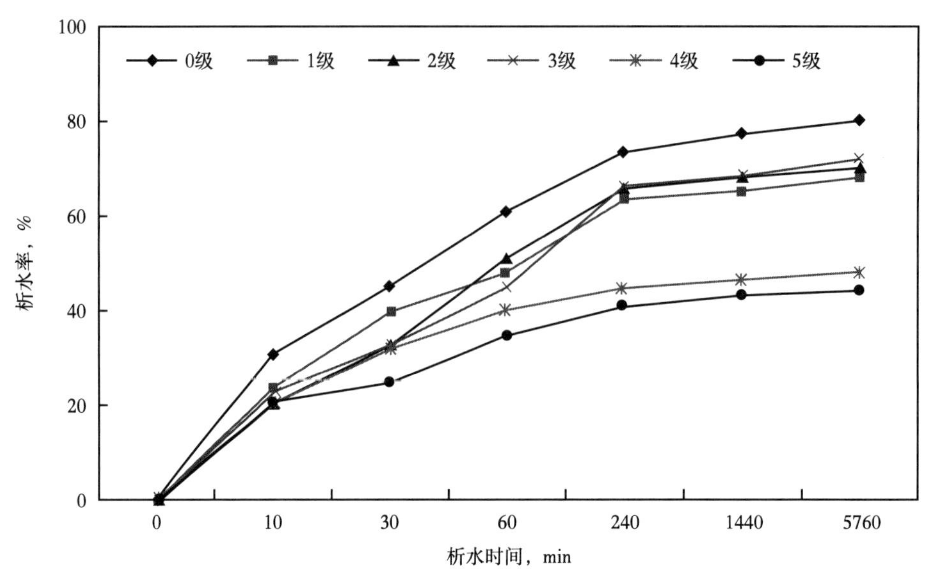

图 1-22　不同乳化级别强碱三元体系析水率变化

二、复合体系性能对驱油效率的影响

1. 界面张力与驱油效率的量化关系

筛选了 4 种代表性复合体系，界面张力平衡值数量级不同，4 种体系复合驱驱油效率均值分别为 14.62%、20.68%、24.45% 和 26.27%。对比分析可以看出，平衡界面张力数量级越低，复合驱采收率提高幅度越大，但当平衡界面张力值降低至一定程度后，复合驱驱油效率增幅变小（表 1-3）。

表 1-3　界面张力平衡值为不同数量级复合体系物理模拟实验结果

体系编号	界面张力平衡值，mN/m	复合驱驱油效率均值，%	复合驱驱油效率增幅，%
1	1.03×10^{-1}	14.62	—
2	1.08×10^{-2}	20.68	6.06
3	1.01×10^{-3}	24.45	3.77
4	2.43×10^{-4}	26.27	1.82

复合体系油水动态界面张力往往存在最低值，物理模拟实验数据表明，复合体系平衡界面张力值近似条件下，动态界面张力最低值越低，复合驱驱油效率增加幅度越大（表 1-4）。

表 1-4　界面张力平衡值近似最低值不同复合体系物理模拟实验结果

体系编号	界面张力最低值，mN/m	超低界面张力作用时间，min	界面张力平衡值，mN/m	复合驱驱油效率平均值，%
5	2.58×10^{-3}	45	2.87×10^{-2}	22.85
6	2.69×10^{-4}	120	1.21×10^{-2}	25.27

综合考虑界面张力最低值、界面张力平衡值及超低界面张力作用时间等界面张力因素对驱油效率的影响，建立了评价复合体系界面张力的综合指标，即超低界面张力作用指数 S：

$$S=\Delta \mathrm{IFT}^{-1}\cdot \Delta t=(\mathrm{IFT}_{最低}{}^{-1}-\mathrm{IFT}_{超低}{}^{-1})\Delta t \quad (1-2)$$

式中　ΔIFT——复合体系界面张力最低值与超低值（0.01）差值，mN/m；

Δt——超低界面张力作用时间差值，min；

$\mathrm{IFT}_{最低}$——界面张力最低值，mN/m；

$\mathrm{IFT}_{超低}$——超低界面张力值，mN/m。

通过超低界面张力作用指数及相对应驱油效率数据拟合，得到了式（1-3）：

$$E=0.9772\ln S+13.241 \quad (1-3)$$

式中　E——复合体系驱油效率值；

S——超低界面张力作用指数。

E 与 S 的对数呈线性关系，S 值越大，E 值越高。复合驱驱油效率值为 20%，S 值需大于 1000。

2. 乳化性能与驱油效率的量化关系

乳化性能对复合驱效果至关重要。复合体系与原油作用后形成的油包水型和水包油型乳状液，可分别用水相含油率、油相含水率来表征。通过多元回归实验数据，定量研究了复合体系乳化性能。

将复合驱油体系与原油按所需比例加入具塞比色管中，采用均质器混合匀化，把装有匀化后乳状液的具塞比色管垂直静置于恒温烘箱中，分别在不同时间记录乳状液总体积、上相体积、中相体积和下相体积，直至上相和下相的体积不再变化。通过冷冻、萃取、标定标准曲线及测定吸光度值等实验，实现水相含油率、油相含水率的数值化表征。

为研究乳化性能对复合驱驱油效率的影响开展不同乳化性能复合体系物理模拟实验，实验结果见表 1-5。

表 1-5　复合体系乳化性能指标及驱油效率

样品编号	水相含油率%	水相含油率增幅，%	油相含水率%	油相含水率增幅，%	复合驱驱油效率均值，%	复合驱驱油效率均值增幅，%
1	0.0714	—	11.16	—	19.65	—
2	0.1560	0.0846	14.50	3.34	21.35	1.70
3	0.1843	0.1129	20.00	8.84	23.30	3.65
4	0.3256	0.2542	27.11	15.95	25.51	5.86
5	0.4224	0.3510	35.06	23.90	27.85	8.20

总结归纳复合体系驱油效率增幅、水相含油率增幅及油相含水率增幅数据，通过多元回归方法拟合实验数据，确定复合体系乳化性能与驱油效率量化关系为：

$$\Delta E=1.09\Delta X^{0.69}+0.252\Delta Y^{1.0} \quad (1-4)$$

式中　ΔE——复合驱驱油效率增幅；

ΔX——乳状液水相含油率；

ΔY——乳状液油相含水率。

根据油相含水率、水相含油率与采收率增幅的关系，进一步建立了乳化贡献程度 D_E。

$$D_E = \frac{\Delta E}{\Delta E + E} \times 100\% = \frac{1.09\Delta X^{0.69} + 0.252\Delta Y^{1.0}}{1.09\Delta X^{0.69} + 0.252\Delta Y^{1.0} + E} \times 100\% \tag{1-5}$$

式中　D_E——乳化贡献程度。

结合 French 提出的乳化性能分类，乳化性能弱及较弱体系对驱油效率贡献程度小于10%，乳化性能较强及强体系对驱油效率贡献程度大于 20%（表 1-6）。

表 1-6　不同乳化性能复合体系对驱油效率贡献程度

实验编号	驱油效率均值，%	驱油效率增幅，%	贡献程度，%
1	19.65	—	—
2	21.35	1.70	7.96
3	23.30	3.65	15.67
4	25.51	5.85	22.94
5	27.85	8.20	29.15

在不同储层条件下，乳化会对渗流能力产生不同影响，所以复合体系存在最佳乳化程度。物模实验结果表明，均质岩心条件下，渗透率越高，与之相匹配的乳化程度越强。非均质岩心同样存在最佳乳化程度，渗透率相同时，岩心非均质性越强，匹配的乳化程度越高（表 1-7）。

表 1-7　不同人造岩心中复合体系乳化性能与驱油效率的关系

体系	弱	较弱	中	较强	强	最佳乳化程度
均质岩心（K=1.2μm^2）	15.64	16.31	18.94	22.98	21.59	较强
均质岩心（K=0.8 μm^2）	16.90	17.60	19.60	22.13	17.76	较强
均质岩心（K=0.3μm^2）	15.92	20.11	17.18	17.34	16.33	较弱
非均质岩心（K=0.8μm^2，变异系数为 0.59）	26.36	27.75	22.13	23.00	24.00	较弱
非均质岩心（K=0.8μm^2，变异系数为 0.68）	23.05	24.12	25.61	27.97	20.85	较强

利用复合体系乳化程度与储层特性匹配关系研究成果，实现乳化性能的个性化设计，保证复合驱取得最佳驱油效果[16-18]。

3. 吸附性能与驱油效率的量化关系

复合驱过程中，化学剂会发生吸附损耗。如果化学剂在油层岩石上吸附速度过快，将导致驱油体系配方组分迅速损失，偏离最初设计的体系配方，最终降低复合驱驱油效率。

根据大庆油田油层实际情况，采用 80~120 目净油砂，对二元体系（碱、表面活性剂）及复合体系进行多次吸附实验。多次吸附后碱、表面活性剂浓度见表 1-8。

表 1-8　多次吸附后复合体系表面活性剂、碱浓度变化情况

吸附次数	复合体系表面活性剂浓度，%	复合体系碱浓度，%	二元体系表面活性剂浓度，%	二元体系碱浓度，%
0	0.2788	1.1	0.2788	1.18
1	0.2010	1.02	0.1581	1.03
2	0.1700	1.00	0.1122	0.97
3	0.1428	1.00	0.0986	0.99
4	0.1156	0.93	0.0680	0.89
5	0.0646	0.92	0.0476	0.76
6	0.0408	0.78	0.0357	0.65
7	0.0255	0.71	0.0255	0.56

多次吸附后复合体系驱油效率及驱油效率变化幅度（比原液体系驱油效率）数据可以看出，吸附次数越多，复合体系驱油效率越低，体系性能变差。吸附 2 次后，驱油效率下降趋势明显（表 1-9）。

表 1-9　多次吸附后复合体系驱油效率及降幅

吸附次数	吸附后复合驱驱油效率，%	复合驱驱油效率变化幅度，%
0	24.9	—
1	24.7	99.2
2	24.2	97.2
3	23.5	94.4
4	20.4	81.9
5	17.7	71.1
6	16.1	64.7
7	14.1	56.6

第四节　复合体系微观驱油机理

微观刻蚀模型实验系统主要由驱替泵、中间容器、显微镜、摄像机、显微摄像头、监视器、录像机及实验用微观模型等组成（图 1-23）。实验中复合驱的压差不大于水驱油的压差。利用该设备观察整个驱替过程，用彩色显微录像和显微摄影记录实验中的流动过程和各种现象，供分析研究。

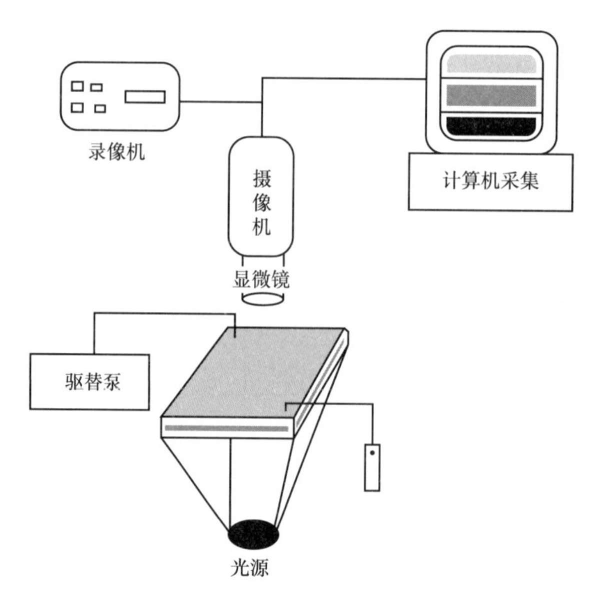

图 1-23　微观刻蚀模型驱油实验系统示意图

一、强碱三元复合体系微观驱油机理

强碱三元复合驱配方为溶液浓度 1.2% 的分析纯 NaOH、0.3% 的表面活性剂和分子量为 2500×10^4 的聚合物。表面活性剂与原油之间的界面张力达到了超低界面张力（小于 1.0×10^{-2}mN/m），具有启动原油乳化的能力。从亲水模型来描述强碱三元复合驱的微观渗流机理和复合驱后剩余油分布[12-13]。

微观刻蚀模型水驱后剩余油分布如图 1-24 所示。可以看出，水驱后的剩余油分布形态多样，主要分布在孔隙间的交会处、部分较大的孔隙中、狭小的喉道和盲端内。由于注入水在孔道的流动过程中受到不均匀突进、流动不畅孔道和表面力的滞留、细孔喉卡断等作用的影响，在微观模型水驱油试验中可明显地看到存在大量的剩余油斑块。

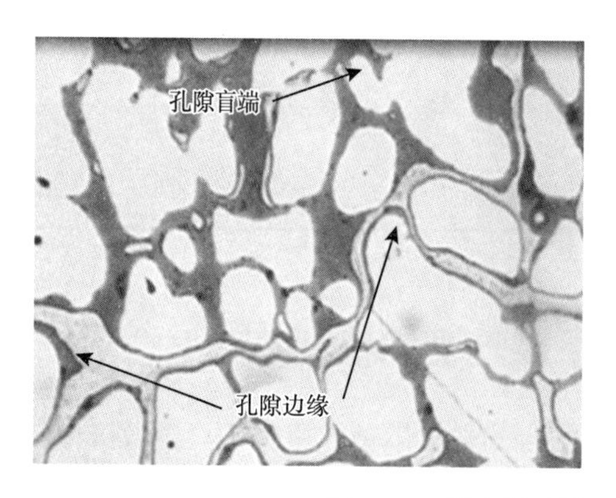

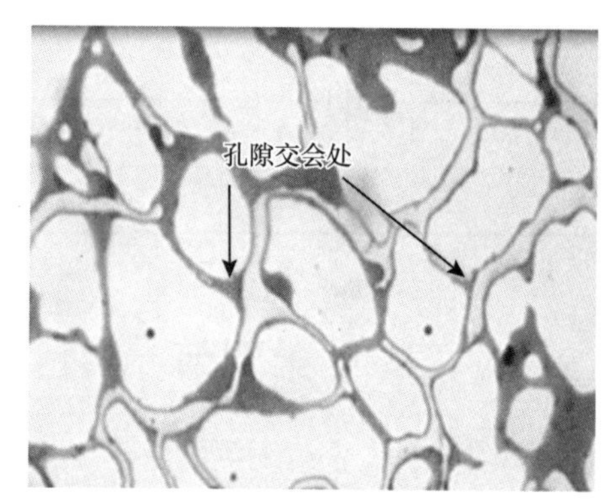

图 1-24　微观刻蚀模型水驱后残余油分布图

当强碱三元复合驱溶液进入孔隙中时，首先沿着孔隙的边缘进入充满水的较大的孔道中。加入的聚合物使流体黏度增大，波及体积增大，可以改善绕流现象。随着强碱三元复合驱的进行，由于黏度增大，驱动压差增大，可以克服部分毛细管压力，将较细喉道中的残余油驱出，在强碱三元复合驱的前缘形成高含油富集带；由于表面活性剂的作用，水驱剩余油与注入流体的界面张力大大降低，在充满复合体系的孔隙中，小油滴可以变形，并顺利通过狭窄的喉道；在强碱三元复合驱油压差不大于水驱油压差的条件下，由于剩余油和复合驱溶液之间的剪切应力大于油水之间的剪切应力，大孔隙中的大油滴在复合驱溶液的作用下逐渐变形，在变形的过程中，复合驱溶液通过对油的剪切拖拽作用从大油斑上剪切下来形成一个个小油滴，夹带着油珠将其带走，通过喉道向前运移，具有较强的携带油珠的能力。

强碱三元复合体系驱替微观模型内的剩余油时，可以概括为以下驱油机理。

（1）小油滴启动。当复合体系前缘进入模型时，复合体系与地层水汇合互溶，使复合体系前缘浓度降低，此时低浓度的复合体系前缘可使黏附在孔壁的小油滴重新运移，而大部分水驱剩余油仍滞留不动。由于复合驱可以将水驱无法采出的小油滴驱替出来，因此，复合驱可以提高洗油效率，从这一方面来说，复合驱具有提高采收率的能力。

（2）大油滴变形重新运移。随着复合体系注入量增大，复合体系浓度逐渐增大，这时大孔隙中的大油滴在低界面张力作用下逐渐变形，并随着复合体系通过喉道向前运移。在变形的过程中，有的油滴被拉成细长的油丝，有利于通过喉道向前运移，当油滴运移到较大孔隙后，与该孔隙内的油块聚并成较大的油团。

（3）剥蚀、乳化现象。当复合体系浓度进一步提高时，在模型中可以看到滞留的原油被剥蚀成小油滴，并进一步乳化成小油珠，形成的O/W型乳状液随着复合体系向前运移，此时驱油效果最好，也是复合体系驱油的主要阶段。大油滴在表面活性剂的作用下界面张力降低，油块变形被拉长，受到聚合物的剪切作用拉长部分被剥离、乳化。

微观刻蚀模型在强碱三元体系驱替过程中原油的分布如图1-25所示。从图1-25可以看出小油珠随着复合体系向前运移的过程。由于微观模型内孔隙的非均匀性，喉道大小不同，注入的复合体系首先会进入大孔道中，而小孔道没有复合驱溶液流过，即溶液存在着绕流现象。与主流道相垂直的小喉道内剩余油没有被驱替出来，由于这些小喉道的两端基本上都处于两条平行的主流道上，小喉道的两端压差很小，复合驱溶液无法在压力作用下进入这样的喉道中，因此，这类喉道的存在使得剩余油饱和度变大，这是与砾岩孔隙的分布形态息息相关的，孔隙的不规则性是影响驱替效果的一个重要因素。

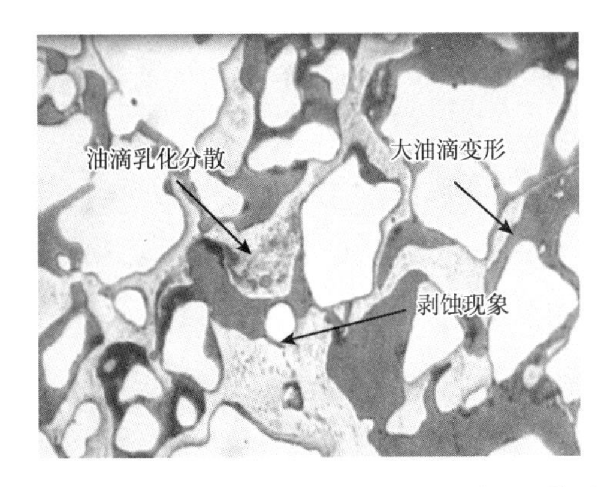

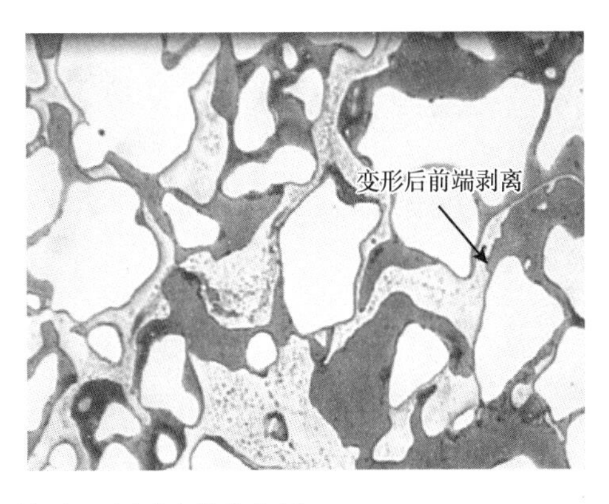

图1-25 强碱三元体系驱替过程中原油的分布图

大油滴在复合体系的驱动作用下向前运移，和前方的大油块汇集，两个油滴汇集的油块在复合体系的动力作用下，由于界面张力降低，可以看到大油块变形通过喉道。如果油块很大，喉道较窄，不能全部通过，在聚合物的剪切力作用下大油块前端的部分被剥离，被剥离的部分在复合体系的携带下穿过喉道，而此时油块变小，后续的油滴还会与该孔隙内的油汇集，复合体系继续驱动油块，在喉道处变形、剥离，如此反复进行。由于注入液中聚合物的存在增大了注入的黏度，表面活性剂的存在使油滴容易变形，在复合体系的流动方向上被拉长成“细丝”，当“细丝”长到无法承受聚合物的剪切力时，油丝断裂，断裂的部分变为小油珠随着流体运移，这就是“拉丝”现象。

在复合驱驱替亲水微观模型内的剩余油时，模型内的乳状液均为O/W型乳状液，油珠大小不一。随着复合驱的进行，当油珠运移到喉道处时产生堆积，受到阻力流体流动速度减慢，油珠依次通过狭窄的喉道。油珠在运移的过程中，当遇到较大的静止的剩余油时，有的从岩石颗粒表面与油相的间隙中流过，有的油滴会与油相汇集，当油相的体积越来越大时，其下游方向的部分油会被乳化、剥离，生成小油珠随着流体移动。

经过强碱三元体系驱替后残余油分布如图1-26所示。通过对比复合驱前后的图像可以看出，强碱三元复合驱后残余油比水驱后减少很多，主流孔道中的大块剩余油被驱走，基本驱扫干净，在孔隙壁上只有少量油膜残余。盲端和模型边缘的剩余油变化不大，由于没有与之相联通的孔隙，不存在流体压差，因此驱扫效果不好。在一些非常狭窄的孔道中也有剩余油，由于这些小喉道的两端基本上都处于两条平行的主流道上，小喉道的两端压差很小，强碱三元复合驱溶液无法在压力作用下进入这样的喉道中，因此这种孔道中残余油基本无变化。从剩余油的分布形式上来看，水驱后剩余油主要以网状和柱状的形式存在，而强碱三元复合驱后剩余油的分布形态比较简单，主要以喉道残余油及盲端为主。这主要是因为水驱后剩余油的含量比较多，不同位置处的剩余油容易相互连接在一起，而强碱三元复合驱后剩余油含量大大减少，相互连通的剩余油很少。非常狭窄的喉道内有油柱，盲端和模型的边缘也含有剩余油。

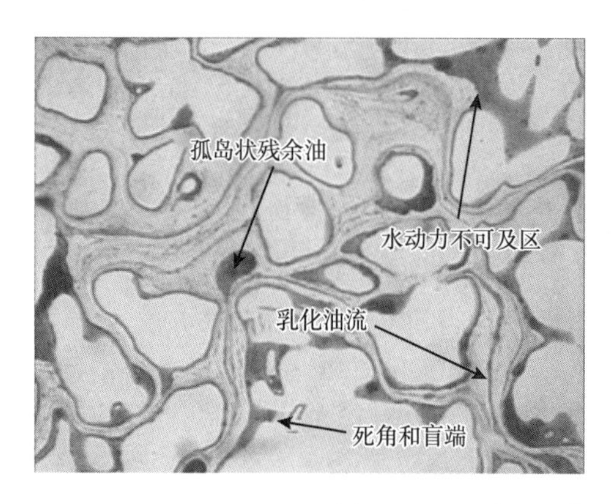

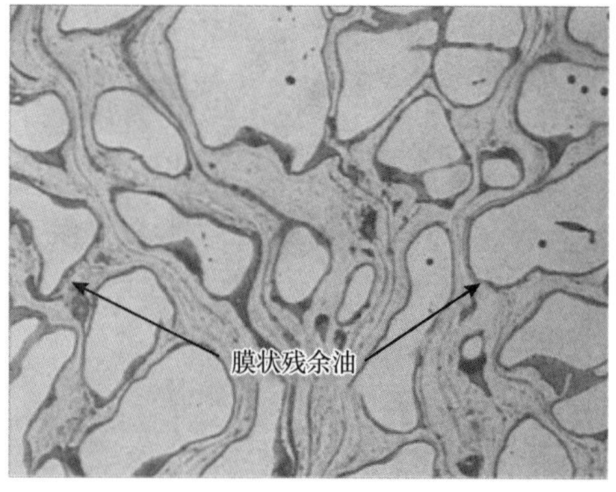

图1-26　强碱三元体系驱替后残余油分布图

在上述研究基础上，研究了不同乳化级别强碱复合驱微观渗流机理。在本实验中所使用复合驱体系为强碱三元乳化5级体系。界面张力测定已知，表面活性剂与原油之间的界面张力达到了超低界面张力，而且界面张力要低于强碱三元复合体系（小于1.0×10^{-2}mN/m），具有更强的启动原油乳化的能力。下面从亲水模型来研究强碱三元复合驱的微观渗流机理和复合驱后剩余油分布。

微观刻蚀模型水驱后剩余油分布如图 1-27 所示。可以看出，水驱后的剩余油分布形态多样，主要分布在孔隙间的交会处、部分较大的孔隙中、狭小的喉道和盲端内。由于注入水在孔道的流动过程中受到不均匀突进、流动不畅孔道和表面力的滞留、细孔喉卡断等作用的影响，在微观模型水驱油试验中可明显地看到存在大量的剩余油斑块。

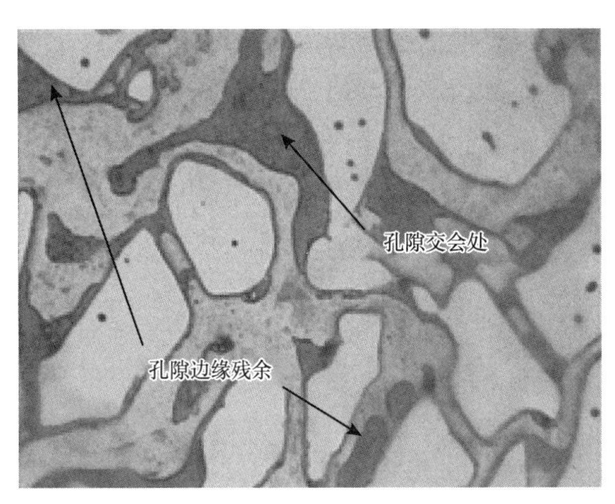

图 1-27　水驱油后剩余油分布特征

当强碱三元乳化 5 级复合驱溶液进入孔隙中时，首先沿着孔隙的边缘进入到充满水的较大的孔道中。加入的聚合物使流体黏度增大，波及体积增大，可以改善绕流现象。随着强碱三元乳化 5 级复合驱的进行，由于黏度增大，驱动压差增大，可以克服部分毛细管压力，将较细喉道中的残余油驱出，在强碱三元乳化 5 级复合驱的前缘形成高含油富集带；由于表面活性剂的作用，水驱剩余油与注入流体的界面张力大大降低，在充满复合体系的孔隙中，小油滴可以变形，并顺利通过狭窄的喉道；在强碱三元复合驱油压差不大于水驱油压差的条件下，由于剩余油和复合驱溶液之间的剪切应力大于油水之间的剪切应力，大孔隙中的大油滴在复合驱溶液的作用下逐渐变形，在变形的过程中，复合驱溶液通过对油的剪切拖拽作用从大油斑上剪切下来形成一个个小油滴，夹带着油珠将其带走，通过喉道向前运移，具有较强的携带油珠的能力。

综上所述，强碱三元乳化 5 级复合体系驱替微观模型内的剩余油时，可以概括为以下驱油机理。

（1）小油滴启动。当复合体系前缘进入模型时，复合体系与地层水汇合互溶，使复合体系前缘浓度降低，此时低浓度的复合体系前缘可使黏附在孔壁的小油滴重新运移，而大部分水驱剩余油仍滞留不动。由于复合驱可以将水驱无法采出的小油滴驱替出来，因此，复合驱可以提高洗油效率，从这一方面来说，复合驱具有提高采收率的能力。

（2）大油滴变形重新运移。随着复合体系注入量增大，复合体系浓度逐渐增大，这时大孔隙中的大油滴在低界面张力作用下逐渐变形，并随着复合体系通过喉道向前运移。在变形的过程中，有的油滴被拉成细长的油丝，有利于通过喉道向前运移，当油滴运移到较大孔隙后，与该孔隙内的油块聚并成较大的油团。

（3）超强剥蚀、乳化现象。当复合体系浓度进一步提高时，在模型中可以看到滞留的原油被剥蚀成小油滴，并进一步乳化成小油珠，形成的O/W型乳状液随着复合体系向前运移，此时驱油效果最好，也是复合体系驱油的主要阶段。大油滴在表面活性剂的作用下界面张力降低，油块变形而被拉长，受到聚合物的剪切作用拉长部分被剥离、乳化。

微观刻蚀模型在强碱三元体系驱替过程中原油的分布如图1-28所示。

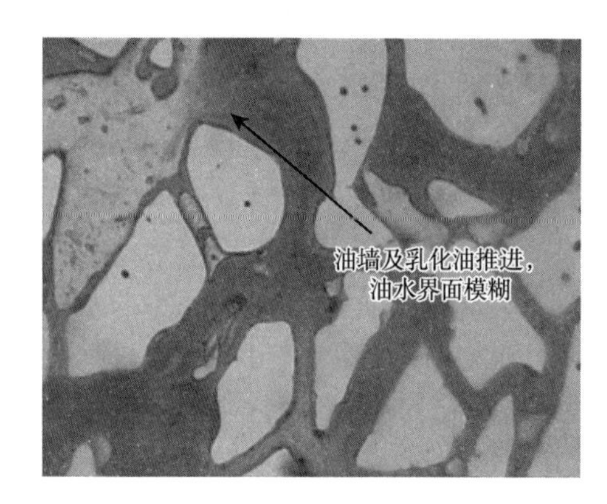

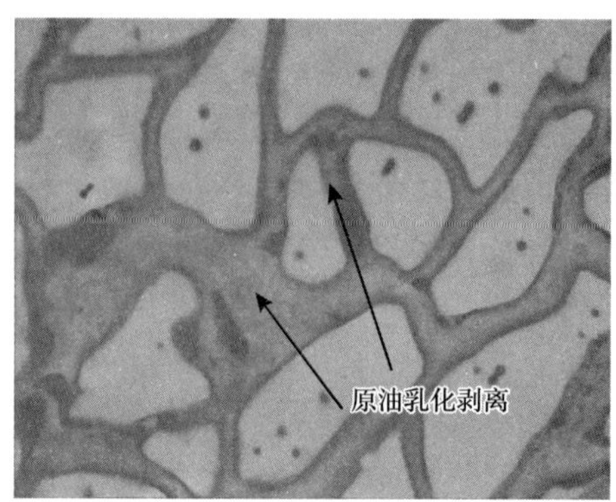

图1-28　强碱三元乳化5级体系驱替过程中原油的分布图

随着复合体系向前运移的过程。柱状残余油开始启动，原先水驱剩余油沿着驱替方向开始变形，类似于强碱三元驱替体系，小的油滴在复合体系的驱动作用下向前运移，和前方的大油块汇集形成大的油驱，并在复合体系的动力作用下，由于界面张力降低，可以看到大油块变形通过喉道。如果油块很大，喉道较窄，不能全部通过，在聚合物的剪切力作用下大油块前端的部分被剥离，被剥离的部分在复合体系的携带下穿过喉道，而此时油块变小，后续的油滴还会与该孔隙内的油汇集，复合体系继续驱动油块，在喉道处变形剥离，如此反复进行。由于注入液中聚合物的存在增大了注入液的黏度，表面活性剂的存在使油滴容易变形，在复合体系的流动方向上被拉长成“细丝”，当“细丝”长到无法承受聚合物的剪切力时，油丝断裂，断裂的部分变为小油珠随着流体运移。不同于强碱三元体系，在强碱元乳化5级体系驱替过程中在油墙前端能见到明显的大片乳化油的运移。说明在该体系的驱替过程中，有大片的残余油能够形成乳化油，乳化作用明显强于强碱三元体系。

在复合驱驱替亲水微观模型内的剩余油时，模型内的剩余小油滴虽然大小不一，随着复合驱的进行，小油滴会逐渐变小，说明即便由于其他因素不能被驱替的残余油，只要接触到复合驱替体系，表面的原油就能发生乳化，进一步被剥离下来[12]，这就出现了图中的小油滴逐渐变小，最终消失的现象。

经过强碱三元乳化5级体系驱替后残余油分布如图1-29所示。

通过对比复合驱前后的图像可以看出，强碱三元乳化5级复合驱后残余油比水驱后减少很多，主流孔道中的大块剩余油被驱走，基本驱扫干净，在孔隙壁上只有少量油膜残余。从剩余油的分布形式上来看，水驱后剩余油主要以网状和柱状的形式存在，而复合驱后剩余油的分布形态比较简单，主要以喉道残余油以及盲端为主，而且剩余油量极少。这主要是强碱三元乳化5级体系加强了乳化能力，使残余油接触到复合体系后，表面原油能轻易被乳化下来，一层一层地剥离。

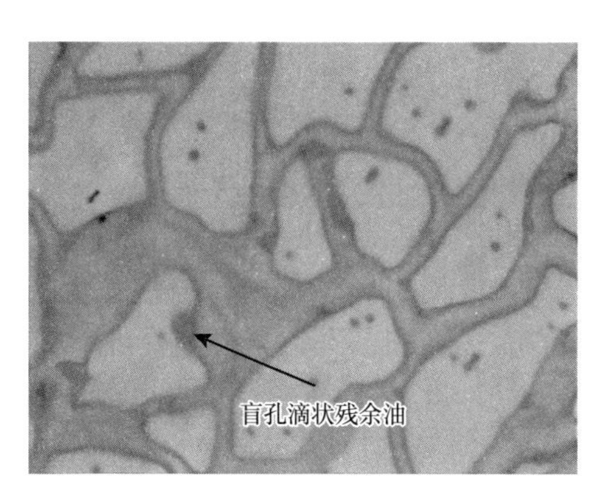

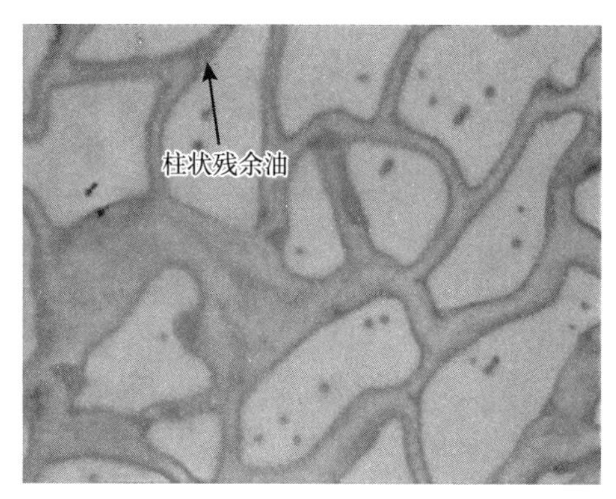

图 1-29　强碱三元乳化 5 级体系驱替后残余油分布图

二、弱碱三元复合体系微观驱油机理

弱碱三元复合驱配方为溶液浓度 1.2% 的分析纯 Na_2CO_3、0.3% 的表面活性剂和分子量为 2500×10^4 的聚合物。表面活性剂与原油之间的界面张力达到了超低界面张力（小于 1.0×10^{-2}mN/m），具有启动原油乳化的能力。从亲水模型来描述弱碱三元复合驱的微观渗流机理和复合驱后剩余油分布。

微观刻蚀模型水驱后剩余油分布如图 1-30 所示。在图中可以看到水驱后的剩余油分布形态多样，主要分布在孔隙间的交会处、部分较大的孔隙中、狭小的喉道和盲端内。由于注入水在孔道的流动过程中受到不均匀突进、流动不畅孔道和表面力的滞留、细孔喉卡断等作用的影响，在微观模型水驱油试验中可明显地看到存在大量的剩余油斑块。

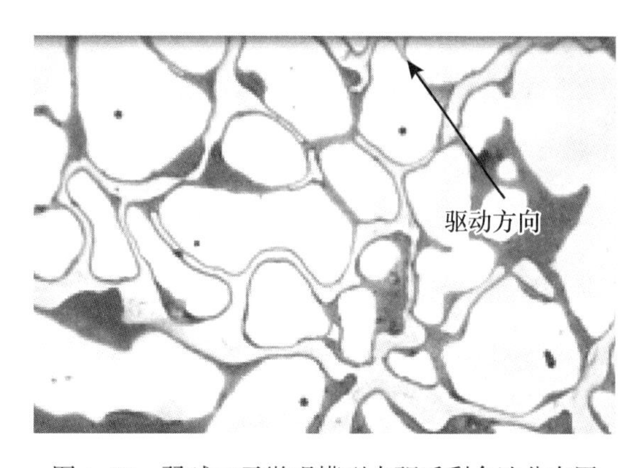

图 1-30　弱碱三元微观模型水驱后剩余油分布图

当弱碱三元复合驱溶液进入孔隙中时，由于有碱的存在，原油分散更细一些，首先沿着孔隙的边缘进入充满水的较大的孔道中。加入的聚合物使流体黏度增大，波及体积增大，可以改善绕流现象。随着弱碱三元复合驱的进行，由于黏度增大，驱动压差增大，可以克服部分毛细管压力，将较细喉道中的残余油驱出，在弱碱三元复合驱的前缘形成高含油富集带；由于表面活性剂的作用，水驱剩余油与注入流体的界面张力大大降低，在充满复合体系的孔隙中，小油滴可以变形，并顺利通过狭窄的喉道；在弱碱三元复合驱油压差不大于水驱油压差的条件下，由于剩余油和复合驱溶液之间的剪切应力大于油水之间的剪切应力，大孔隙中的大油滴在复合驱溶液的作用下逐渐变形，在变形的过程中，复合驱溶液通过对油的剪切拖拽作用从大油斑上剪切下来形成一个个小油滴，夹带着油珠将其带走，通过喉道向前运移，具有较强的携带油珠的能力[14]。

弱碱三元复合体系驱替微观模型内的剩余油时，可以概括为以下驱油机理。

（1）小油滴启动。当复合体系前缘进入模型时，复合体系与地层水汇合互溶，使复合体系前缘浓度降低，此时低浓度的复合体系前缘可使黏附在孔壁的小油滴重新运移，而大部分水驱剩余油仍滞留不动。由于复合驱可以使水驱无法采出的小油滴驱替出来，因此，复合驱可以提高洗油效率，从这一方面来说，复合驱具有提高采收率的能力。

（2）大油滴变形重新运移。随着复合体系注入量增大，复合体系浓度逐渐增大，这时大孔隙中的大油滴在低界面张力作用下逐渐变形，并随着复合体系通过喉道向前运移。在变形的过程中，有的油滴被拉成细长的油丝，有利于通过喉道向前运移，当油滴运移到较大孔隙后，与该孔隙内的油块聚并成较大的油团。

（3）剥蚀、乳化现象。当复合体系浓度进一步提高时，在模型中可以看到滞留的原油被剥蚀成小油滴，并进一步乳化成小油珠，形成的O/W型乳状液随着复合体系向前运移，此时驱油效果最好，也是复合体系驱油的主要阶段。大油滴在表面活性剂的作用下界面张力降低，油块变形而被拉长，受到聚合物的剪切作用拉长部分被剥离、乳化。

微观刻蚀模型在弱碱三元体系驱替过程中原油的分布如图1-31所示。

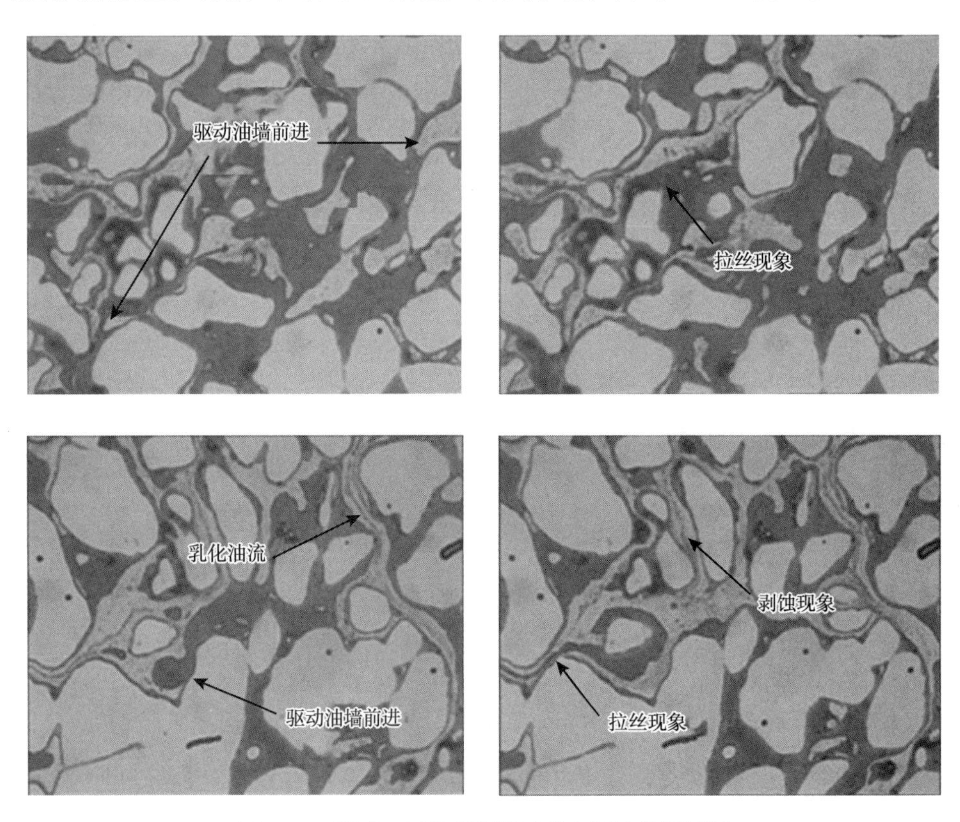

图1-31　弱碱三元体系驱替过程中原油作用特征

弱碱三元复合驱后驱替得更干净，剩余油非常少。可以看出碱水的驱替方向由右上至左下。由图 1-31 可以看到小油珠随着复合体系向前运移的过程。由于微观模型内孔隙的非均匀性，喉道大小不同，注入的复合体系首先会进入大孔道中，而小孔道没有复合驱溶液流过，即溶液存在着绕流现象。即溶液绕流至大喉道，小喉道处残余油没有多大变化。

大油滴在复合体系的驱动作用下向前运移，和前方的大油块汇集，两个油滴汇集的油块在复合体系的动力作用下，由于界面张力降低，可以看到大油块变形通过喉道。如果油块很大，喉道较窄，不能全部通过，在聚合物的剪切力作用下大油块前端的部分被剥离，被剥离的部分在复合体系的携带下穿过喉道，而此时油块变小，后续的油滴还会与该孔隙内的油汇集，复合体系继续驱动油块，在喉道处变形剥离，如此反复进行。

在大油滴变形重新运移中提到过，大油块靠近喉道的部分变形，由于油块较大，压差无法使得油块一次性通过喉道，变形的部分受到剪切力被剥蚀为小油珠，小油珠顺利通过喉道。正是这种乳化、剥蚀作用，使无法通过喉道的大油块部分地剥离，反复地进行这样的过程，最终，大油块被驱替出来。经过此阶段驱替，复合体系所经过的孔道中剩余油很少。

经过弱碱三元体系驱替后残余油分布如图 1-32 所示。

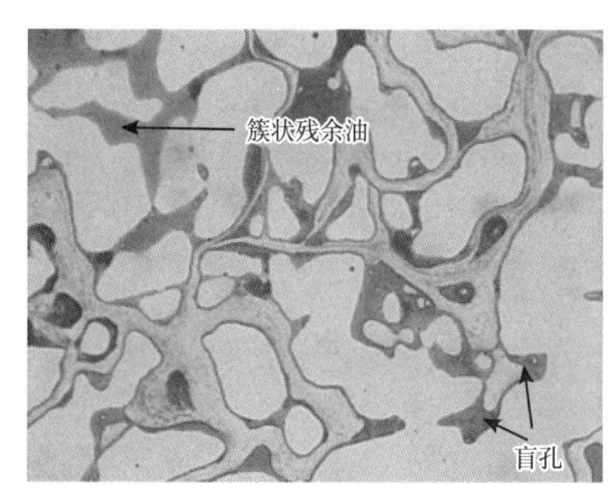

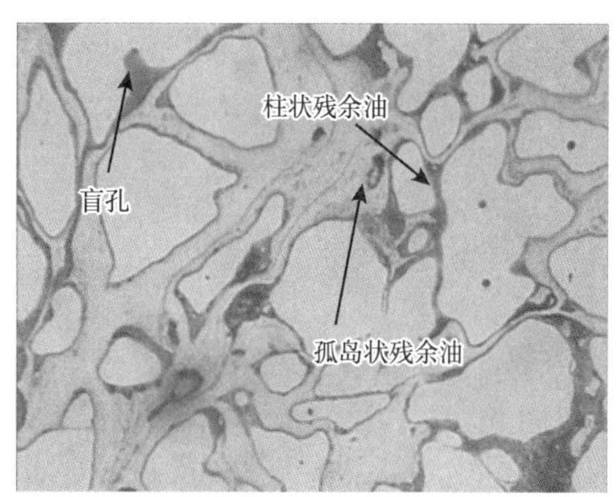

图 1-32　弱碱三元体系驱替后残余油分布图

通过对比弱碱三元复合驱前后的图像可以看出，弱碱三元复合驱后剩余油比水驱后减少很多，孔道中的大块剩余油被驱走，基本驱扫干净，在孔隙壁上留下少量油膜。盲端和模型边缘的剩余油变化不大，由于没有与之相连通的孔隙，不存在流体压差，因此，驱扫效果不好。在一些非常狭窄的孔道中也有剩余油，由于喉道较小，存在贾敏效应，残余油极难通过。从剩余油的分布形式上来看，水驱后剩余油主要以柱状和网状的形式存在，而弱碱三元复合驱后剩余油的分布形态比较简单，主要以薄膜残余油、喉道残余油及盲端为主，这主要是因为水驱后剩余油的含量比较多，不同位置处的剩余油容易相互连接在一起，而弱碱三元复合驱后剩余油含量大大减少，相互连通的剩余油很少。复合驱后剩余油主要以少量油膜和小油珠的形式分布在孔隙的内壁上，非常狭窄的喉道内有油柱，盲端和模型的边缘也含有剩余油。

三、无碱二元复合体系微观驱油机理

在本实验中所使用的二元复合驱配方为 0.3% 的表面活性剂和分子量为 2500×10^4 的聚

合物。通过界面张力测定可以得出，表面活性剂与原油之间的界面张力达到了超低界面张力（小于 1.0×10^{-2}mN/m），具有启动原油乳化的能力。下面从亲水模型来研究二元复合驱的微观渗流机理和复合驱后的剩余油分布。

微观刻蚀模型经过水驱后的剩余油分布如图 1-33 所示。水驱后，剩余油分布与图 1-32 有相似之处，剩余油分布在孔隙交会处、孔隙边缘和水驱不可及处。从图 1-33 可以看出，水驱后的剩余油分布形态多样，主要分布在孔隙间的交会处、部分较大的孔隙中、狭小的喉道和盲端内。由于在水驱过程中，孔隙中的原油受到水的不均匀突进、流动不畅孔道和表面力的滞留、细孔喉卡断等作用的影响，水驱后在模型中可明显地看到存在着大量的剩余油斑块。

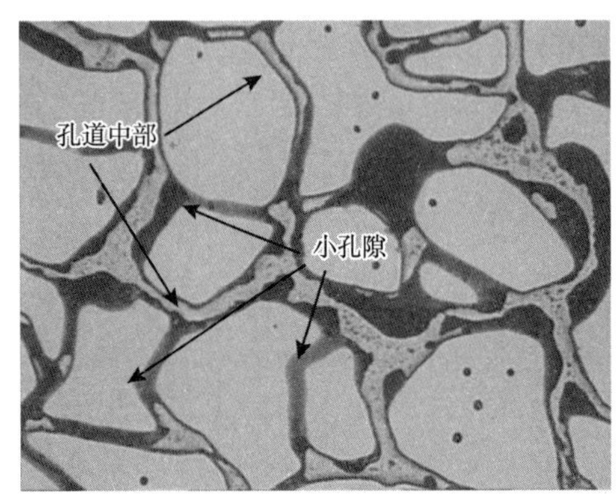

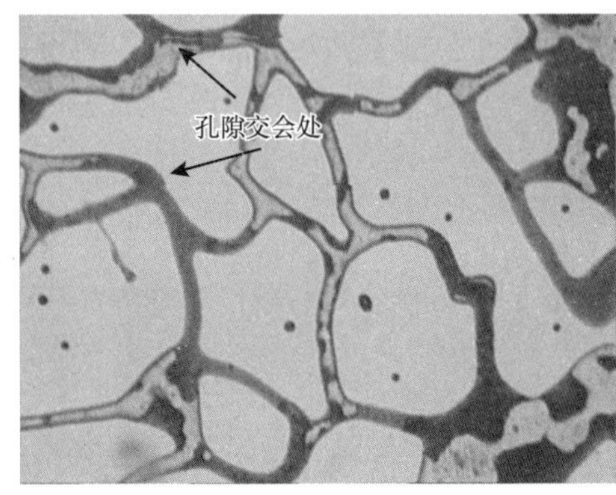

图 1-33　无碱二元微观模型水驱后剩余油分布

当无碱二元体系进入孔隙中时，由于无碱二元体系具有低界面张力的特性，会产生乳化分散作用，同时聚合物的增黏作用使驱油效率更高，首先沿着孔隙的边缘进入充满水的较大的孔道中，体系的前缘浓度会被地层水稀释，溶液浓度会降低，复合驱溶液会首先启动孔隙中的小油滴。随着复合驱驱替的进行，复合驱黏度增大使驱替时的压差增大，克服了部分毛细管压力，将较细喉道中的剩余油驱出，增大了复合驱的波及面积，改善了绕流现象；复合驱溶液中的表面活性剂可以使剩余油与注入流体的界面张力大大降低，在充满化学剂的孔隙中，部分原油被乳化为小油滴，小油滴可以变形并顺利通过狭窄的喉道；在二元复合驱油压差不大于水驱油压差的条件下，由于剩余油和复合驱溶液之间的剪切应力大于油水之间的剪切应力，储存在大孔隙中的大油滴在复合驱溶液的作用下逐渐变形，在变形的过程中，化学剂通过对油的剪切拖拽作用从大油斑上剪切下来形成一个个小油滴，即复合驱溶液的剪切作用，复合驱溶液夹带着小油珠将其带走，通过喉道向前运移。

无碱二元复合驱驱替亲水微观模型内剩余油的机理有以下三点。

（1）小油滴启动。当无碱二元复合体系的前缘进入模型中时，复合体系与地层水汇合互溶，使复合体系前缘浓度降低，此时低浓度的复合体系前缘可使黏附在孔壁的小油滴重新运移，而大部分水驱剩余油仍滞留不动。由于复合驱可以使水驱无法采出的小油滴驱替出来，因此，复合驱可以提高洗油效率。

（2）剥蚀、乳化现象。当复合体系浓度进一步提高时，在模型中可以看到滞留的原油被剥蚀、乳化成小油珠，形成的 O/W 型乳状液随着复合体系向前运移，此时驱油效果最

好，也是复合体系驱油的主要阶段[10]。在表面活性剂的作用下大油滴与溶液的界面张力降低，油块容易变形，在复合驱溶液的剪切作用力下被拉长、剥离，之后被乳化[15]。

（3）波及面积增大。随着复合体系注入量的增大，复合体系浓度逐渐增大，浓度的增大导致复合体系具有较大的驱动压差，从而可以波及水驱无法驱替的区域，狭长喉道中的油相在复合驱溶液的作用下被驱走。但是由于模型内孔隙的非均匀性，存在一些较狭窄的喉道，内部的水驱剩余油不易被驱替出来。

微观刻蚀模型在无碱二元体系驱替过程中原油分布如图1-34所示，可以看出无碱二元体系的驱动方向是由右下角至左上角。其中，位置1处的小油滴在此处的喉道聚集成团，聚集压力，最终驱替出油。位置2在孔隙交会处，该处的原油不断地被剥蚀、乳化，小油珠顺利通过喉道，化学剂携带着乳化的小油珠运移。在这种剥蚀、乳化作用下，在喉道处滞留的大油块部分被剥离，反复地进行这样的过程，最终，大油块逐渐地被驱替出来。在位置3处的狭长喉道，复合驱化学剂由于具有较大的驱动压差，可以波及水驱无法驱替的区域，图中狭长喉道中的油相在复合驱溶液的作用下被驱走。因此，无碱二元复合驱可以到达水驱无法波及的喉道内，将内部的原油驱替出来，增大波及面积。

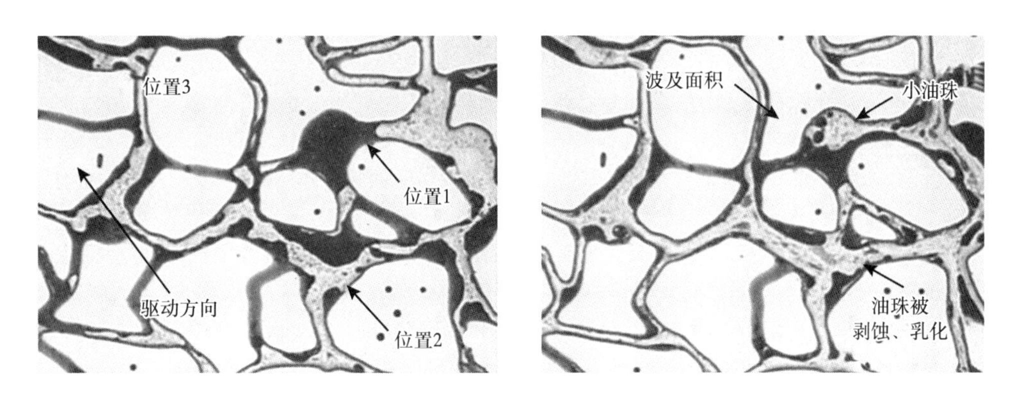

图1-34 无碱二元体系驱替过程中原油分布

经过无碱二元体系的驱替后残余油的分布如图1-35所示，通过对复合驱前后的图像比较可以看出，与水驱相比，孔道中大部分原油被驱走，在乳化和增黏作用下，剩余油进一步变少。无碱二元复合驱后模型内的剩余油比驱替前减少很多：在主流线区域内孔道中的大块剩余油被驱走，基本驱扫干净，在孔隙壁上留下少量油珠；在孔隙的连通处即喉道处仍残留部分剩余油。由于无碱二元复合驱增大了波及面积，模型边缘一些孔隙中的剩余油也被驱替出来，但由于孔隙内有与之相连通的通道，不存在流体压差，因此驱扫效果不好。虽然无碱二元复合驱在一定程度上可以增大波及面积，将部分狭窄喉道内的剩余油驱替出来，但是在一些非常狭窄的喉道中也有剩余油，由于喉道较小，存在贾敏效应，流动阻力很大，复合驱溶液及剩余油极难通过。在被狭窄的喉道包围的区域内，由于不能形成流动通道，内部的油相也成为剩余油。复合驱后剩余油主要以少量油珠的形式分布在孔隙的内壁上，非常狭窄的喉道内有油柱，盲端和模型的边缘也含有少量剩余油。

从剩余油的分布形式上来看，水驱后剩余油的含量比较多，不同位置处的剩余油容易相互连接在一起，水驱后孔隙边缘部位剩余油较多，以块状或柱状的形式存在；而复合驱后剩余油含量大大减少，相互连通的剩余油很少，剩余油的分布形态更加分散，孤立的大油滴、孔隙盲端等部位所占比例有所增加。

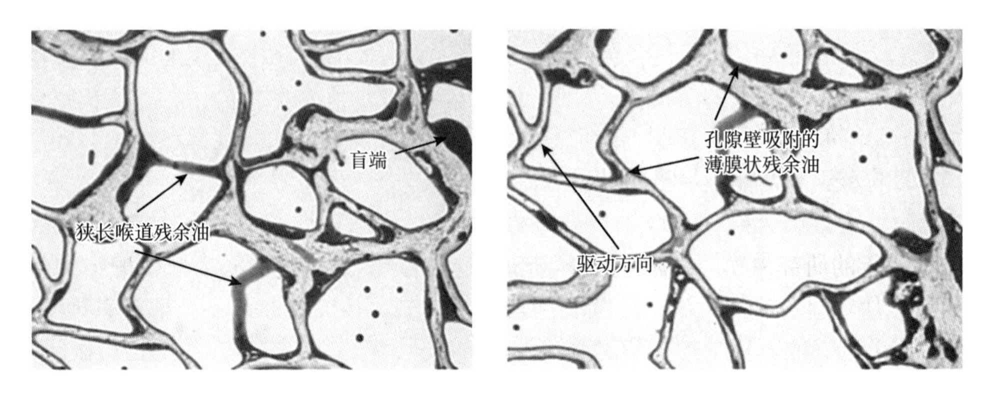

图 1-35　无碱二元体系驱替后残余油的分布

参考文献

[1] 郭兰磊．孤东油田有机碱与原油相互作用界面张力变化规律［J］．油气地质与采收率，2013，20（4）：62-64.

[2] 郭继香，李明远，林梅钦．大庆原油与碱作用机理研究［J］．石油学报（石油加工），2007，23（4）：20-24.

[3] 翟会波，林梅钦，徐学芹，等．大庆油田三元复合驱碱与原油长期作用研究［J］．大庆石油地质与开发，2011，30（4）：114-118.

[4] 伍晓林，楚艳苹．大庆原油中酸性及含氮组分对界面张力的影响［J］．石油学报（石油加工），2013，29（4）：681-686.

[5] 伍晓林，侯兆伟，陈坚，等．采油微生物发酵液中有机酸醇的 GC-MS 分析［J］．大庆石油地质与开发，2005，24（1）：93-95.

[6] 程杰成，吴军政，胡俊卿．三元复合驱提高原油采收率关键理论与技术［J］．石油学报，2014，35（2）：310-318.

[7] H.K. 范波伦．提高原油采收率的原理［M］，北京：石油工业出版社，1983.

[8] 特留申斯．三元复合驱提高原油采收率［M］．杨普华，译．北京：石油工业出版社，1988.

[9] KARAMBEIGI M S，ABBASSI R，ROAYAEI E，et al. Emulsion flooding for enhanced oil recovery：interactive optimization of phase behavior，microvisual and core-flood experiments［J］. Journal of Industrial and Engineering Chemistry，2015，29（2）：382-391.

[10] 郭春萍．三元复合体系界面张力与乳化性能相关性研究［J］．石油地质与工程，2010（4）：107.

[11] 耿杰，陆屹，李笑薇，等．三元复合体系与原油多次乳化过程中油水界面张力变化规律［J］．应用化工，2015（12）：2170-2171.

[12] 廖广志，牛金刚．大庆油田工业化聚合物驱效果及主要做法［J］．大庆石油地质与开发，2004，23（1）：48-50.

[13] 张瑞泉，梁成浩，刘刚，等．三元复合驱乳化与破乳机理［J］，油气田地面工程，2007，26（2）：21.

[14] 洪冀春，王凤兰，刘奕，等．三元复合驱乳化及其对油井产能的影响［J］．大庆石油地质与开发，2001，20（2）：23-25.

[15] 骆小虎，林梅钦，吴肇亮，等．三元复合驱中原油乳化作用研究［J］，精细化工，2003（12）：731-733.

第二章　复合驱用表面活性剂

经过多年的研究和实践，大庆油田研究了石油磺酸盐、石油羧酸盐、木质素磺酸盐和烷基苯磺酸盐等复合驱用表面活性剂，综合原料来源、生产工艺及产品性能，确定了烷基苯磺酸盐和石油磺酸盐为主表面活性剂的攻关方向，研制出了具有自主知识产权的强碱表面活性剂和弱碱表面能活性剂等系列产品，成功推动了三元复合驱的工业化应用，使复合驱成为大庆油田持续有效开发的重要技术。

第一节　烷基苯磺酸盐表面活性剂

经过多年技术攻关，大庆油田以重烷基苯为原料，经过精馏切割、磺化、中和及复配，研制出了国产化的强碱烷基苯磺酸盐表面活性剂，成功实现了工业化生产，现场应用取得了较好的增油降水效果。

一、烷基苯原料

目前，工业上使用的烷基苯主要为直链烷基苯，直链烷基苯的生产主要采用美国UOP公司的PACOL烷烃脱氢—HF烷基化工艺。在烷基苯生产过程中，由于制取烷基苯的方法和烷基化反应条件的不同，产物中的异构体分布会存在差异。同时，受温度等反应条件的影响，生产过程通常会伴随着脱氢、环化、异构化及裂解等许多副反应的发生，从而导致烷基苯原料组分结构复杂且不同组分间性能差别较大。

单烷基苯、二烷基苯、多烷基苯是烷基苯原料中的主要组分。以抚顺烷基苯原料为例，约占总量的3/4左右，在一定条件下均可与三氧化硫发生磺化反应，在苯环上引入一个磺酸基，经过中和后得到性能优良、有较好当量分布且性能稳定的烷基苯磺酸盐产品。

二苯烷、多苯烷由于其自身的结构特点，使得它们易与三氧化硫反应，磺化反应产物分子中带有两个或多个磺酸基，致使中和后所得产品当量过低，对烷基苯磺酸盐的表面及界面性能有不良影响。

烷基苯原料中，还含有少量的茚满和萘满，由于烷基的诱导效应与共轭作用，其比烷基苯更容易磺化，生成的磺酸盐颜色较深。茚满和萘满属杂环化合物，在磺化过程中易发生氧化反应，生成不同程度的醚键，在碱性条件下发生慢速水解，从而对产品的稳定性产生较大影响。

极性物、泥脚不但不易磺化，同时在酸性、碱性条件下存在较多的化学不稳定因素，如果该类物质混入磺化产品中，会在较大程度上影响产品的界面及稳定性能。

通过对烷基苯原料减压精馏处理，可除去烷基苯中沸点较高且不利于表面活性剂产品性能的组分，同时精馏处理后原料的分子量比精馏处理前更趋近于正态分布，而且更接近于原油的分子量分布（图 2-1 和图 2-2）。

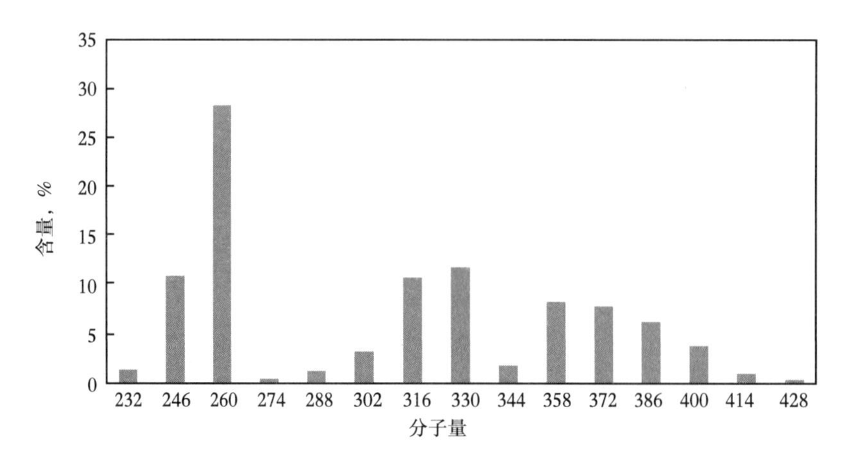

图 2-1　原料减压精馏前的组成分布

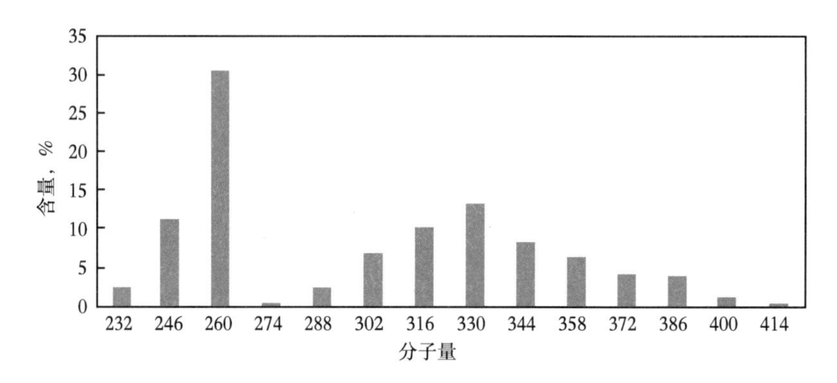

图 2-2　原料减压精馏后的组成分布

二、烷基苯磺酸盐的合成

烷基苯磺化为亲电取代反应。烷基苯上取代基较大时，受空间位阻效应的影响，取代反应主要发生在对位，基本不在邻位上发生。三氧化硫磺化的放热量为 170kJ/mol，烷基苯采用三氧化硫磺化是一个放热量大且反应速度极快的反应。如控制不慎，就会造成局部过热，副反应增加，产品质量下降。因此，采用三氧化硫磺化时，应严格控制三氧化硫的浓度及物料比，强化反应物料的传质传热过程，将反应温度控制在一个合适数值。

在磺化反应过程中，由于烷基苯原料质量和性质的不同、磺化剂的不同，以及工艺、设备的不同还会伴随发生一些副反应，如生成砜、磺酸酐、多磺酸及氧化反应。通过提高烷基苯质量，控制适当的反应条件，可使副反应控制在较低的水平。

鉴于烷基苯原料中组分复杂，在烷基苯磺化工艺参数优化过程中，仅以酸值和活性物含量作为主要指标控制原料磺化转化率，会导致多组分原料整体转化率低，为此，建立匹配度概念：

$$M=\sum_{i=1}^{m}\frac{a_i}{b_i}X_i \tag{2-1}$$

式中　M——烷基苯磺酸盐产品与原料间的匹配度；

a_i/b_i——i 组分转化率；

X_i——i 组分在原料中的摩尔分数。

通过匹配度控制每一组分转化量，实现多组分均衡磺化，结合活性物含量，通过多种工艺优化磺化工艺参数，最佳匹配度提高至 95% 以上，进一步提高驱油用烷基苯磺酸盐表面活性剂产品性能。

三、磺酸盐生产工艺及设备

磺酸盐工业生产中，采用的磺化剂不同，所用的工艺及设备也不相同。随着降膜式磺化反应器的研制成功和工业应用，使三氧化硫 / 空气连续磺化工艺得到迅速发展和普遍应用。工业化生产装置主要有两类，一类为双膜降膜式反应器，另一类为多管降膜式反应器 [1]。

双膜降膜式反应器由两个同心不同径的反应管组成的在内管的外壁和外管的内壁形成两个有机物料的液膜，SO_3 在两个液膜之间高速通过，SO_3 向界面的扩散速度快，同时气体流速高使有机液膜变薄，有利于重烷基苯的磺化。但是，由于双膜结构，一旦局部发生结焦将影响液膜的均匀分布，使结焦迅速加剧，阻力降增加，停车清洗频繁，比多管式磺化操作周期短，给生产带来一定的麻烦。因此，双膜降膜式反应器如果能通过调整磺化器的结构和操作参数，适当降低双膜部分的反应程度，同时通过加强循环速度增加物料的混合程度来增加全混室的反应程度，才能既够保证磺化的效果又能够阻止双膜部分的结焦速度。

多管降膜式反应器内部结构如图 2-3 所示。磺化反应主要在一个垂直放置的界面为圆形的细长反应管进行。有机物料通过头部的分布器在管壁上形成均匀的液膜。降膜式磺化反应器的上端为有机物料的均布器。有机物料经过计量泵计量，通过均布器沿磺化器的内壁呈膜式流下；SO_3/ 干燥空气混合气体从位于磺化器中心的喷嘴喷出，使有机物料与 SO_3 在磺化器的内壁上发生膜式磺化反应。在磺化器的内壁与 SO_3 喷嘴之间引入保护风，使 SO_3 气体只能缓慢向管壁扩散进行反应。这使磺化反应区域向下延伸，避免了在喷嘴处反应过分剧烈，消除了温度高峰，抑制了过磺化或其他的副反应，从而实现了等温反应。同时，膜式磺化反应器的设计增强了气液接触的效果，使反应充分进行。反应器的外部为夹套结构，冷却水分为两段进入夹套，以除去磺化反应放出的大量反应热。总之，膜式磺化反应器可使有机物料分布均匀，热量传导顺畅，有效实现了瞬时和连续操作，得到良好的反应效果。同时，SO_3/空气与有机物料并流流动，SO_3 径向扩散至有

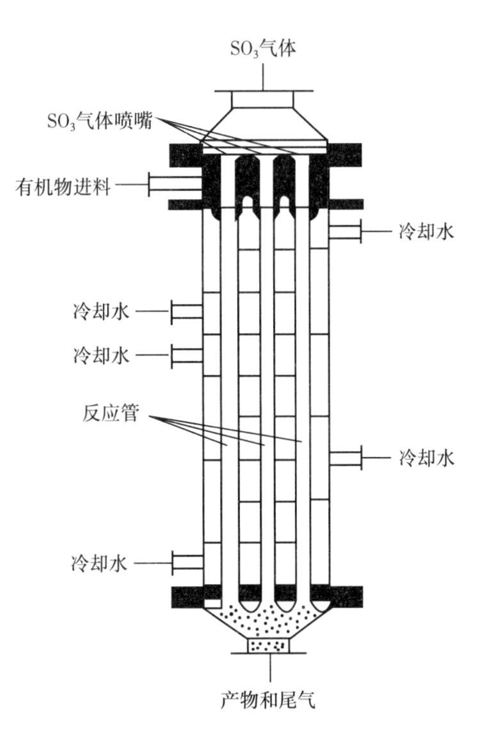

图 2-3　多管降膜式反应器结构示意图

机物料表面发生磺化反应。反应器头部无 SO_3/ 空气均布装置。当气体以一定速度通过一个长度固定的管子时，会产生一定的压降。当烷基苯磺化转化率高时，液膜的黏度增加，液膜厚度增加，气体流动的空间减小，压力降增大。反应器中有一个共同的进料室和一个共同的出料室，因此，每根管子的总压降是恒定的。转化率高的反应管内液膜黏度高、液膜厚、阻力大、压降大；转化率低的反应管内液膜黏度低、液膜薄、阻力小、压降小。在总压降相同的条件下，前者的 SO_3/ 空气流量减少，后者的流量增加。这种“自我补偿”作用可使每根反应管中的有机物料达到相同的转化率。由于自身结构特点，多管降膜式反应器可以维持系统的压力平衡，可防止过磺化，延缓反应器的结焦，即使有一根管子结焦，对其他管的液膜厚度和气体流影响较小，不会影响反应器的正常工作，结焦不会迅速在反应器内蔓延。在保证中和值的前提下，通过工艺条件的优化，可控制磺化中的副反应程度，避免结焦。通过及时清洗反应器，还可进一步延长操作周期[2]。

大庆油田通过攻关，建立了原料、产品定量分析、专有磺化工艺，以及中和复配一体化等核心配套工艺技术，实现驱油用烷基苯磺酸盐工业产，建成生产能力 6×10^4t/a 的生产线，累计生产驱油用烷基苯磺酸盐产品 60×10^4t，推动了复合驱技术的工业化。

四、烷基苯磺酸盐表面活性剂

1. 强碱烷基苯磺酸盐表面活性剂

（1）复合体系界面张力性能。

烷基苯磺酸盐表面活性剂产品均有较大的超低界面张力区域；在低碱、低活性剂浓度范围内，也表现出较好的界面张力性能（图 2-4）。

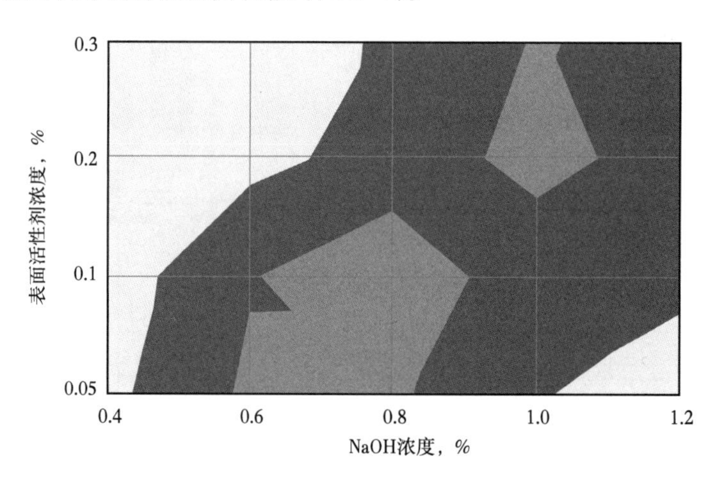

图 2-4　强碱烷基苯磺酸盐界面活性图

□2-1（10^{-2}~10^{-1}mN/m）；■3-2（10^{-3}~10^{-2}mN/m）；■4-3（10^{-4}~10^{-3}mN/m）

（2）复合体系稳定性。

随着对表面活性剂研究的不断深入，对活性剂体系界面张力稳定性的认识也越来越清晰。研究认为，强碱条件下，活性剂体系的化学稳定性决定着该体系的界面张力稳定性。为此，在烷基苯磺酸盐的研制过程中从原料的处理、磺化工艺参数确定及复配等每个环节都尽量消除化学不稳定因素[3]，从而使该产品具备了较好的界面张力稳定性。

45℃恒温条件下复合体系稳定性在98天的考察时间内，烷基苯磺酸盐的复合体系保持了较好的界面张力稳定性，复合体系保持了较好的黏度指标，3个月后仍能保持在30mPa·s以上（图2-5）。

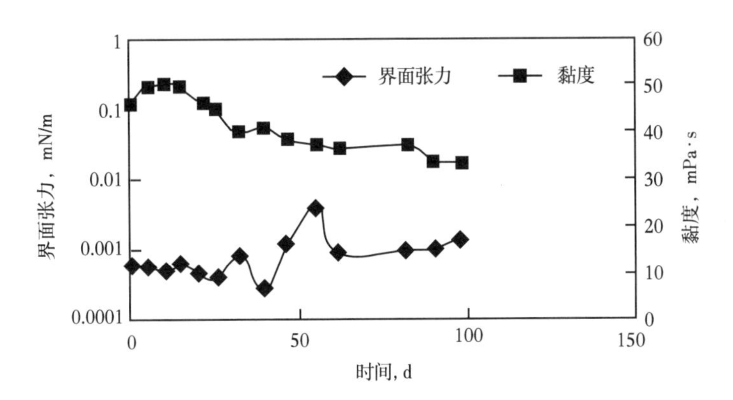

图2-5　复合体系界面张力稳定性

（3）复合体系乳化性能。

将质量比为1∶1的大庆脱水油与表面活性剂产品一元和复合体系放入具塞比色管中，剧烈振荡后，置于45℃恒温箱中，每天观察上相、中相、下相体积及状态。从单一表面活性剂乳化实验可以看出，该表面活性剂产品与ORS-41乳化能力相同，即下相、上相体积没有明显变化，中间为灰白色薄膜（图2-6）。

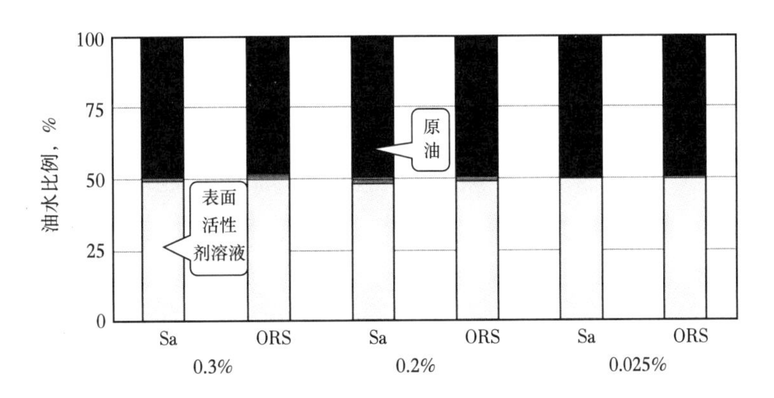

图2-6　表面活性剂与原油乳化结果

两种表面活性剂的复合体系上相、下相体积没有变化，中间仍为灰白色薄膜（图2-7），说明两种表面活性剂的复合体系乳化能力相同，同属不稳定的乳化液。

复合体系组成：

①1号：Sa（0.3%）+NaOH（1.2%）+HPAM（1200mg/L）；

②2号：Sa（0.2%）+NaOH（1.0%）+HPAM（1200mg/L）；

③3号：Sa（0.1%）+NaOH（1.0%）+HPAM（1200mg/L）；

④4号：Sa（0.05%）+NaOH（1.0%）+HPAM（1200mg/L）；

⑤5号：Sa（0.025%）+NaOH（1.0%）+HPAM（1200mg/L）。

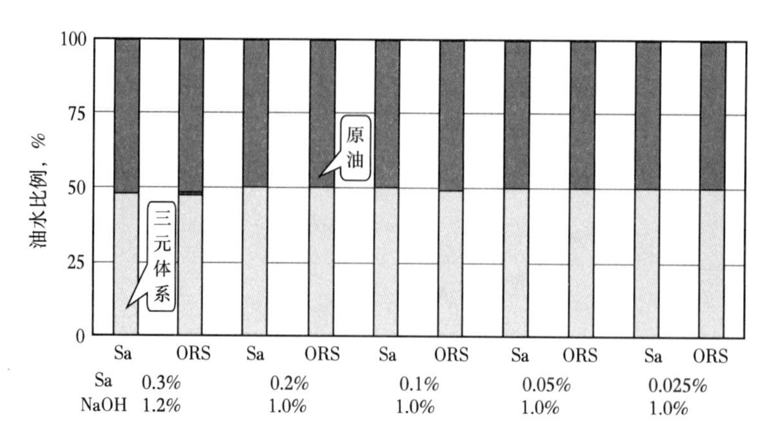

图 2-7　复合体系与原油乳化结果

（4）复合体系吸附性能。

在 60~100 目大庆油砂上测定了该表面活性剂产品的吸附量，并与 ORS-41 进行了对比。实验结果表明，两者吸附量基本相同（图 2-8）。

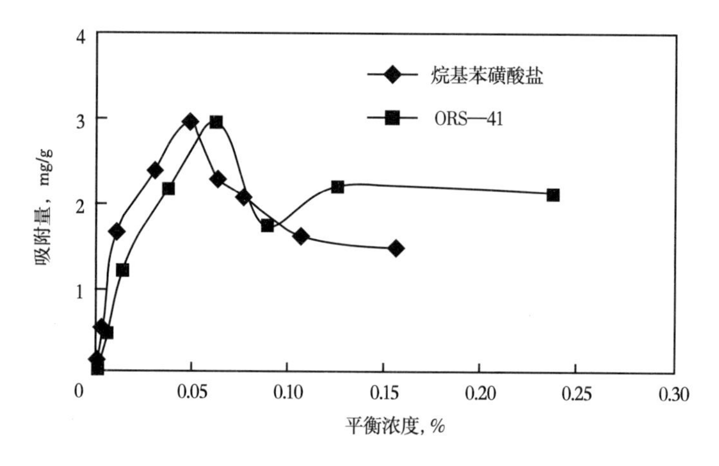

图 2-8　烷基苯磺酸盐表面活性剂油砂吸附量

（5）复合体系驱油性能。

采用天然岩心物理模拟驱油实验，烷基苯磺酸盐表面活性剂复合体系驱选择合适的体系段塞及注入方式，烷基苯磺酸盐表面活性剂复合体系可比水驱提高采收率 18 个百分点以上（表 2-1）。

表 2-1　烷基苯磺酸盐复合体系天然岩心驱油实验结果

序号	气测渗透率，$10^{-3}\mu m^2$	含油饱和度，%	水驱采收率，%	化学驱采收率，%	总采收率，%
1	898	73.0	46.8	20.3	67.1
2	843	71.7	44.2	21.6	65.8
3	827	72.6	48.3	18.7	67.0
4	791	69.9	41.3	20.1	61.4

注：注入方式为 0.3PV，三元主段塞（$S_{有效}$=0.3%，A=1.2%，η=40mPa·s）+0.2PV 聚合物段塞（η=40mPa·s）。

2. 组分相对单一的烷基苯磺酸盐合成及性能

针对强碱烷基苯磺酸盐表面活性剂所用重烷基苯原料的组成波动较大，导致强碱烷基苯磺酸盐活性剂产品界面性能不够理想等问题。在前期烷基苯磺酸盐结构与性能关系研究的基础上，以α-烯烃为原料，经烷基化、磺化及中和后得到了组成结构明确且界面性能优越的烷基苯磺酸盐表面活性剂产品[6]。

（1）组分相对单一的烷基苯磺酸盐的设计及合成。

采用直链α-烯烃分别与苯、甲苯及二甲苯烷基化后，合成出了系列不同碳数、不同结构的烷基苯原料，经磺化、中和后，得到了相应的烷基苯磺酸盐，其分子结构如图2-9所示。

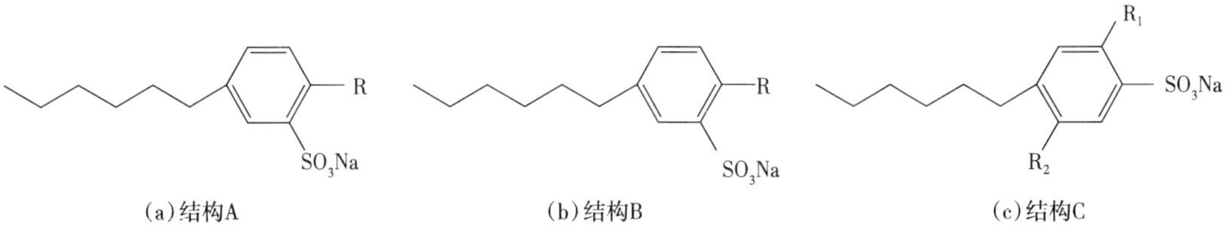

R　SO_3Na　(a)结构A

R　SO_3Na　(b)结构B

R_1　SO_3Na　R_2　(c)结构C

图2-9　设计合成的烷基苯磺酸盐表面活性剂分子结构示意图

采用设计及合成的不同碳数、不同结构的烷基苯磺酸盐，开展了烷基苯磺酸盐结构与界面张力性能关系研究，实验结果见表2-2。通过动态、平衡超低界面张力的碱范围和界面张力最低值的比较，可以看出结构C具有较好的界面张力性能。

表2-2　不同结构表面活性剂界面张力性能对比

序号	结构	动态界面张力碱范围 %（质量分数）	平衡界面张力碱范围 %（质量分数）	界面张力最低值 mN/m
1	A	0.6	1	1.23×10^{-3}
2	B	0.8	—	4.52×10^{-4}
3	C	1.0	0.4	7.85×10^{-4}

选取了结构C的两种烷基苯原料，其原料组成如图2-10和图2-11所示。合成了相应的烷基苯磺酸盐表面活性剂小试产品。

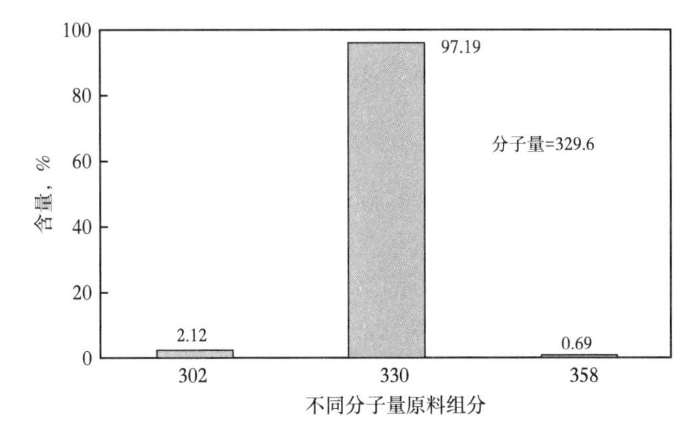

图2-10　十六烷基—二甲基烷基苯原料气质分析结果

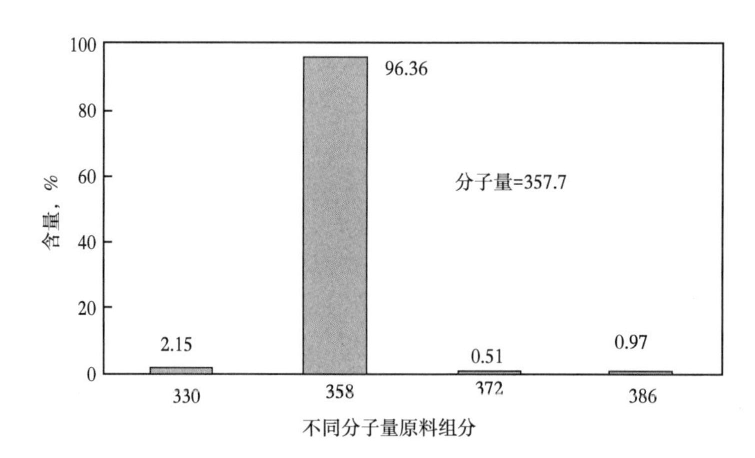

图 2-11　十八烷基—二甲基烷基苯原料气质分析结果

分别研究了它们的油水界面张力性能，这两种单一组分的烷基苯磺酸盐界面张力性能存在一定差异。十六烷基—二甲基烷基苯磺酸盐具有良好的油 / 水界面张力性能，在活性剂浓度 0.05%~0.3%，NaOH 浓度不小于 0.3% 跨度范围内可与大庆四厂原油形成超低界面张力。而十八烷基—二甲基烷基苯磺酸盐仅能在活性剂浓度 0.05%~0.3%，NaOH 浓度为 0.1%~0.2% 跨度范围内可与大庆原油形成超低界面张力。

（2）组分相对单一的烷基苯磺酸盐的性能。

①界面张力性能评价。

表面活性剂能显著降低油水界面张力是三元复合驱大幅度提高采收率的主要机理之一。以往研究者认为，只有当表面活性剂当量分布与原油的碳链分布相匹配时，表面活性剂才能与原油间形成 10^{-3}mN/m 数量级的超低界面张力 [4]。但新型表面活性剂由于组成结构合理，其水溶液与原油接触时，表面活性剂分子的长链烷基伸向油相，磺酸基伸向水相，位于磺酸基两侧的甲基会起到“支撑作用”，使得表面活性剂单体分子以较“直立”的空间姿态在油水界面上排列。当烷基链长度选择合适时，其亲油亲水会达到平衡，此时表面活性剂单体分子在界面上排列既紧密又牢固，这样不但会显著降低油水界面张力，而且会形成真正意义上的平衡界面张力。而传统重烷基苯磺酸盐表面活性剂由于自身分子结构的局限，总是“斜躺”在界面上，无法实现单体分子的紧密排列；另外，吸附在界面上的表面活性剂单体分子，它们的烷基链长短不一，烷基链长者易进入油相，烷基链短者易进入水相，因此随着时间推移，界面上的表面活性剂分子数目会逐渐减少，此时表现为油水界面张力虽然能达到超低，但恢复较快。从图 2-12 动态界面张力对比图也可以看出，新型表面活性剂体系测定 5 个小时，油水界面张力仍然可以达到 10^{-4}mN/m 左右，而传统表面活性剂体系界面张力测定 3 个小时便恢复到 10^{-2}mN/m。另外，我们绘制了新型弱碱表面活性剂界面活性图（图 2-13），从图中可以看出，新型表面活性剂可在较宽的碱浓度范围（0.6%~1.2%）和表面活性剂浓度范围内（0.1%~0.3%）与原油形成 10^{-3}mN/m 数量级的超低界面张力。这表明，只要结构合理，组成单一的表面活性剂的界面性能更为优越，使人们对超低界面张力的形成机理在认识上有了新突破。

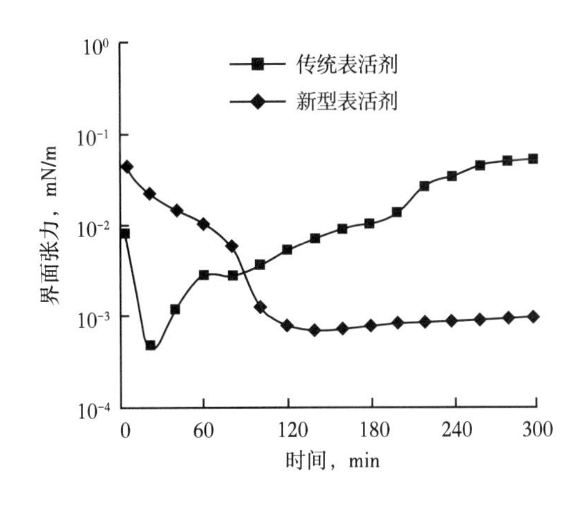

图 2-12 两种表面活性剂动态界面张力对比

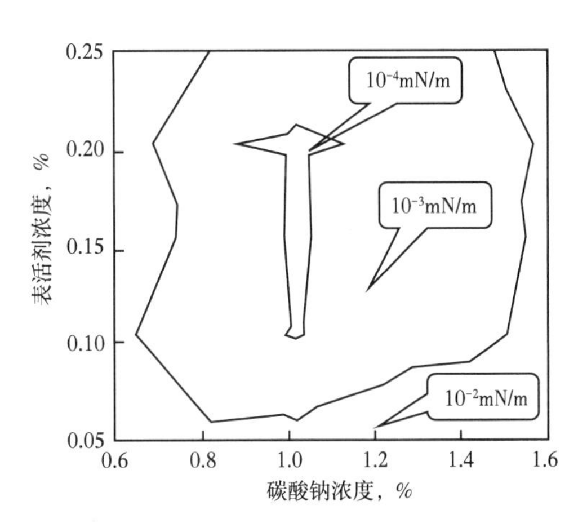

图 2-13 新型表面活性剂三元体系界面活性图

②稳定性能评价。

考查了三元体系（表面活性剂 0.2%，碳酸钠 1.2%，聚合物 1200mg/L）在 45℃ 恒温条件下的界面张力稳定性和黏度稳定性。结果表明，该产品三元复合体系界面张力在三个月始终可以达到 10^{-3}mN/m，具有较好的稳定性，同时三元体系降黏率小于 30%，可以保持较好的黏度指标。

③吸附滞留性能评价。

对组分单一烷基苯磺酸盐表面活性剂吸附滞留规律的认识，有助于表面活性剂配方的优化，最大限度地降低因活性剂成分在地层条件下的吸附滞留所引起的色谱分离，从而提高表面活性剂的持效性[5]。为此，我们分别测定了十二碳烷基苯磺酸盐、十八碳烷基苯磺酸盐和二十碳烷基苯磺酸盐在大庆油砂上的吸附等温曲线（图 2-14）。结果表明，随着碳数的增加平衡吸附量增加，临界胶束浓度（CMC）降低；平衡吸附量由十二碳烷基苯磺酸

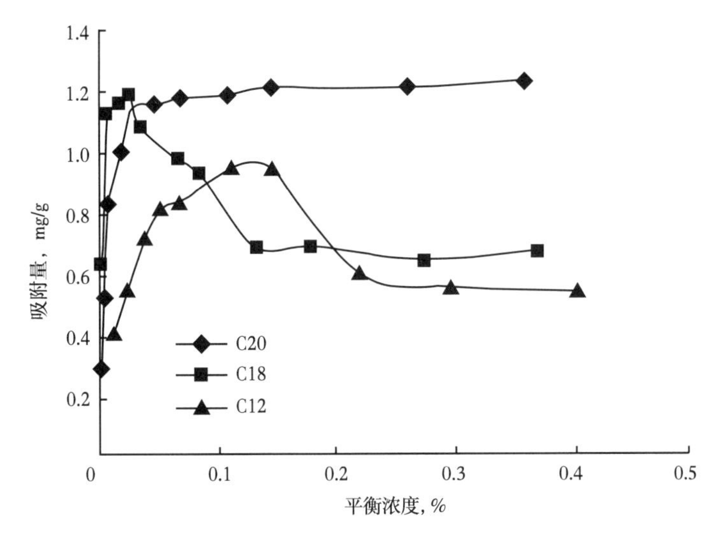

图 2-14 单组分磺酸盐吸附滞留

盐的 0.47mg/g 升高到二十碳烷基苯磺酸盐的 1.20mg/g，增加了 155%。这也表明，传统重烷基苯磺酸盐配置的三元体系注入地层后，不同当量的表面活性剂分子在地层中会有不同的吸附损失（即表面活性剂的色谱分离效应），从而会改变三元复合体系的配方组成，最终影响其驱油性能。但新型烷基苯磺酸盐由于由同一当量的表面活性剂分子组成，其三元体系注入地层后，岩石吸附只有限地改变表面活性剂浓度，而对复合体系配方组成和驱油性能影响不大。这为该表面活性剂在大庆油田黏土矿物含量较高的二类油层中应用奠定了坚实的理论基础。

④物理模拟驱油效果评价。

为综合考查该表面活性剂三元体系驱油效率，在天然岩心上进行了物理模拟驱油实验。结果表明，新型表面活性剂复合体系（活性剂 0.3%，碳酸钠 1.2%，聚合物 1200mg/L）的平均可比水驱提高采收率 20%（OOIP）左右（表 2–3）。

表 2–3 三元体系驱油实验结果

岩心序号	渗透率，$10^{-3}\mu m^2$	含油饱和度，%	水驱采收率，%	化学驱采收率，%	总采收率，%
1	1056	71.6	47.6	22.6	70.2
2	1123	71.6	44.9	19.0	63.9
3	1270	72.0	41.7	19.0	60.7
4	1199	67.6	55.0	18.8	73.8

在采油三厂萨北开发区北二区中部小井距试验区开展了现场试验，中心井区三元复合驱已取得比水驱提高采收率 24.66%（OOIP）的显著效果。

3. 强碱烷基苯磺酸盐表面活性剂性能改善

在烷基苯磺酸盐结构与性能关系研究的基础上，采用设计合成的烷基苯磺酸盐产品，通过与强碱烷基苯磺酸盐工业产品复配，使强碱活性剂产品的界面张力、吸附和乳化等性能得到不同程度的改善。采用结构确定的烷基苯工业原料，在磺化生产装置上进行了工业生产，改善了强碱活性剂工业产品性能，实现了工业化生产。

（1）复合体系界面张力性能。

改善后的表面活性剂产品较强碱活性剂工业产品可在活性剂浓度 0.3%~0.5%，碱浓度 0.4%~1.2% 范围内与大庆原油形成超低界面张力，具有更宽的超低界面张力范围（图 2–15）。

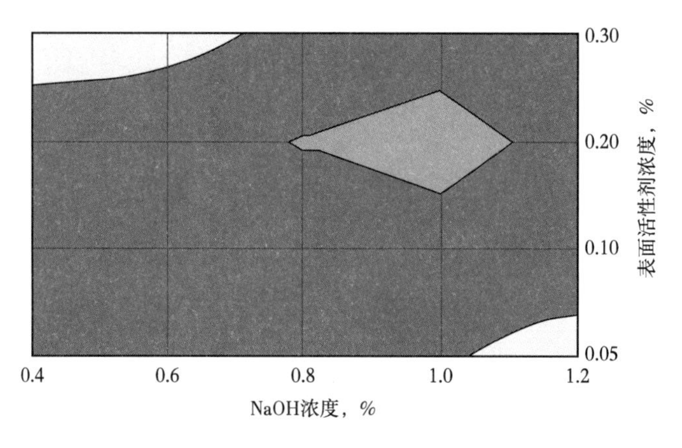

图 2–15 性能改善后强碱活性剂工业产品界面张力活性

（2）复合体系抗吸附性能。

多次吸附实验结果表明，性能改善后的强碱活性剂产品的抗吸附性能优于强碱工业产品（图 2-16）。

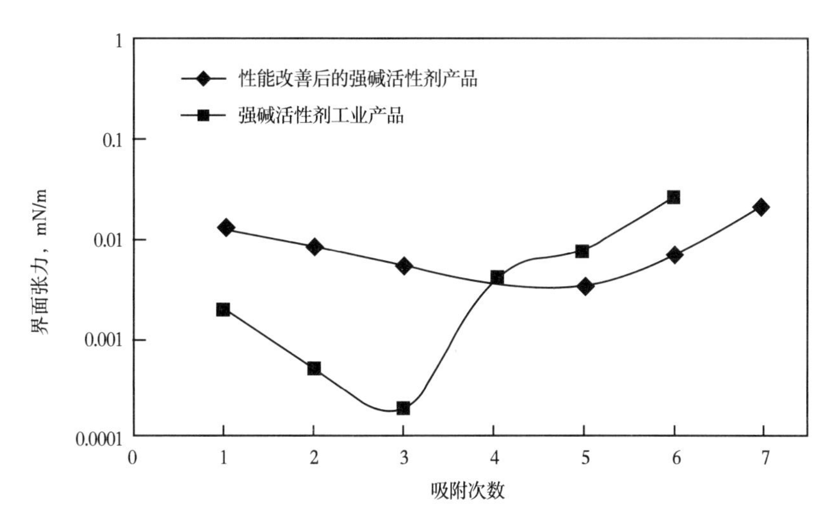

图 2-16　性能改善后工业产品多次吸附实验结果

（3）复合体系乳化性能。

乳化实验结果表明，性能改善后的强碱活性剂在高活性剂浓度形成油包水型和水包油型乳状液的能力增加（图 2-17）。

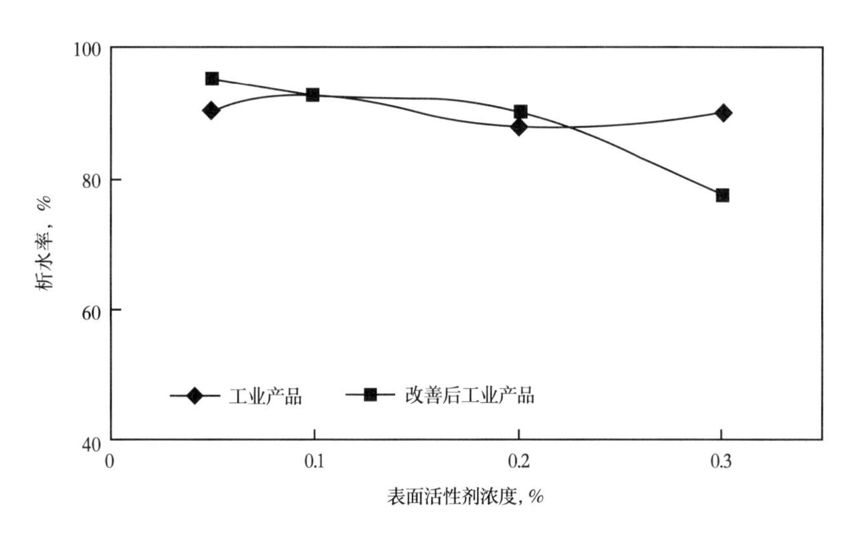

图 2-17　性能改善后工业产品乳化评价结果

（4）复合体系稳定性。

在 45℃ 条件下，考察了性能改善后强碱烷基苯磺酸盐工业产品复合体系的界面张力稳定性和黏度稳定性。评价结果表明，在 90 天考察期间内，性能改善后的强碱烷基苯磺酸盐工业产品的复合体系具有较好的界面张力稳定性和黏度稳定性（图 2-18）。

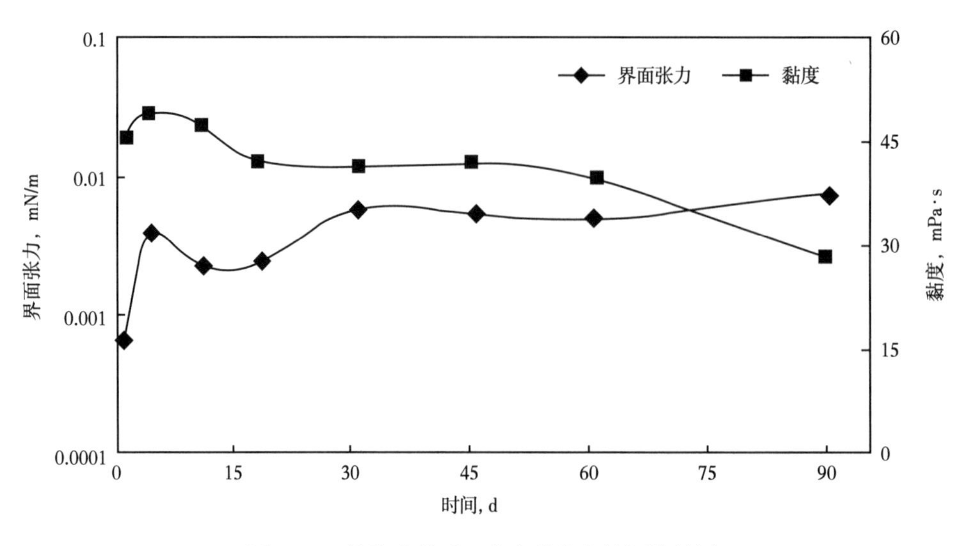

图 2-18　性能改善后工业产品稳定性评价结果

（5）复合体系驱油性能。

采用 0.3PV 三元主段塞（活性剂有效浓度 0.3%，碱浓度 1.2%，黏度 40mPa·s）+0.2PV 后续聚合物段塞（黏度 50mPa·s）的注入方式，在人造均质岩心上对比了性能改善后强碱活性剂与目前强碱活性剂工业产品的岩心驱油效果，实验结果见表 2-4。结果表明，性能改善后的强碱活性剂复合体系平均可比水驱提高采收率 30.77 个百分点，较目前强碱烷基苯磺酸盐工业产品高 0.8 个百分点。

表 2-4　强碱活性剂贝雷岩心驱油实验结果对比

名称	岩心编号	气测渗透率 $10^{-3}\mu m^2$	含油饱和度 %	水驱采收率 %	化学驱采收率 %	总采收率 %	化学驱平均采收率，%
性能改善后的强碱活性剂产品	5-12	396	66.67	38.45	30.95	69.40	30.77
	5-14	330	67.84	36.52	31.46	67.98	
	5-7	348	68.50	37.87	29.90	67.77	
强碱活性剂工业产品	5-11	389	66.91	36.91	29.64	66.55	29.97
	5-16	311	70.27	37.70	29.51	67.21	
	5-13	348	67.76	36.73	30.75	67.48	

4. 强碱烷基苯磺酸盐表面活性剂的弱碱化

强碱复合体系驱在现场试验取得了较好的增油效果，同时也暴露出了采出液处理难及采出端结垢等问题，复合驱弱碱化已成为必然趋势。采用十六烷基二甲苯和十八烷基二甲苯与强碱烷基苯磺酸盐工业产品复配后，研制出了适合弱碱的烷基苯磺酸盐表面活性剂产品，满足油田开发生产需求。

（1）复合体系界面张力性能。

弱碱烷基苯磺酸盐表面活性剂工业产品可在较宽的活性剂浓度（0.05%~0.3%）和碱浓度（0.4%~1.4%）范围内与大庆原油形成超低界面张力（图 2-19）。

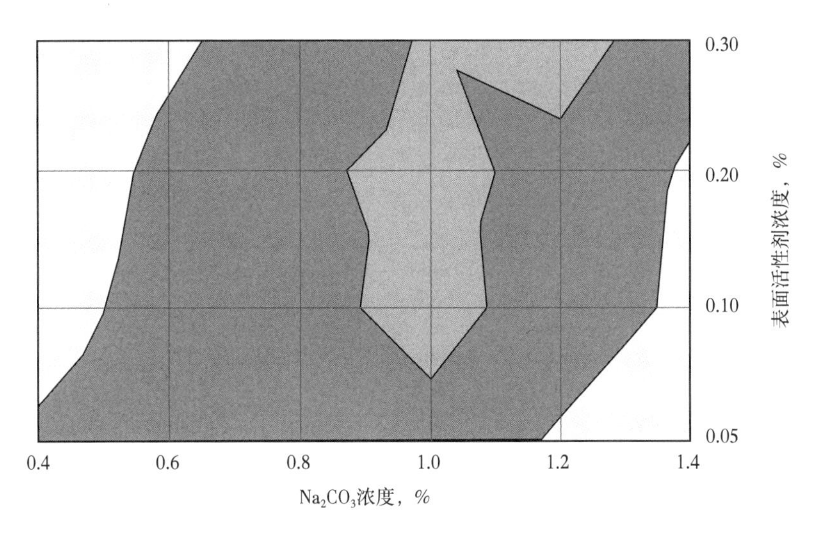

图 2-19 弱碱烷基苯磺酸盐工业产品界面张力性能评价结果

□ 2-1（10^{-2}~10^{-1}mN/m）；■ 3-2（10^{-3}~10^{-2}mN/m）；■ 4-3（10^{-4}~10^{-3}mN/m）

（2）复合体系吸附性能。

多次吸附实验结果表明，弱碱烷基苯磺酸盐工业产品经过油砂 9 次吸附后，仍可与大庆原油形成超低界面张力，具有较好的抗色谱分离性能（图 2-20）。

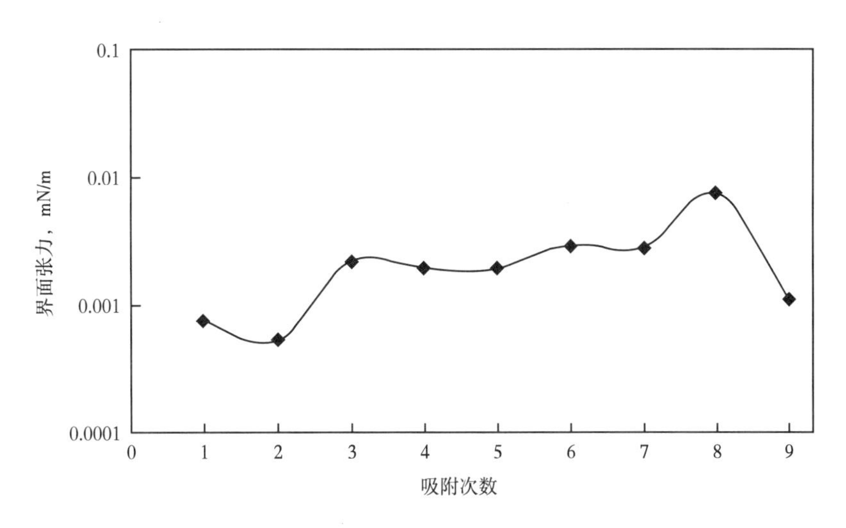

图 2-20 弱碱烷基苯磺酸盐工业产品吸附性能评价结果

（3）复合体系稳定性。

在 45℃ 下考察了弱碱烷基苯磺酸盐工业产品复合体系稳定性。弱碱烷基苯磺酸盐工业产品复合体系在 90 天内，具有较好的界面张力稳定性黏度稳定性（图 2-21）。

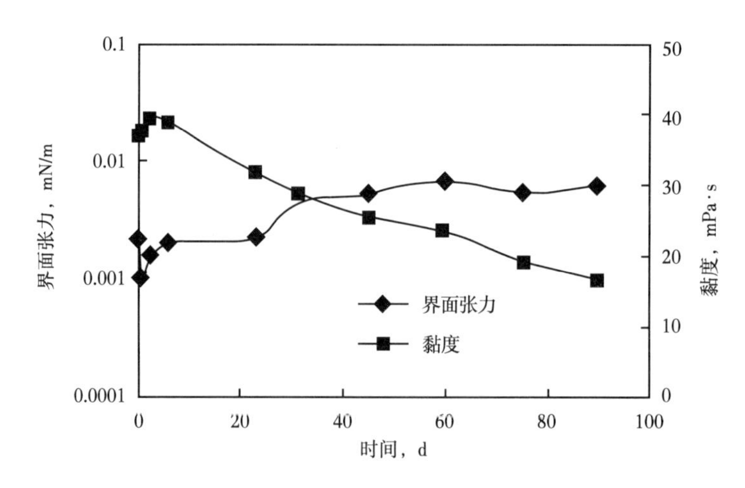

图 2-21　弱碱烷基苯磺酸盐工业产品稳定性评价结果

（4）复合体系驱油性能。

采用贝雷岩心，考察了弱碱烷基苯磺酸盐工业产品岩心驱替性能，实验结果见表2-5。结果表明，弱碱烷基苯磺酸盐产品的驱油效率平均可比水驱提高 31.95 个百分点，产品性能得到明显地提高。

表 2-5　弱碱烷基苯磺酸盐工业产品贝雷岩心驱油实验结果

名称	岩心编号	气测渗透率 $10^{-3}\mu m^2$	含油饱和度 %	水驱采收率 %	化学驱采收率 %	总采收率 %	化学驱平均采收率，%
弱碱烷基苯磺酸盐工业产品	2-17	409	67.75	39.34	32.23	71.57	31.95
	2-33	403	65.59	37.64	30.42	68.06	
	2-21	409	66.11	35.13	33.20	68.33	
石油磺酸盐	2-35	413	64.94	35.50	29.38	64.87	27.61
	2-25	404	64.93	36.62	25.06	61.69	
	2-20	408	66.81	38.36	28.39	66.75	

第二节　石油磺酸盐表面活性剂

石油磺酸盐是以馏分油为原料，磺化制得的一种阴离子型表面活性剂。由于石油磺酸盐所用原料来自原油，具有原料来源广、与原油组分匹配性好的特点，且生产工艺简单、价格低廉，是国内外三次采油中应用最为广泛的表面活性剂之一。

国外如美国 Marathon 公司用罗宾逊油田的富芳原油（含芳烃高达 70.2%），在罗宾逊炼厂直接磺化、中和生产的石油磺酸盐，已大量用于现场胶束、微乳液驱油。大庆原油为低酸值石蜡基原油，芳烃质量分数低（小于 15%），制得的石油磺酸盐产品中有效物含量低，未磺化油等副产物质量分数高（近 80%），所以要想制得性能优良的石油磺酸盐必须进行馏分油芳烃富集。随着原油炼制工艺技术的不断进步，大庆炼化公司以减压馏分油为原料，利用反序脱蜡将减压馏分油中部分链烷烃蜡分离出来，使芳烃质量分数增加到 27.6%；再与芳烃质量分数为 66.3% 的糠醛抽出油进行调合，使原料中可磺化芳烃质量分数提至 35% 以上，实现了馏分油原料芳烃的富集，经磺化、中和后，得到适用于弱碱的石油磺酸盐产品，应用于大庆油田弱碱三元复合驱，取得了提高采收率 20% 以上的良好效果。

一、石油磺酸盐工业生产

石油磺酸盐的磺化合成方法与烷基苯磺酸盐的合成基本相同。随着合成原料和合成工艺的不同产品性能有很大不同。目前，石油磺酸盐的工业生产大部分都采用三氧化硫气相磺化合成工艺。

石油磺酸盐合成的主要反应包括富芳烃原油或原油馏分的磺化与磺酸的中和两个主要步骤。

（1）富芳烃原油或馏分中芳烃的磺化。

$$R-C_6H_5 + SO_3 \longrightarrow R-C_6H_4-SO_3H$$

（2）磺酸与 NaOH 等碱的中和反应。

$$R-C_6H_4-SO_3H + NaOH（或Na_2CO_3） \longrightarrow R-C_6H_4-SO_3Na$$

由于原料（富芳烃原油或原油馏分）黏度较大，大庆炼化公司对膜式磺化反应器的结构及工艺进行优化，建成了用于石油磺酸盐生产的国产化多管膜式磺化反应器，实现了石油磺酸盐工业生产，建成生产能力 12×10^4t/a 的生产线[6]。

二、石油磺酸盐性能

1. 界面张力性能评价

石油磺酸盐产品的界面张力性能评价如图 2-22 所示。结果表明，石油磺酸盐可在较宽的活性剂浓度和碱浓度范围内与大庆原油形成 10^{-3}mN/m 数量级超低界面张力。

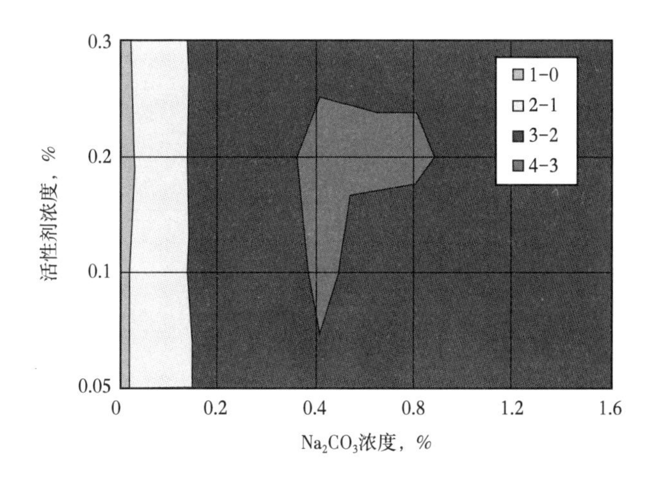

图 2-22　石油磺酸盐中试产品界面活性图

由于石油磺酸盐中试产品黏度大，不利于现场配注，采用炼化公司脱盐水将产品的活性物含量稀释至 17.5%。针对其稀释后的产品，我们重新进行了界面张力性能评价（表 2-6）。结果表明，稀释后的产品仍可在较宽的活性剂浓度和碱浓度范围内与原油形成超低界面张力，但稀释前和稀释后的产品在低活性剂浓度和低碱浓度范围内界面张力性能上存在一定的差异。

表 2-6　石油磺酸盐稀释后界面张力

活性剂有效浓度，%	Na_2CO_3 浓度，%	35%IFT，mN/m	17.5%IFT，mN/m	5%IFT，mN/m
0.05	0.4	1.10×10^{-3}	4.88×10^{-3}	—
	0.6	1.21×10^{-3}	3.80×10^{-3}	1.47×10^{-2}
	0.8	8.44×10^{-4}	1.13×10^{-3}	2.01×10^{-3}
0.10	0.4	8.81×10^{-4}	4.83×10^{-3}	2.77×10^{-3}
	0.6	1.27×10^{-3}	5.35×10^{-4}	1.48×10^{-3}
	0.8	1.64×10^{-3}	1.24×10^{-3}	6.06×10^{-4}

2. 稳定性评价

采用三厂的油水，我们考察了石油磺酸盐中试产品的三元体系稳定性（图 2-23）。评价结果表明，石油磺酸盐中试产品的三元体系均表现出良好的界面张力稳定性。

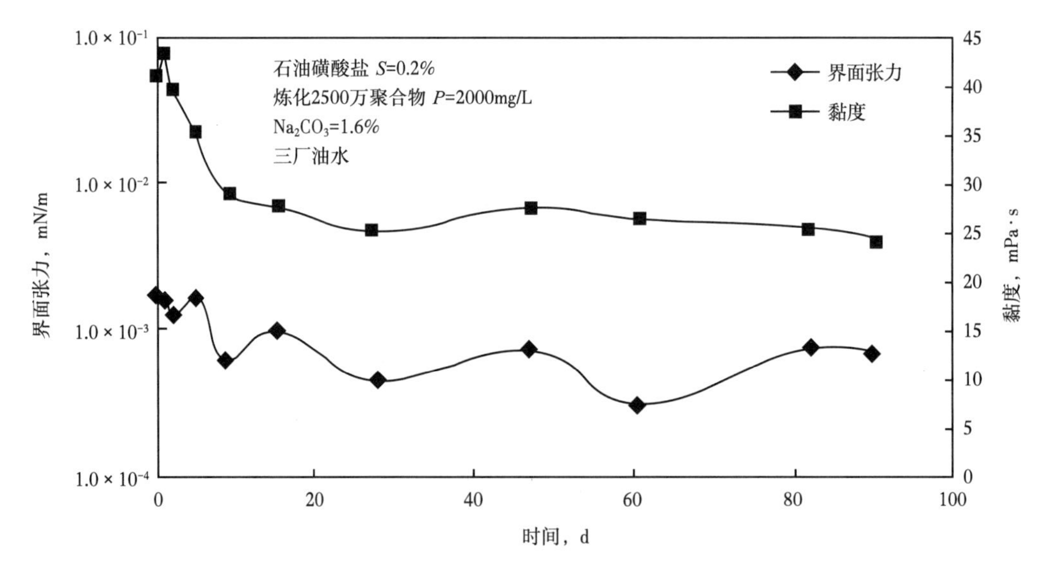

图 2-23　石油磺酸盐中试产品的三元体系稳定性

3. 吸附性能评价

采用 60~100 目的净油砂，在固液比为 1∶9，45℃条件下，采用大庆油田第三采油厂油水，考察了石油磺酸盐配制三元体系多次吸附性能（图 2-24）。

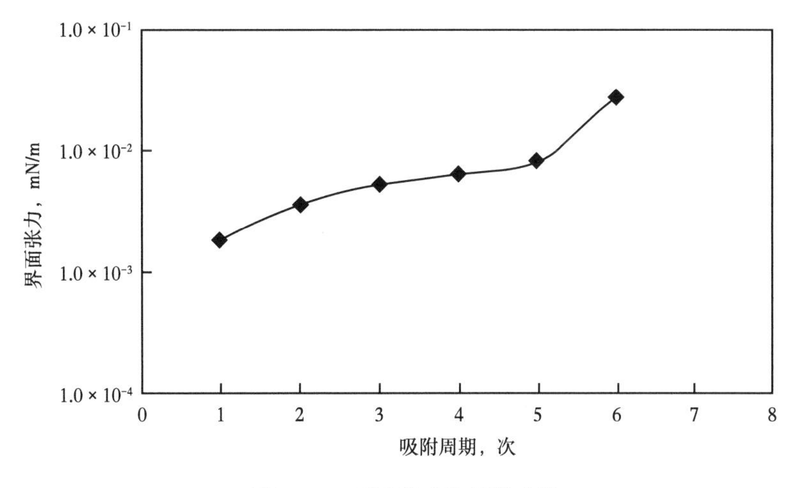

图 2-24　石油磺酸盐吸附曲线

实验结果表明，随着吸附次数增加，石油磺酸盐三元体系界面张力逐渐上升，经 5 次吸附后便无法与原油形成超低界面张力。

4. 乳化性能评价

采用三厂油水，对石油磺酸盐乳化性能进行了评价（图 2-25）。室内实验结果表明，石油磺酸盐与原油乳化后的析水率随着表面活性剂浓度的增加先升高后下降，在表面活性剂浓度为 0.3% 时，析水率为 73%。

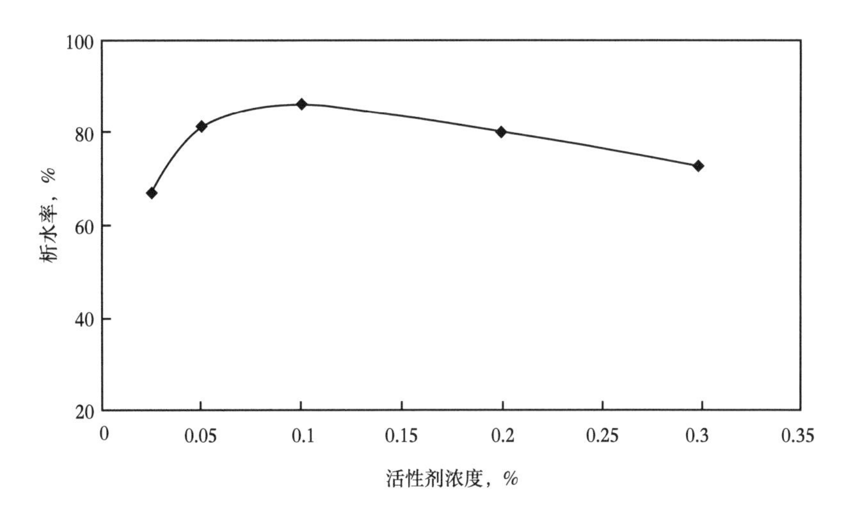

图 2-25　石油磺酸盐与原油作用后析水率曲线

5. 天然岩心驱油效果

利用天然岩心进行驱油实验，按照水驱 +0.3PV 表面活性剂 / 碳酸钠 / 聚合物弱碱三元主段塞 +0.2PV 后续聚合物段塞的注入方式，对石油磺酸盐体系驱油效果进行了评价。表 2-7 驱油实验结果表明，石油磺酸盐三元体系平均可比水驱多提高采收率 17.2 个百分点。

表 2-7 石油磺酸盐天然岩心驱替实验结果

序号	气测渗透率，$10^{-3}\mu m^2$	含油饱和度，%	水驱采收率，%	化学驱采收率，%	总采收率，%
1	1549	72.6	54.8	16.9	71.7
2	1123	78.5	46.8	17.9	64.7
3	1981	72.9	47.4	16.7	64.1
4	1769	73.0	51.9	17.2	69.1

注：表面活性剂浓度为 0.3%，碳酸钠浓度为 1.2%。

第三节 界面位阻表面活性剂

以复合驱降本增效为目标，从优化主剂和体系配方等方面入手，发展提质提效技术。基于复合驱相态综合评价技术，利用分子动力学的最新研究成果，开展新型高效表面活性剂分子结构设计，研制出了性能优良的新型界面位阻表面活性剂，建立了专有合成工艺技术，并实现中试放大生产，与大庆油田在用的强碱烷基苯磺酸盐表面活性剂复配，大幅提升复合体系界面性能，研发出适用于弱碱、无碱的高效复合体系。

一、界面位阻表面活性剂设计

对于常规表面活性剂，由于分子中亲水和亲油基团之间急剧转变，没有过渡区域，在外界环境发生变化时易于导致其亲水亲油平衡被破坏从而失去界面活性。而在高盐度水介质中，离子型表面活性剂由于头基电荷作用受到屏蔽，导致水溶性下降直至不溶。

如图 2-26 所示，界面位阻表面活性剂分子结构主要由疏水基、界面位阻基团及亲水基三部分组成。不同于传统的表面活性剂，界面位阻表面活性剂分子的非极性疏水基与极性亲水基通过弱极性的界面位阻基团进行连接，使得表面活性剂分子具有一定的极性过渡，能够增强其与油分子、水分子在界面上的相互作用，从而显著提升其界面性能，强化对油、水的增溶能力。

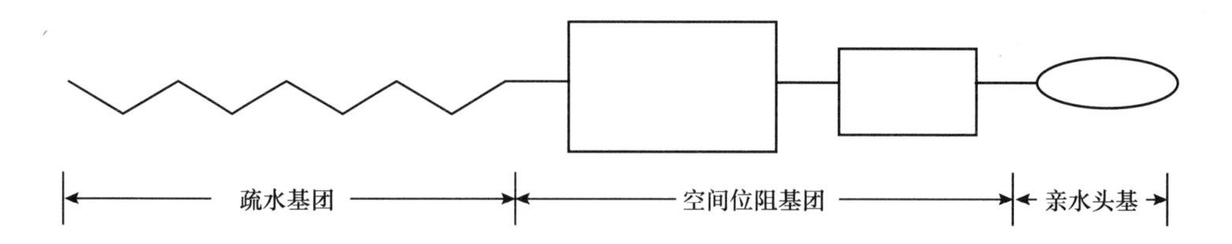

图 2-26 界面位阻表面活性剂分子结构示意图

在界面位阻基团的选择上，设计合成了两种类型的界面位阻基团，包括偏亲油的界面位阻基团 A 和偏亲水的界面位阻基团 B。根据亲水亲油平衡（HLB）理论，基团 A 虽然总体亲油，但其亲油性比烷基链要弱得多，而基团 B 虽然亲水，但其亲水性远低于离子型及两性型头基。于是在界面位阻表面活性剂的分子结构中出现了亲油亲水的梯度变化：从强

亲油到弱亲油，再到弱亲水，最后到强亲水。

基团A的引入增加了界面位阻表面活性剂对弱极性油的增溶能力，能够进一步增大中相微乳液的体积，且增溶能力随着基团A数量的增多而增强。同时，基团A的存在能够使油水界面之间的过渡变得更为平缓，从而可以减少长链烷基对表面活性剂水溶性降低的影响。这种平缓过渡有利于降低油水界面张力，当基团A的数量在一定范围内时，界面张力随其数量的增加可以变得更低。然而，只含有基团A的界面位阻表面活性剂用于降低油水界面张力时，当水相中盐浓度增大到一定程度后，界面张力在较短时间内达到最低值，但随后显著增大。这种现象是由于表面活性剂的强亲油性所致，它们迅速由水相迁移到油水界面，随后又从界面脱附而进入油相（图2-27）。

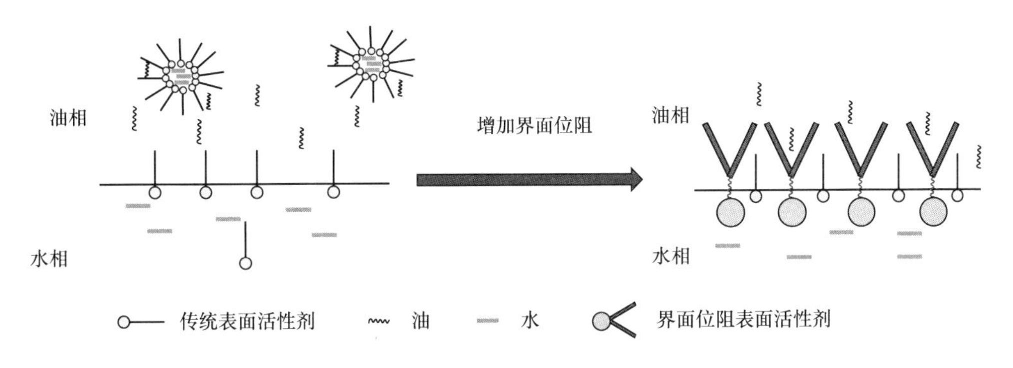

图2-27　界面位阻表面活性剂油水界面分布示意图

因此，在增加基团A数量的同时，通过加成一定数量的亲水性基团B，则能补偿基团A的增加造成的亲油性偏强，维持表面活性剂分子整体的亲水亲油平衡，从而将该类表面活性剂锚定在油水界面，获得稳定的油水界面张力降低，并提高其水溶性及抗电解质能力。同时通过在亲水基和亲油基间引入柔性链，使表面活性剂在良好溶解性的同时增大表面活性剂分子界面位阻，增加表面活性剂分子在油水界面排布的稳定性，易与油相形成中间相，大幅提高驱油效率。

二、界面位阻表面活性剂合成工艺

1. 合成原理

（1）界面位阻基团加成反应。

界面位阻基团的加成反应分为两步，第一步脂肪醇加成基团A后，再通过第二步反应加成基团B，反应式如下：

$$C_nOH+\text{中间体原料 A}\xrightarrow{\text{中间体催化剂2}}C_n-(A)_x$$

$$C_n-(A)_x+\text{中间体原料 B}\xrightarrow{\text{中间体催化剂1}}C_n-(A)_x(B)_y$$

其中，x，y根据产品要求进行控制。

（2）硫酸化反应。

界面位阻表面活性剂亲水基加成的硫酸化反应式如下：

$$C_n-(A)_x(B)_y+\text{硫酸化试剂}\xrightarrow{\text{溶剂}}C_n-(A)_x(B)_y-ES$$

（3）中和反应。

硫酸化反应后得到的产品通过与 NaOH 中和得到最终的硫酸钠盐产品，反应式如下：

$$C_n-(A)_x(B)_y-ES+NaOH\longrightarrow C_n-(A)_x(B)_y-SO_4Na$$

2. 生产工艺流程设计

（1）界面位阻基团加成反应工艺。

界面位阻基团加成反应工艺的特点：①界面位阻基团加成反应的过程包括氮气置换、进料、诱导反应、老化脱气及冷却—排料等步骤；②反应是强放热反应，反应热约为2140kJ/kg 中间体原料；③中间体原料 B 易燃、易爆、有毒，爆炸极限 3.6%~100%，一旦泄漏极易发生火灾和爆炸，造成重大事故。为保证安全生产，装置必须采用 DCS 自动化控制，确保反应安全有序，进行正常生产。

由于高碳醇起始剂熔点较高，黏度较大，选择 Press 反应器是不合适的。单一的 Buss 反应器也不合适，决定在其中增加搅拌器，提高容器内的传热和传质，结合 Buss 反应器的喷射器功能，把反应器顶部的气相吸入，降低了搅拌轴转动而产生的安全风险。

反应前，系统用抽真空、充氮气，使系统内气相中的残留氧在 10×10^{-6} 以下。起始原料升温至规定温度，进中间体原料开始反应，利用文丘里喷射混合器的原理，使中间体原料的气相与循环物料进行混合反应。即由物料的喷射引起局部真空，将原料气体吸入文丘里混合器，这里物料是连续相，而中间体原料 A 和原料 B 是分散相。由于在文丘里混合器中中间体原料 A 和原料 B 分散性能远比喷雾混合式反应器好，因此其反应速率高，产品质量优于喷雾混合式反应器，对于黏度高的起始原料具有独特的优势。该环路反应器，同样利用外循环换热器撤除反应热。

反应系统的温度、压力、中间体原料 A 和原料 B 加入量和导热油循环系统均由仪表自动控制。

工艺特点：①氮气保护的压力较高，反应器头部空间的氮气分压大于 50%，在中间体原料的安全范围内，不会产生任何危险的可能，安全性能好；②反应器的设计压力高达4.5MPa，设计温度 220℃，操作压力 0.2~0.4MPa，操作温度 135~140℃；③反应结束时，头部气相中残留的中间体原料低于 1×10^{-6}，利于保护环境；④反应速率高。

中间体原料 A 和原料 B 加料结束后，仍有少量原料存在于反应器的气相和物料中，需进行熟化操作，反应物料继续循环反应约 10~20min，直到全部反应完。熟化程度由反应器的残余压力来确定，当反应器的残余压力不变时，即认为熟化结束。

冷却脱气：反应结束后，冷却到 90℃ 以下，并将反应器中剩余气体排至尾气处理单元。

（2）硫酸化反应工艺。

硫酸化反应器采用搅拌反应釜，夹套蒸汽加热，搅拌采用锚桨组合的搅拌器，采用 SUS316L 不锈钢材料。中间体的硫酸化反应通过选定的硫酸化试剂及反应溶剂在搅拌釜中进行。原料在 57~72℃ 时开始透明，65~78℃ 完全透明，在 90~95℃ 反应 3h（反应5~10min 时开始变色），压力为常压。

（3）中和反应工艺。

硫酸化反应得到的产品与 NaOH 中和得到最终的硫酸钠盐产品。NaOH 为 30% 的液碱，以滴加方式加入反应釜，搅拌桨应适应黏稠物料的搅拌。若单体的黏度和稠度很大，可加入少量溶剂进行降黏，以便于搅拌和反应。

三、界面位阻表面活性剂性能

依据表面活性剂协同作用机理，通过表面活性剂复配和碱（电解质）浓度调节，提升复合体系综合相态性能，采用界面位阻型表面活性剂与大庆在用的烷基苯磺酸盐表面活性剂复配，实现了强碱表面活性剂的弱碱化、无碱化。

1. 表面活性剂溶解性能

该表面活性剂和大庆油田在用的强碱烷基苯磺酸盐表面活性剂复配，可使复合体系溶解性能大幅提升（图 2-28 和图 2-29）。

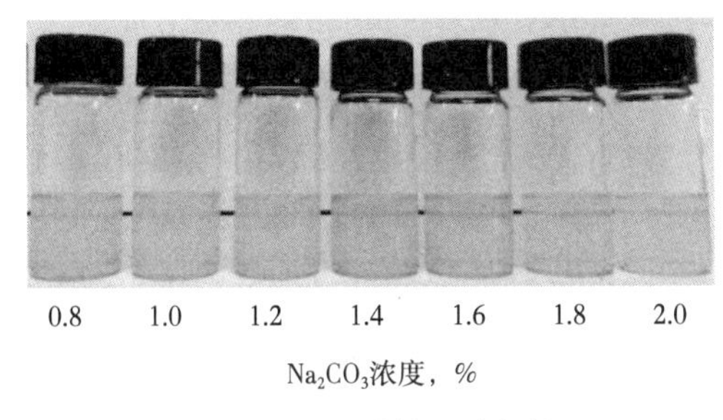

图 2-28　弱碱体系溶解性

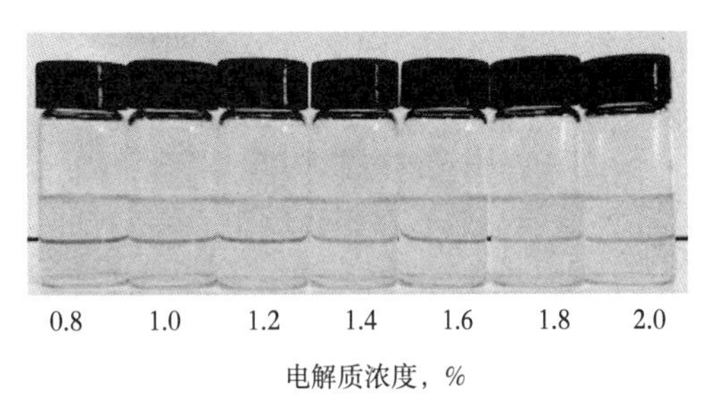

图 2-29　无碱体系溶解性

2. 复合体系界面张力性能

采用放大生产产品配制的新型弱碱和无碱驱油体系，在较宽的电解质范围内与原油形成超低界面张力（图 2-30 和图 2-31）。

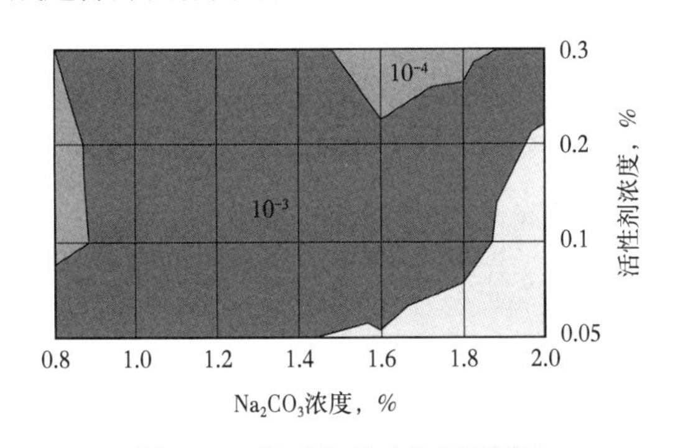

图 2-30　弱碱体系动态界面活性

□2-1（10^{-2}~10^{-1}mN/m）；■3-2（10^{-3}~10^{-2}mN/m）；■4-3（10^{-4}~10^{-3}mN/m）

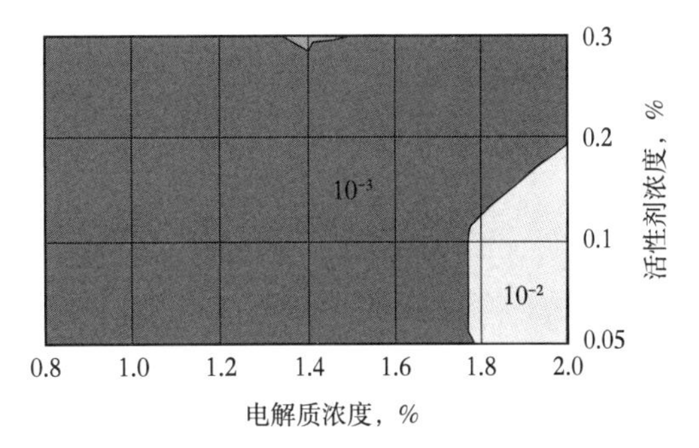

图 2-31　无碱体系动态界面活性

□2-1（10^{-2}~10^{-1}mN/m）；■3-2（10^{-3}~10^{-2}mN/m）；■4-3（10^{-4}~10^{-3}mN/m）

3. 复合体系抗吸附性能

采用放大生产产品配制的新型弱碱（0.3%$S_{表面活性剂}$+1.6% Na_2CO_3）和无碱驱油体系（0.3%$S_{表面活性剂}$+1.6% 电解质）在吸附 7 次后界面张力上升到 10^{-2}mN/m，具有良好的吸附性能（图 2-32 和图 2-33）。

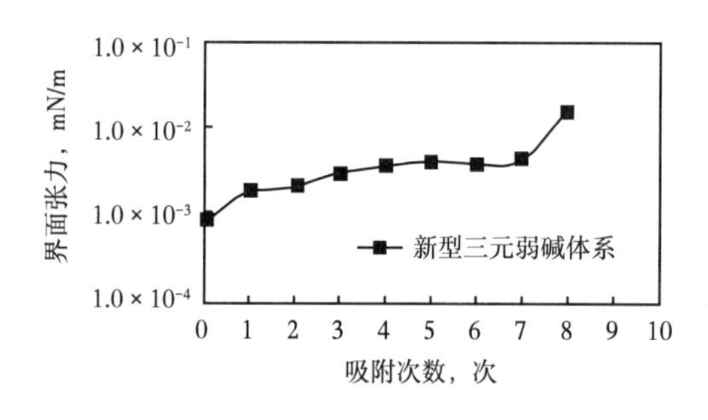

图 2-32　弱碱复合体系抗吸附性能评价

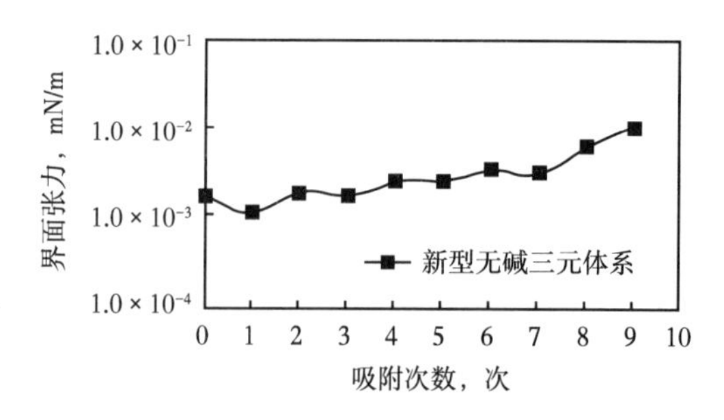

图 2-33　无碱复合体系抗吸附性能评价

4. 复合体系乳化性能

利用复合驱相态综合评价技术开展复合驱油体系乳化性能评价，采用放大生产产品配制的新型弱碱和无碱驱油体系与原油作用后可以形成稳定的中相微乳液。乳化实验结果表明，性能改善后的强碱表面活性剂在高活性剂浓度形成油包水型和水包油型乳状液的能力增加（图 2-34）。

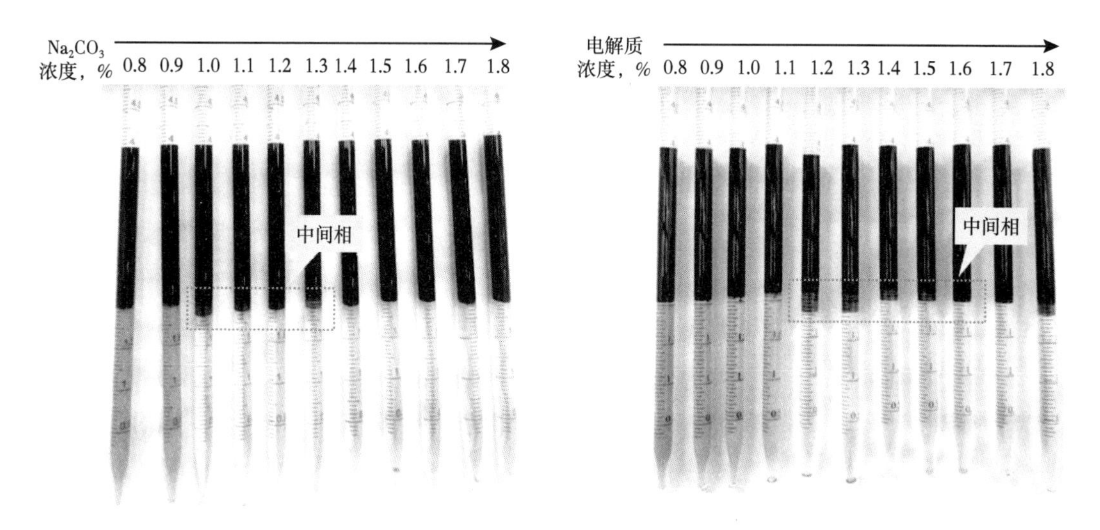

图 2-34　性能改善后工业产品乳化评价结果

5. 复合体系稳定性

在 45℃ 条件下，考察了性能改善后强碱烷基苯磺酸盐工业产品复合体系的界面张力稳定性和黏度稳定性，实验结果如图 1-20 所示。评价结果表明，在 90 天考察期内，性能改善后的强碱烷基苯磺酸盐工业产品的复合体系具有较好的界面张力稳定性和黏度稳定性（图 2-35 和图 2-36）。

6. 复合体系驱油效果

用贝雷岩心进行驱油实验，按照水驱 +0.3PV 表面活性剂 / 聚合物二元主段塞 +0.2PV 后续聚合物段塞的注入方式，对新型高效复合体系的驱油效果进行了评价。驱油实验结果表明，新型复合体系平均可比水驱提高采收率 40 个百分点以上，较大庆油田现有体系平均多提高采收率 12 个百分点以上，具有较好的驱油效率（表 2-8）。

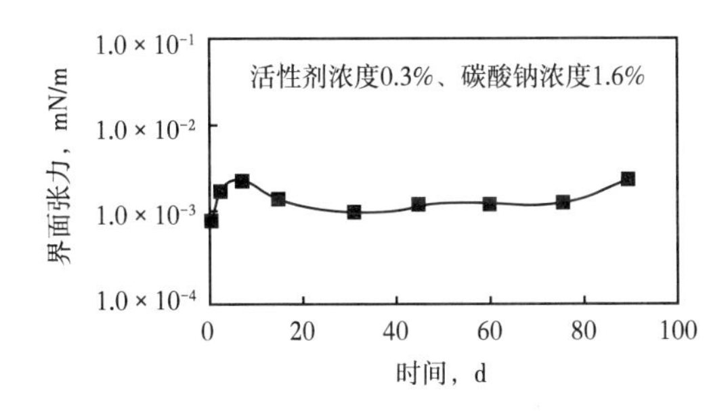

图 2-35 弱碱复合体系界面张力稳定性

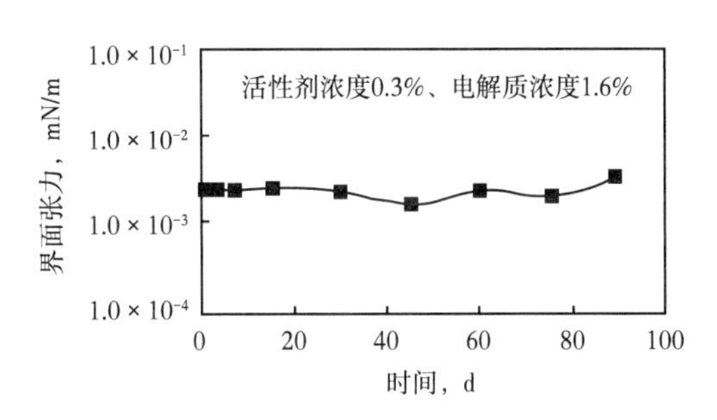

图 2-36 无碱复合体系界面张力稳定性

表 2-8 新型高效复合体系贝雷岩心物理模拟驱油效果

体系类型	气测渗透率 $10^{-3}\mu m^2$	含油饱和度 %	水驱采收率 %	化学驱采收率 %	化学驱平均采收率，%	总采收率 %
石油磺酸盐弱碱复合体系	383	68.74	35.99	28.03	28.26	64.02
	423	68.04	37.20	27.05		64.25
	395	65.47	36.59	29.71		66.30
弱碱新型复合体系	409	63.66	38.03	41.37	40.45	79.34
	409	65.08	36.83	39.65		76.48
	421	63.40	37.03	40.32		77.35
无碱新型复合体系	350	63.82	37.11	40.36	40.83	77.47
	350	63.30	35.69	39.28		74.97
	339	65.02	36.67	42.86		79.52

第四节 其他类型表面活性剂

一、生物表面活性剂

生物表面活性剂是生物细胞内及代谢出的两亲物质，具有合成表面活性剂所没有的结构特征和性能。该类表面活性剂通过发酵制得，可一次大量培养且成本低廉、易于降解、对环境污染小。生物表面活性剂可分为糖脂类生物表面活性剂、酰基缩氨酸类生物表面活性剂、磷脂类生物表面活性剂、脂肪酸类生物表面活性剂和高分子生物表面活性剂[7]。

利用发酵液中含有的生物表面活性剂来提高采收率的微生物采油技术取得较快发展。选择使用生物表面活性剂与合成表面活性剂复配，不但可以大幅度降低人工表面活性剂的用量，从而降低复合驱成本，而且对环境损害小。大庆油田在 1997 年采用鼠李糖脂与 ORS-41 复配体系开展了小井距强碱三元复合驱先导性试验。

近两年，采用脂肽生物活性剂与强碱烷基苯磺酸盐复配，实现了弱碱化。

1. 界面张力性能

在确定生物活性剂与烷基苯磺酸盐复配比的基础上，测定了复配体系的界面张力，结果如图 2-37 所示。测定结果表明，生物活性剂与烷基苯磺酸盐复配体系可在较宽的活性剂浓度和碱浓度范围内与大庆原油形成超低界面张力。

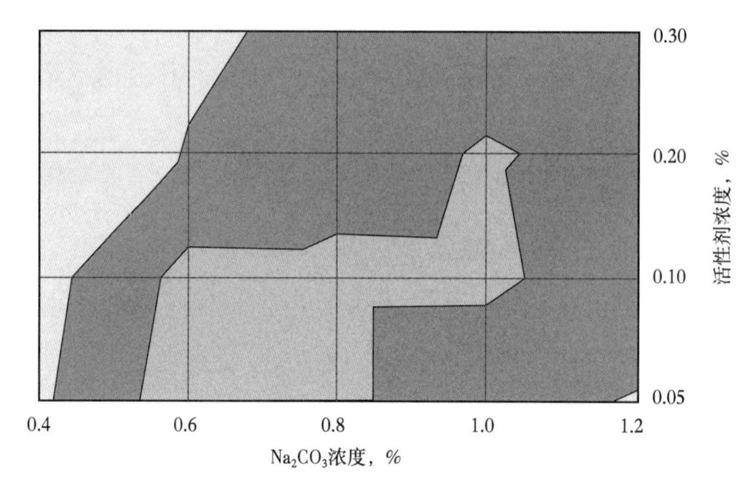

图 2-37　生物活性剂与烷基苯磺酸盐复配体系界面张力活性图

□2-1（10^{-2}~10^{-1}mN/m）；■3-2（10^{-3}~10^{-2}mN/m）；■4-3（10^{-4}~10^{-3}mN/m）

2. 吸附性能

考查了生物活性剂与烷基苯磺酸盐的复配体系的抗吸附性能，评价结果如图 2-38 所示。评价结果表明，复配体系经过油砂 6 次吸附后，不能与大庆原油形成 10^{-3}mN/m 数量级超低界面张力，具有较好的抗吸附性能。

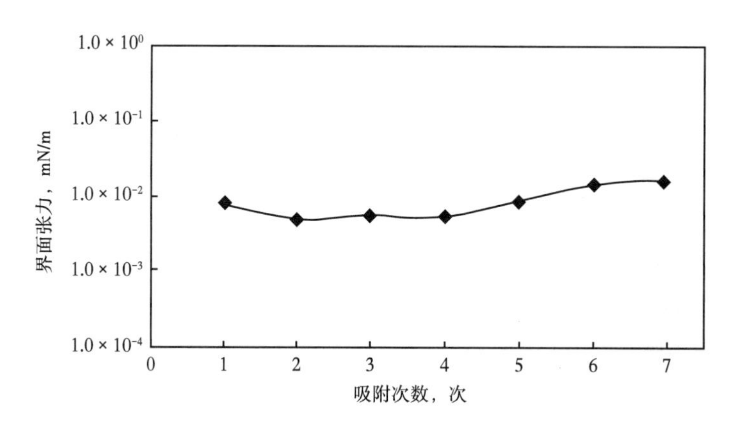

图 2-38　生物活性剂与烷基苯磺酸盐复配体系多次吸附实验结果

3. 乳化性能

在油水比为 1∶1，45℃ 的条件下，考查了生物活性剂与烷基苯磺酸盐复配体系的乳化性能，评价结果如图 2-39 所示。评价结果表明，生物活性剂与烷基苯磺酸盐的复配体系与大庆原油易形成 W/O 型乳状液，具有较强的乳化能力。

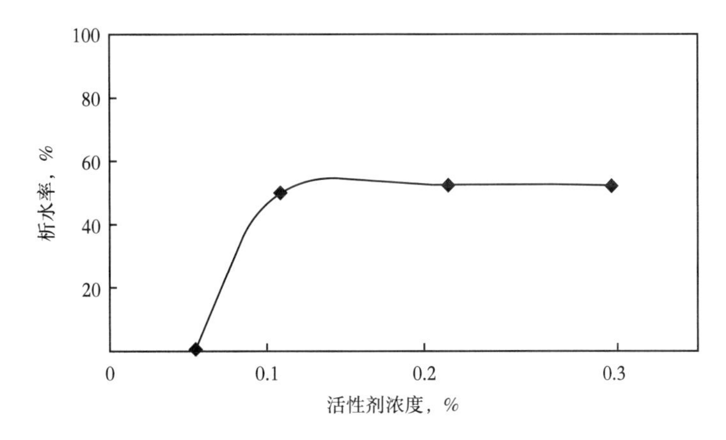

图 2-39　生物活性剂与烷基苯磺酸盐复配体系乳化实验结果

4. 稳定性

在 45℃ 恒温条件下，考查了三元复合体的界面张力稳定性和黏度稳定性，评价结果如图 2-40 所示。评价结果表明，在 90 天范围内，生物活性剂与烷基苯磺酸盐复配体系具有较好的界面张力稳定性，其复合体系具有较好的黏度稳定性。

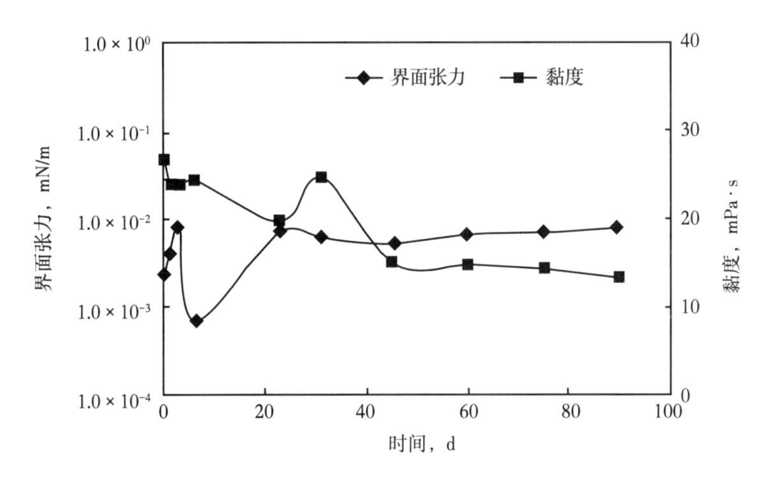

图 2-40　生物活性剂与烷基苯磺酸盐复配体系稳定性评价结果

5. 室内物理模拟驱油实验

脂肽生物活性剂与烷基苯磺酸盐复配体系驱油实验结果见表 2-9。实验结果表明，该生物表活剂与烷基苯磺酸盐复配弱碱体系平均可比水驱提高采收率 23.06 个百分点。

表 2-9　生物活性剂与烷基苯磺酸盐复配体系人造岩心驱油实验结果

岩心编号	气测渗透率 $10^{-3}\mu m^2$	含油饱和度 %	水驱采收率 %	化学驱采收率 %	总采收率 %	平均提高采收率 %
4-6	334	67.60	35.74	21.64	57.38	23.06
4-12	361	72.09	35.56	22.83	58.39	
4-16	333	68.11	34.07	24.72	58.79	

大庆油田利用脂肽分子亲水基大、疏水基小，石油磺酸盐分子亲水基小、疏水基大，在油水界面上脂肽与石油磺酸盐两种分子结构和电性互补，使界面上表面活性剂排列更紧密，界面膜强度增强。通过室内配方优化了复合体系注入方案，在萨南开发区二类油层进行了现场试验，中心井区阶段采出程度18.9%，提高采收率17.11%，预计综合含水率98%时，提高采收率达到19.2个百分点，高于方案设计3.2个百分点。目前，已工业化应用。

二、烷醇酰胺及其衍生物

烷醇酰胺属非离子型表面活性剂，是由脂肪酸与烷基醇胺缩合制得。烷醇酰胺及其衍生物生产原料丰富可再生、生产工艺简单且具有较好的界面活性，同时具有较强的耐盐性和一定的耐温性，可适用于中低温、中高矿化度油藏条件。烷醇酰胺的工业生产路线主要包括脂肪酸法、脂肪酸甲酯法和油脂法。其中，脂肪酸法以脂肪酸与二乙醇胺在催化剂作用下直接反应制备烷醇酰胺[9]。大庆油田以天然油脂为原料先生产出脂肪酸甲酯，再经酰胺化和乙氧基化两步反应制得烷醇酰胺聚氧乙烯醚表面活性剂。

1. 聚氧乙烯醚烷醇酰胺的合成

采用天然可再生的椰子油或棕榈油为基础原料，或以脂肪酸甲酯为中间原料，通过酰胺化、乙氧基化加成二步反应工艺，合成得到设计的无碱表面活性剂。

（1）烷基醇酰胺的合成。

工业上合成烷基醇酰胺主要有两种方法。一种是采用脂肪酸与乙醇胺进行反应制备烷基醇酰胺。反应方程式如下所示：

$$RCOOH + HN\begin{cases} CH_2CH_2OH \\ CH_2CH_2OH \end{cases} \xrightarrow[150\sim170^\circ C]{KOH} RCON(CH_2CH_2OH)_2 + H_2O$$

二乙醇胺除胺基可与脂肪酸反应生成烷醇酰胺外，它的醇烃基亦可与脂肪酸反应生成单酯和双酯。倘若乙醇胺的胺基和烃基都参加反应，可生成酰胺单酯和酰胺双酯。脂肪酸与乙醇胺也可以中和生成胺皂。

在反应过程中，除了烷基醇酰胺外，还生成了胺基单酯、胺基双酯、酰胺单酯和酰胺双酯等中间产物。酰胺单酯、双酯经过几小时后，就能转化为烷基醇酰胺，而胺基单酯、双酯有时则需要几天甚至几周才能转化为主产物。因此，在反应过程中，应注意尽量控制胺基单酯、双酯的生成。在高温下，会促进二乙醇胺分子间缩合可生成N，N–二（2–羟乙基）哌嗪。

工业生产中另一种方法是采用脂肪酸甲酯与乙醇胺反应来制取烷基醇酰胺。

（2）烷基醇酰胺聚氧乙烯醚的合成。

将合成的烷基醇酰胺进行乙氧基化，即可得到烷基醇酰胺聚氧乙烯醚。具体步骤是先将脂肪酸醇酰胺熔化、升温、抽真空脱水、充氮气完全排除空气，然后以碱作催化剂，反应温度控制在150~180℃，计量通入环氧乙烷反应3~4h，最后中和催化剂，即得到无碱表面活性剂产品。

2. 聚氧乙烯醚烷醇酰胺的性能

对无碱表面活性剂中试产品的界面张力性能、吸附性能、乳化性能、复合体系稳定性及驱油效果进行了系统评价。

图 2-41 为无碱表面活性剂的界面活性图。实验结果表明，所研制的无碱表面活性剂在活性剂浓度 0.05%~0.3% 范围内可与大庆原油形成 10^{-3}mN/m 数量级超低界面张力，具有较宽的超低界面张力范围，且中试产品的界面张力性能与小试产品相当。

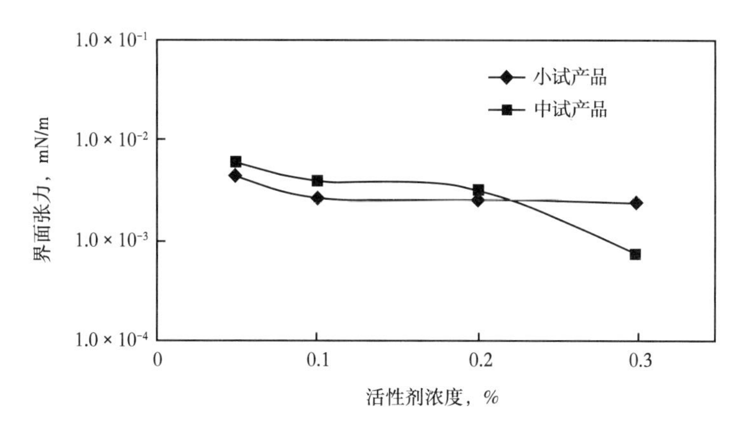

图 2-41　无碱表面活性剂界面张力活性图

在 45℃ 恒温条件下，考察了无碱表面活性剂小试和中试产品的复合体系的界面张力稳定性和黏度稳定性。室内评价结果表明，在 90 天的考查期间内，无碱表面活性剂的复合体系具有较好的界面张力稳定性和黏度稳定性。

在 45℃，采用 60~100 目的静油砂，固液比为 1 : 9，考查了无碱表面活性剂的抗吸附性能。

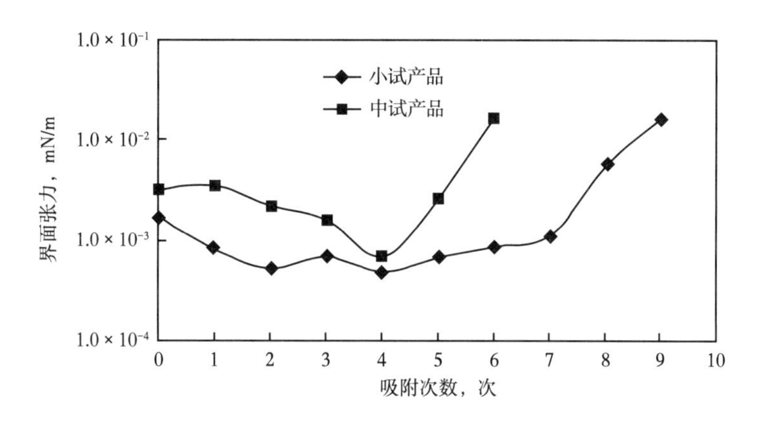

图 2-42　无碱表面活性剂多次吸附实验结果

从评价结果可以看出，工艺条件优化后的无碱表面活性剂中试产品经过 9 次吸附后，才无法与原油形成 10^{-3}mN/m 数量级超低界面张力，具有较好的抗吸附性能。

为了考查无碱表面活性剂产品的乳化性能，将原油与无碱表面活性剂的水溶液按照体积比 1 : 1 加入具塞比色管中，经搅拌后，置于 45℃ 烘箱中恒温，观察记录相体积的变化。室内评价结果表明，小试产品与原油乳化后，析水率随着活性剂浓度的增大而降低，中试产品乳化后的析水率随着活性剂的浓度增大而升高。

采用 0.3PV 二元主段塞 +0.2PV 后续聚合物段塞的注入方式，二元主段塞无碱表面活性剂（有效）浓度0.3%，二元段塞黏度为40mPa·s（炼化2500万分子量聚合物），后续聚合物段塞黏度为50mPa·s（炼化2500万分子量聚合物），无碱表面活性剂中试产品的天然岩心实验结果见表2-10。实验结果表明，无碱表面活性剂二元复合体系可比水驱提高采收率16.25~20.3个百分点。

表2-10　无碱表面活性剂天然岩心物理模拟实验

序号	岩心渗透率，$10^{-3}\mu m^2$	原油饱和度，%	水驱采收率，%	化学驱采收率，%	总采收率，%
1	711	63.95	37.36	17.58	54.94
2	801	72.7	32.5	16.25	48.75
3	808	71.6	40.3	20.3	60.50
4	604	71.4	44.5	16.8	61.30
5	768	70.2	40.3	17.5	57.80
6	1258	67.5	38.7	18.5	57.20
7	1366	75.9	47.6	17.3	64.90

三、石油羧酸盐

石油羧酸盐是以原油馏分油为原料经氧化、中和得到的一种表面活性剂。石油羧酸盐具有原料来源广、生产工艺简单等优点。大庆油田经过“七五”“八五”的攻关，以液相氧化法代替了气相氧化法，降低了反应温度，提高了反应选择性和产品稳定性，进而研制出了适合强碱的表面活性剂体系配方。

大庆油田以减四线馏分油为原料，在东昊公司生产能力为1000t/a的石油羧酸盐生产装置上完成了石油羧酸盐的工业生产，与强碱烷基苯磺酸盐产品复配后，生产出了适合弱碱的表面活性剂产品。

界面张力评价结果表明，石油羧酸盐与强碱烷基苯磺酸盐复配体系具有较宽的超低界面张力范围（图2-43）。

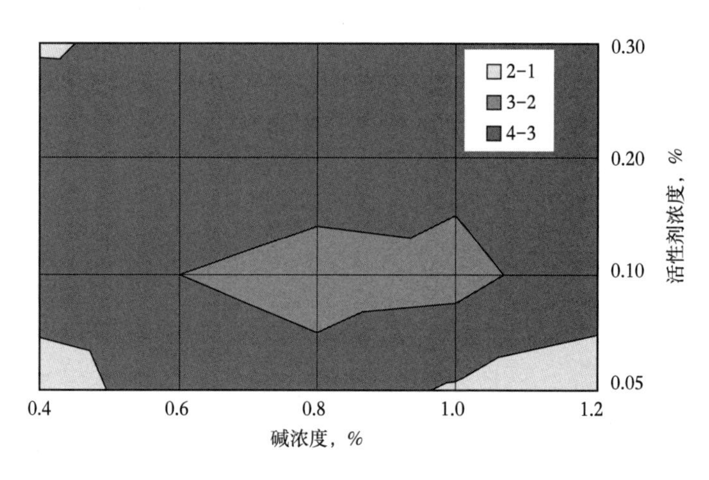

图2-43　石油羧酸盐与强碱烷基苯磺酸盐复配体系界面张力活性

多次吸附实验结果表明，石油羧酸盐与强碱烷基苯磺酸盐复配体系经过 4 次吸附后，该体系无法与大庆原油形成平衡超低界面张力，但在第 5 次至第 9 次吸附后，该体系仍存在动态超低界面张力过程，具有较好的抗吸附性能（图 2-44 和图 2-45）。

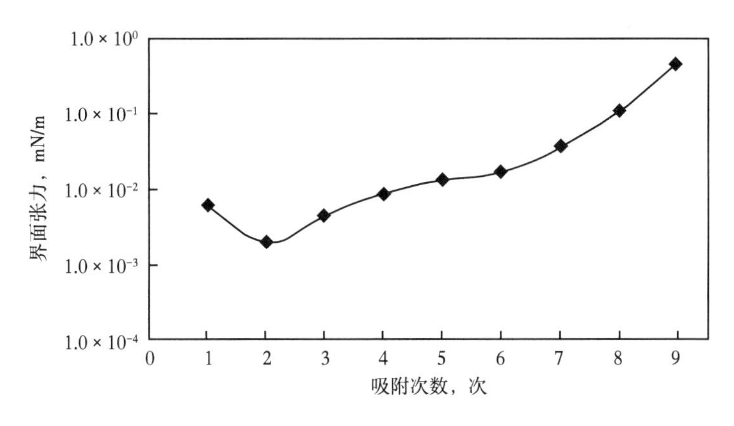

图 2-44　多次吸附实验结果

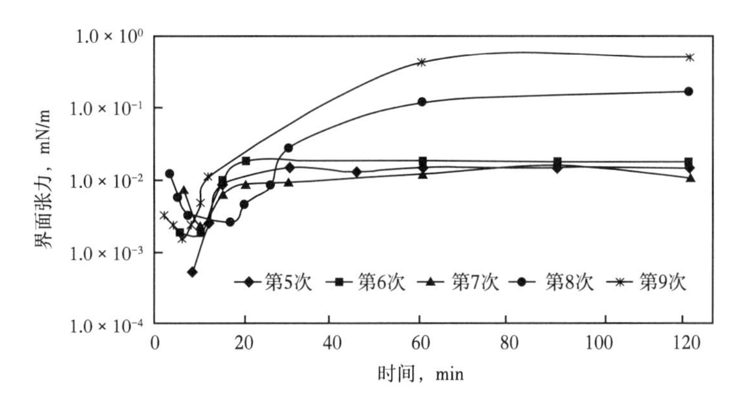

图 2-45　多次吸附动态界面张力

石油羧酸盐与强碱烷基苯磺酸盐复配体系乳化性能评价结果如图 2-46 所示。评价结果表明，石油羧酸盐与强碱烷基苯磺酸盐复配体系具有较好的乳化性能。

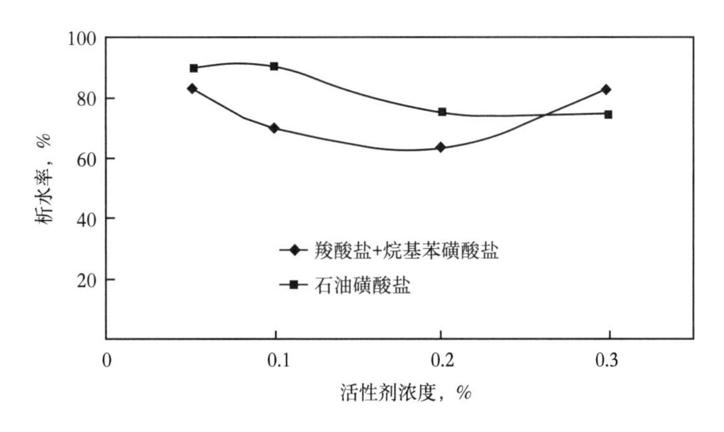

图 2-46　石油羧酸盐与强碱烷基苯磺酸盐复配体系乳化性能

石油羧酸盐与强碱烷基苯磺酸盐复配体系稳定性如图 2-47 所示。在 90 天范围内，石油羧酸盐与强碱烷基苯磺酸盐复配体系表现出了较好的界面张力稳定性和黏度稳定性。

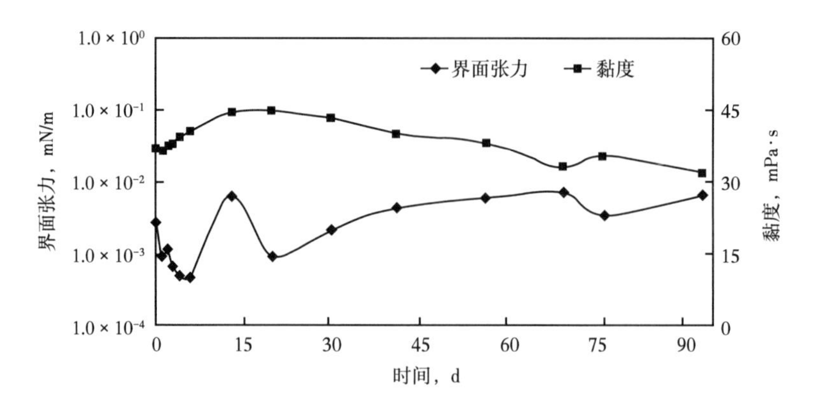

图 2-47　石油羧酸盐与强碱烷基苯磺酸盐复配体系稳定性

采用贝雷岩心，以 0.3PV 三元段塞 +0.2PV 后续聚合物段塞的注入方式，考查了石油羧酸盐与烷基苯磺酸盐复配体系的驱油性能，实验结果见表 2-11。驱油实验结果表明，石油羧酸盐与强碱烷基苯磺酸盐复配的弱碱体系配方优化后，驱油效果可比水驱提高采收率 23.40~28.03 个百分点。

表 2-11　石油羧酸盐与烷基苯磺酸盐复配体系贝雷岩心驱油实验结果

岩心编号	气测渗透率，$10^{-3}\mu m^2$	原油饱和度，%	水驱采收率，%	化学驱采收率，%	总采收率，%
4-23	297	65.35	37.09	27.58	64.67
4-19	338	68.09	35.47	23.40	58.87
4-25	383	68.74	35.99	28.03	64.01

参考文献

[1] 朱友益，沈平平 . 三次采油复合驱用表面活性剂合成、性能及应用 [M]. 北京：石油工业出版社，2002.
[2] 陈卫民 . 用于驱油的以重烷基苯磺酸盐为主剂的表面活性剂的工业化生产 [J]. 石油化工，2010，39（1）：81-84.
[3] 郭万奎，杨振宇，伍晓林，等 . 用于三次采油的新型弱碱表面活性剂 [J]. 石油学报，2006，27（50）：75-78.
[4] 翟洪志，冷晓力，卫健国，等 . 石油磺酸盐合成技术进展 [J]. 日用化学品科学，2014，37（9）：15-18.
[5] 中国石油勘探与生产分公司 . 聚合物 / 表面活性剂二元驱技术文集 [M]. 北京：石油工业出版社，2014.
[6] 张帆，王强，刘春德，等 . 羟磺基甜菜碱的界面性能研究 [J]. 日用化学工业，2012，42（2）：104-106.
[7] 白亮，杨秀全 . 烷醇酰胺的合成研究进展 [J]. 日用化学品科学，2009，32（4）：15-19.

第三章 复合体系性能评价方法

三元复合体系涉及碱、表面活性剂和聚合物等多种组分，作用机理复杂、影响因素众多。为了提高矿场试验的成功率，降低矿场实验工业推广的风险性，必须针对复合体系提出一套切实可行的且符合油田特征的性能评价方法。针对原有复合体系评价方法存在的部分指标尚未实现定量化等问题开展研究，完善和改进了复合体系界面张力、乳化、相态、稳定性和吸附性能等评价方法[1-3]。

第一节 复合体系稳定性评价方法研究

三元复合体系稳定性对于三元复合驱具有重要的意义。复合体系稳定性包含两个指标：复合体系界面张力稳定性和复合体系黏度稳定性。

一、复合体系稳定性跟踪评价时间的确立

以往复合体系黏度稳定性评价标准为：跟踪检测 90 天内复合体系黏度，黏度保留率 $R>70\%$ 的体系为合格。未见跟踪检测时间及黏度保留率两指标确立的理论依据。采用数值模拟方法，模拟极小段塞注入、地层中运移至采出全过程，数值模拟实验条件见表 3-1，极小段塞地层运移时间为 3 个月。

表 3-1 复合体稳定性评价方法研究数值模拟实验条件

注入方式	水驱 0.4PV；ASP 驱 0.3PV；后续水驱至含水率为 98% 结束
注入速度	0.2PV/a
井距	125m
模型	平面均质，纵向非均质，变异系数为 0.72
表面活性剂类型	0.3% 烷基苯磺酸盐
碱	1.2% NaOH
聚合物	0.2% 2500 万聚丙烯酰胺
实验用油	大庆油田第四采油厂联合站脱水原油

二、室内配制复合体系黏度保留率数据统计

以数理统计方法研究复合体系黏度保留率（R）指标，统计了近年来室内配制体系及矿场送检体系，共计 100 样次。体系聚合物包括日本 Mo4000、法国 3630、北京恒聚及大

庆炼化公司生产的不同厂家（国内外）、不同种类、不同批次产品，样本具有一定的准确性、全面性。

90天时多数体系黏度保留率接近70%，总体均值接近指标。统计结果表明：黏度保留率$R>90\%$或$R<40\%$体系，出现频率最低（均为1%），黏度保留率为60%~70%体系，出现频率最高，分别为39%和37%。体系黏度保留率多集中出现在60%~80%。

由图3-1可知，黏度保留率频率曲线近似呈钟形，两头低，中间高，左右对称。曲线具有集中性，曲线的高峰位于中央，即均数所在的位置。曲线以均数为中心，分别向左右两侧逐渐均匀下降。黏度保留率出现频率曲线近似为正态分布。

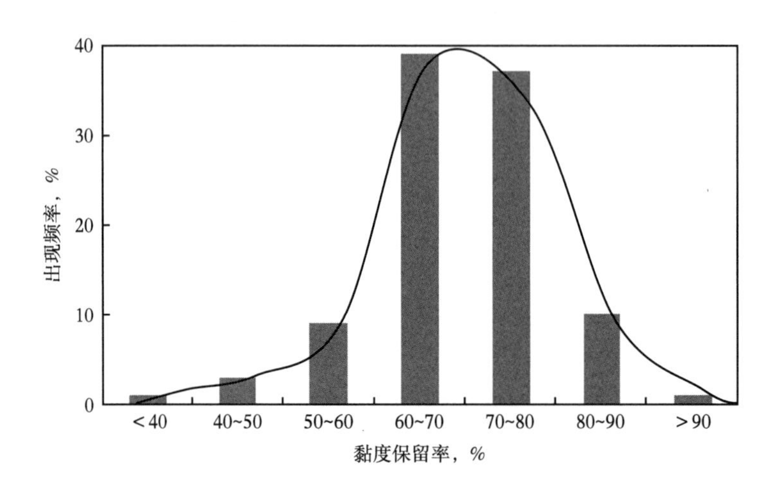

图3-1　复合体系黏度保留率出现频率统计图

通过正态分布表，得到了黏度保留率曲线的均数值：

由于

$$X \sim N\left(\mu,\ \sigma^2\right) \tag{3-1}$$

根据已知条件：

$$\begin{aligned} P\{X>90\%\}&=1\%=0.01 \\ P\{X\leqslant 90\%\}&=1\%=0.99 \end{aligned} \tag{3-2}$$

$$\begin{aligned} P\{X\leqslant 90\%\}&=P\{(X-\mu)/\sigma\leqslant(90-\mu)/\sigma\} \\ &=\Phi(90-\mu)/\sigma \end{aligned} \tag{3-3}$$

查标准正态分布表：

$$(90-\mu)/\sigma=2.327 \tag{3-4}$$

另外

$$P\{X<40\%\}=1\%=0.01 \tag{3-5}$$

$$P\{X<40\%\}=P\{(X-\mu)/\sigma\leqslant(\mu-40)/\sigma\}$$
$$=\Phi(40-\mu)/\sigma \tag{3-6}$$

$$\Phi(40-\mu)/\sigma=0.01$$
$$\Phi(\mu-40)/\sigma=0.99 \tag{3-7}$$

查标准正态分布表

$$(\mu-40)/\sigma=2.327 \tag{3-8}$$

联立式（3-4）和式（3-8），解出：

$$\mu=69.57\%$$
$$\sigma=8.47\%$$

所以：　$X\sim N(69.57\%,\ 0.0847^2)$

由于正态分布曲线具有以下四点性质：

（1）当 $x<\mu$ 时，分布曲线上升；当 $x>\mu$ 时，分布曲线下降。当曲线向左右两边无限延伸时，以 x 轴为渐近线。

（2）正态曲线关于直线 $x=\mu$ 对称。

（3）σ 越大，正态曲线越扁平；σ 越小，正态曲线越尖陡。

（4）曲线服从 3σ 原则。

其中，3σ 原则：

$$P(\mu-\sigma<X\leqslant\mu+\sigma)=68.3\%$$
$$P(\mu-2\sigma<X\leqslant\mu+2\sigma)=95.4\% \tag{3-9}$$
$$P(\mu-3\sigma<X\leqslant\mu+3\sigma)=99.7\%$$

3σ 原则是检验数据分布是否服从正态性的重要手段。对复合体系黏度稳定性数据根据 3σ 原则进行了检验，数据正态性见表 3-2。

表 3-2　数据正态性检验

置信区间	曲线下实际面积	曲线下标准面积积分值
$\mu\pm\sigma$（61.1%，78.0%）	＞76.0%	＞68.3%
$\mu\pm2\sigma$（52.6%，86.5%）	＞95.0%	＞95.0%
$\mu\pm3\sigma$（44.2%，95.0%）	＞99.0%	＞99.0%

由表 3-2 可知，复合体系黏度稳定性数据符合 3σ 原则。这样，抽样检测的这批样品黏度稳定性保留率均数即为 69.57%，将正态分布均数值作为依据，确立黏度稳定性保留率约为 70% 体系合格。

因此，建立复合体系稳定性检测方法如下。

实验条件：厌氧、密封，45℃ 静置贮存，跟踪评价时间 90 天。

90 天内黏度保留率 $R>70\%$；90 天内超低界面张力作用指数 $S>1000$。

第二节　复合体系吸附性能评价方法研究

复合驱油过程中化学剂的吸附损耗是影响驱油过程成败的重要性能。复合体系驱油效果的好坏，不仅与体系自身驱油技术指标有关，另一重要影响因素即为体系在地层孔隙、油砂及岩心表面的吸附损失。吸附损失大小直接影响其驱油效率和驱油成本。如果化学剂在油层岩石上吸附过快，吸附量过大，导致精心筛选的驱油体系由于浓度降低、组分损失过快而失败[4-5]。

实际驱油过程中，化学剂的吸附情况非常复杂。基本规律为分子量越大组分抗吸附能力越差。本节介绍了复合体系多次吸附后基本性质及驱油效率损失情况，建立了复合体系吸附性能评价指标。

一、多次吸附后复合体系性能变化情况

通过滴定方法检测了多次吸附后二元体系和三元体系化学剂的含量（表 3-3）。

表 3-3　多次吸附后复合体系活性剂、碱浓度变化情况

吸附次数	三元体系		二元体系	
	表活剂浓度，%	碱浓度，%	表活剂浓度，%	碱浓度，%
0	0.2788	1.10	0.2788	1.18
1	0.2010	1.02	0.1581	1.03
2	0.1700	1.00	0.1122	0.97
3	0.1428	1.00	0.0986	0.99
4	0.1156	0.93	0.0680	0.89
5	0.0646	0.92	0.0476	0.76
6	0.0408	0.78	0.0357	0.65
7	0.0255	0.71	0.0255	0.56

由表 3-3 中二元体系、三元体系多次吸附后化学剂相对浓度对比可知，三元体系化学剂抗吸附能力强于二元体系，碱的吸附损失小于表面活性剂。由于三元体系含有聚合物，参与了竞争吸附，起到了牺牲剂作用，故三元体系抗吸附能力优于二元体系。因此吸附实验采用三元体系作为目的液。

由于吸附后体系活性剂组分发生变化，按照吸附后滴定浓度配制三元体系界面张力值与吸附后相差较大，相同浓度下，吸附后体系界面张力性能变差。

检测了多次吸附体系黏度变化情况，如图 3-2 所示。由于聚合物水解特性，黏度值在吸附 1 次（即 1 天）后，有较小程度回弹。复合体系黏度随吸附变化的总体规律是随吸附次数增多，黏度性能变差。

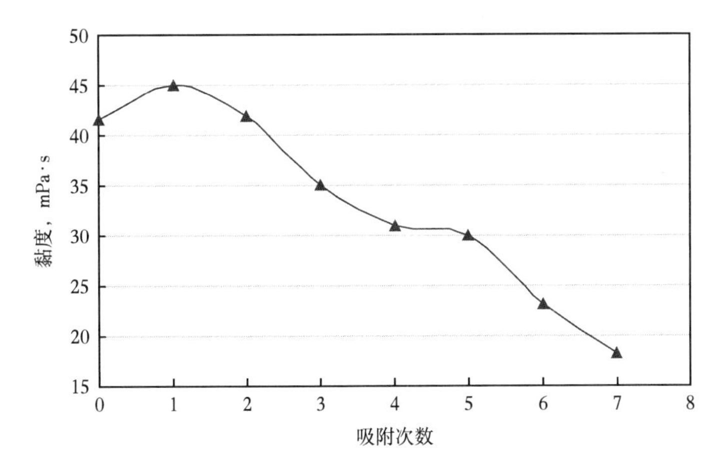

图 3-2　复合体系黏度随吸附次数变化情况

二、多次吸附后复合体系物理模拟实验

多次吸附后复合体系相对应驱油效率及多次吸附后驱油效率损失程度（比原液体系驱油效率）数据见表 3-4。

表 3-4　多次吸附后体系对应驱油效率及驱油效率降幅表

吸附次数	驱油效率吸附后，%	驱油效率变化程度（多次 / 零次），%
0	24.9	100.00
1	24.7	99.20
2	25.2	101.20
3	23.5	94.38
4	20.4	81.93
5	17.7	71.08
6	16.1	64.66
7	14.1	56.63

由表 3-4 可知，吸附次数越大，体系化学驱驱油效率越低，体系性能变差。即随着吸附次数增加，体系抗吸附能力变差。吸附 2 次后驱油效率下降趋势明显。

吸附 2 次前，体系驱油效率变化程度较小，驱油效率变化程度随吸附次数变化趋势近似平台。驱油效率随吸附次数变化程度较小（平台）表明体系抗吸附性能较强。吸附 2 次后，驱油效率变化程度随吸附次数呈线性下降趋势时，驱油效率损失较大，体系抗吸附性能较差。

体系驱油效率随吸附次数变化规律分为两个阶段：平台阶段、线性下降阶段。表 3-5 为多次吸附驱油效率比前次驱油效率变化程度数据。

表 3-5　多次吸附后体系对应驱油效率及驱油效率降幅表

吸附次数	驱油效率吸附后，%	驱油效率变化程度（后次 / 前次），%
0	24.9	—
1	24.7	0.803
2	25.2	2.020
3	23.5	6.750
4	20.4	13.190
5	17.7	13.240
6	16.1	9.040
7	14.1	12.420

由表 3-5 可知，复合体系多次吸附后，驱油效率逐渐变差，吸附 2 次后趋势明显。吸附 2 次内，驱油效率损失程度约为 2.020%。

三、复合体系吸附方法优化

以往大量矿场（大庆油田采油一厂 ~ 六厂）岩心取样、粉碎、送检及化验表明：80~120 目油砂与大庆油田实际地层粒径大小及平均粒径分布最为近似[6-8]。

驱油效率随吸附次数变化程度较小（平台阶段）表明体系抗吸附性能较强。平台阶段对应实验吸附次数为 2 次。

吸附 2 次过后，检测界面张力最低值、超低界面张力作用时间，计算体系超低界面张力范围指数（S）及吸附过后复合体系乳化性能指标。

$$E= 0.9772\ln S + 13.241 \tag{3-10}$$

$$\Delta E = 1.09\Delta X^{0.69} + 0.252\Delta Y^{1.0} \tag{3-11}$$

式中　ΔX——水相含油率增幅；

ΔY——油相含油率增幅。

无须进行物理模拟实验，仅将界面张力性能贡献驱油效率 $E_{界面张力}$及乳化能力贡献的驱油效率增幅 $\Delta E_{乳化张力}$代入式（3-11），计算即可得到吸附前后的驱油效率 $E_{吸附}$：

$$E_{吸附} = E_{界面张力} + \Delta E_{乳化张力} \tag{3-12}$$

吸附前后驱油效率代入式（3-12），某体系如果吸附 2 次内驱油效率损失程度 $\Delta E_{吸附}$基本不变，体系吸附性能合格。

$$\Delta E_{吸附} = E_{吸附前} - E_{吸附后} / E_{吸附前} \tag{3-13}$$

参考文献

[1] 蒋万容，汪保华，董小龙，等．三元复合驱对低渗油藏适应性研究［J］．当代化工，2021，50（12）：2877-2880.

[2] 许文波，王震亮，宋茹娥．多油层强碱三元复合驱后驱油效率评价［J］．地球物理学进展，2017，32（2）：750-780.

[3] 王立军，李淑娟，张倍铭，等．三元复合驱驱油机理及国内外研究现状［J］．化学工程师，2017，31（10）：51-53.

[4] 李柏林，张莹莹，代素娟，等．大庆萨中二类油层对三元驱油体系的吸附特性［J］．东北石油大学学报，2014，38（6）：10-11，92-99.

[5] 王家禄，袁士义，石法顺，等．三元复合驱化学剂浓度变化的实验研究［J］．中国科学（E辑：技术科学），2009，39（6）：1159-1166.

[6] 张忠民．聚合物驱油效果影响因素分析［J］．化学工程与装备，2021，（5）：112-113.

[7] 刘秀婵，陈西洋，刘伟，等．致密砂岩油藏动态渗吸驱油效果影响因素及应用［J］．岩性油气藏，2019，31（5）：114-120.

[8] 曲悦铭．三元复合体系驱油效果影响因素分析［J］．中国石油石化，2016，（24）：65-66.

第四章　复合驱油藏开发地质研究方法

油藏描述是指一个油（气）藏发现后，对其开发地质特征所进行全面的综合描述，其主要目的是为合理开发这一油（气）藏制订开发战略和技术措施提供必要的和可靠的地质依据，复合驱油层描述更为复杂，精细油藏表征研究始终是油田精准开发的基础，是指导个性化开发方案编制和跟踪调整的重要依据；实现基于精准地质的精准方案设计和跟踪调整是精准开发的关键。

第一节　砂体连通质量定量表征

为进一步表征不同沉积微相间及内部砂体非均质性特征，利用井震结合储层精细描述成果，大庆油田自主研发了砂体连通质量定量评价方法研究及评价程序。利用主成分分析的方法，把数量较多的指标做线性组合，重新组合成一组新的互不相关的几个综合指标来代替原来的指标，这少数几个指标能够反映原指标大部分信息（85% 以上）。该方法在最大限度地保留原有信息的基础上，对高维变量系统进行最佳的综合与简化，并客观地确定各个指标的权重，避免了主观随意性，主要起到降维和简化数据结构的作用。

一是连通指标优选，利用取心井的观察描述成果，统计有效厚度、二类厚度、地层厚度、砂地比、净毛比、泥质含量、夹层厚度、夹层比例、夹层频率、渗透率变异系数、突进系数、级差和孔渗等 20 余种参数，根据水洗资料和关联系数等，最终选择了 7 个指标。

二是指标标准化处理。（1）指标非线性处理：主成分分析法是一种线性降维法，表现为各主成分是原始变量的线性组合。因此，当原始数据不具备线性的基本特点时，必然会导致结果的偏差。（2）逆指标正向化：作为综合评分，降维后主成分有的代表正向，有的代表负向，把它们加权相加评分没有意义，这时候要把指标正向化，使得各主成分都代表正向的含义。（3）指标无量纲化处理：实际计算中，各指标的单位不统一，致使各指标间不具备可比性，须对它们进行无量纲化处理。

三是主成分分析结果。计算相关系数矩阵$(\boldsymbol{r}_{ij})_{7\times7}$，求取相关系数矩阵的特征值和特征向量，样本数据中，新指标（F_1、F_2 和 F_3）特征值累计贡献率 85% 以上（表 4-1），信息损失很小，可以替换原来 7 个指标。根据所筛选出的 3 个主成分，由主成分 F_1、F_2 和 F_3 与各自方差贡献率之积可算出综合得分，砂体连通质量综合评价表达式为：

$$F_{\text{综合}}=0.5451\times\text{砂地比}+9.1254\times\text{孔隙度}+0.3734\times\text{渗透率}+0.1517\times\text{有效厚度}-0.0083\times\text{夹层频率}\times\text{密度}-0.9217\times\text{变异系数}-0.3415\times\text{突进系数}+1.7757$$

表 4-1　取心井样本主成分分析的特征根及特征向量

主成分	特征向量							特征值 λ	方差贡献率 %	累计贡献率 %
	有效厚度	砂地比	孔隙度	渗透率	突进系数	变异系数	夹层频率 × 密度			
F_1	0.4179	0.4133	0.4156	0.4216	0.2105	0.3664	0.3545	3.924	56.063	56.063
F_2	−0.3231	−0.2419	−0.1339	−0.1916	0.7154	0.5115	0.0944	1.508	21.541	77.604
F_3	−0.2038	−0.4278	0.0298	0.1379	−0.1729	−0.1833	0.8322	0.596	8.518	86.122

根据连通质量定量评价模型，对工区内萨Ⅱ组油层进行连通质量综合评价，并充分利用井震结合储层预测成果，平面成图上采用井震结合预测的 10m×10m 网格孔隙度和砂地比，并在沉积微相控制下进行其他指标的 10m×10m 网格插值，同时采用砂地比作为趋势面控制，得到了各单元砂体连通质量定量平面分布（图 4-1），使评价结果更加可靠，平面上不同微相或同一微相的砂体连通质量差异明显，进而量化了油层平面非均质分布特征表[1]。

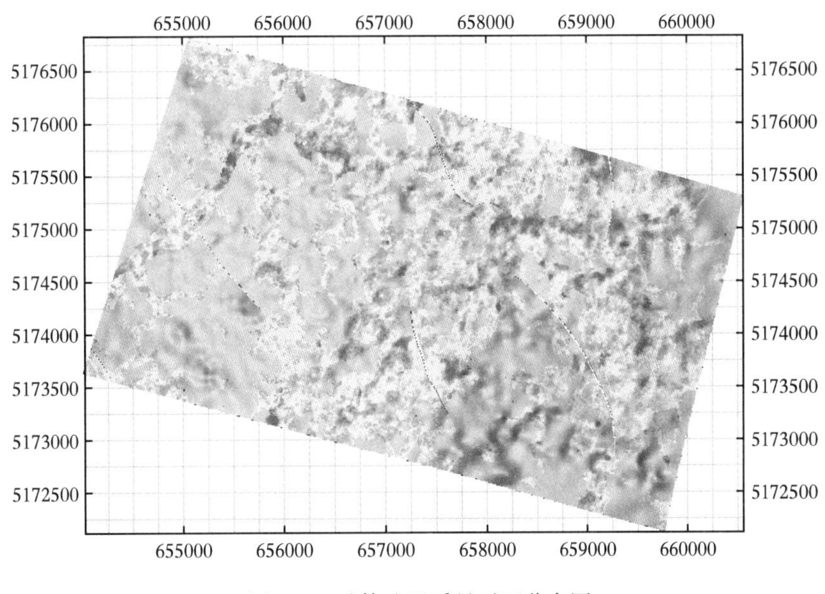

图 4-1　砂体连通质量平面分布图

第二节　不同储层条件剩余油演化特征

一、层间非均质控油模式

设置了纵向非均质 VDP 分别为 0.4、0.6 和 0.8 的三层非均质模型，通过开展数值模拟，分析转化学剂时、含水最低点时、转聚时、结束时等时机不同非均质模型分层的采出程度（表 4-2），确定了不同非均质井组的跟踪调整时机和对策。

表 4-2 非均值油层复合驱分层阶段采出程度统计

内容		见效点，%	最低点，%	转聚点，%	转水点，%	结束点，%
VDP=0.35	低渗透层	0.46	3.32	5.94	16.09	20.30
	中渗透层	0.14	4.49	6.94	14.07	17.87
	高渗透层	1.66	6.86	8.76	16.31	19.95
	全区	0.75	4.89	7.22	15.49	19.37
VDP=0.55	低渗透层	1.11	3.63	6.49	17.05	21.94
	中渗透层	0.89	5.44	8.66	14.43	17.60
	高渗透层	1.09	8.48	10.84	18.72	20.85
	全区	1.03	5.85	8.67	16.74	20.13
VDP=0.75	低渗透层	1.52	4.96	9.22	15.27	22.99
	中渗透层	0.03	3.67	16.41	21.49	24.95
	高渗透层	0.97	5.25	14.44	21.86	22.55
	全区	0.84	4.63	13.36	19.54	23.50

从饱和度演化特征看出，高渗透、中渗透层化学剂突进快注入体积多，含水饱和度变化大，低渗透层突进慢吸入体积少，含水饱和度变化小，采出程度贡献随非均质程度增强变小，受注入体积影响大。主要对策为：注水井早期分层和低渗透、中渗透层压裂增注；采油井非均值程度强的后期高渗透层封堵；非均质强的油层适当增大化学剂注入体积[2]。

二、平面非均质控油模式

为描述油层断层遮挡、废弃河道遮挡、尖灭区遮挡、平面局部变差等情况，分别建立了 3 类非均质模型（图 4-2 至图 4-4）。

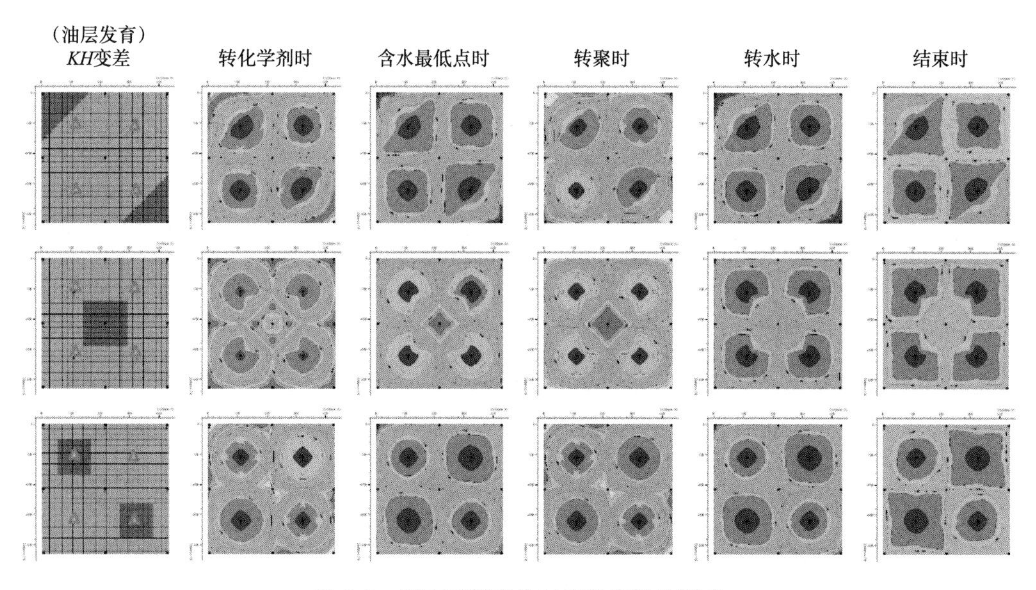

图 4-2 平面局部变差对饱和度场的影响

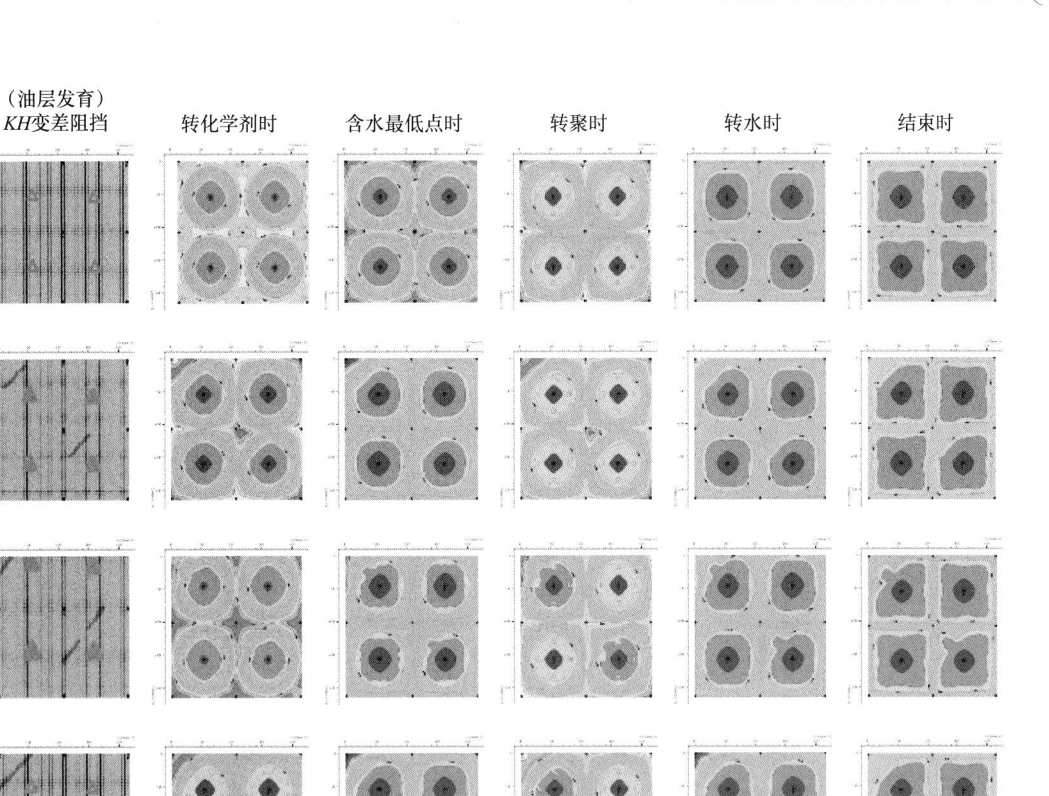

图 4-3　平面局部遮挡对饱和度场的影响

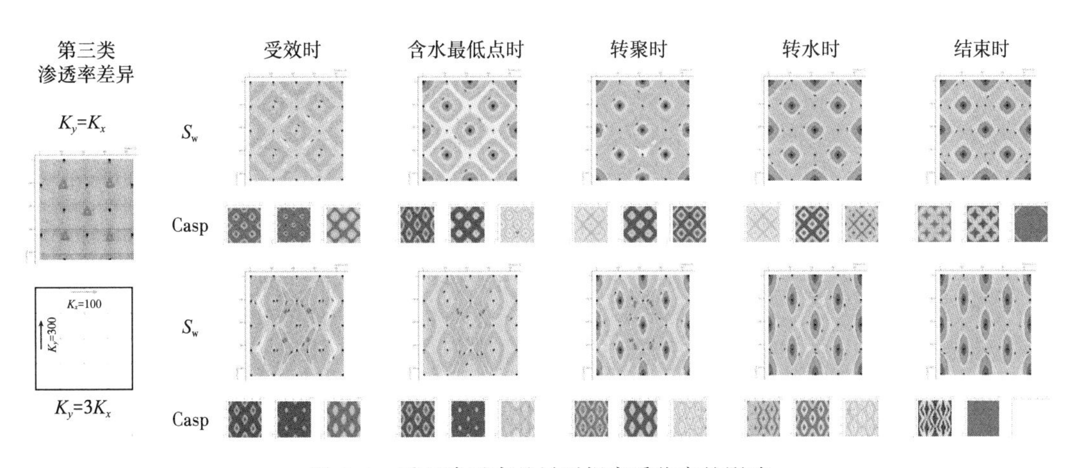

图 4-4　平面渗透率差异对提高采收率的影响

化学剂沿不受遮挡方向突进，波及程度低，剩余油富集在被遮挡区域，影响井受效差、滞后。剩余油大小受遮挡分布状态和遮挡程度影响。早期进行油层改造措施、提高影响井的注采能力；后期适当延长化学剂注入体积，有效扩大波及体积。

方向渗透率差异对剩余油饱和度演化的影响。突破前低渗方向推进前缘宽，提高采收率幅度大；突破后由于高渗透方向突进，驱替液主要从高渗透方向突进。平面调整，提高高渗透方向流压，降低生产压差，延缓突破；低渗透方向增注产措施，提高注采能力，保证均衡动用。

三、不同微观特征储层剩余油演化规律及启动条件

复合驱动用簇状剩余油为主，滴状剩余油含量明显升高，渗透率越低簇状剩余油动用提高越高，滴状剩余油含量越高（图 4-5）。

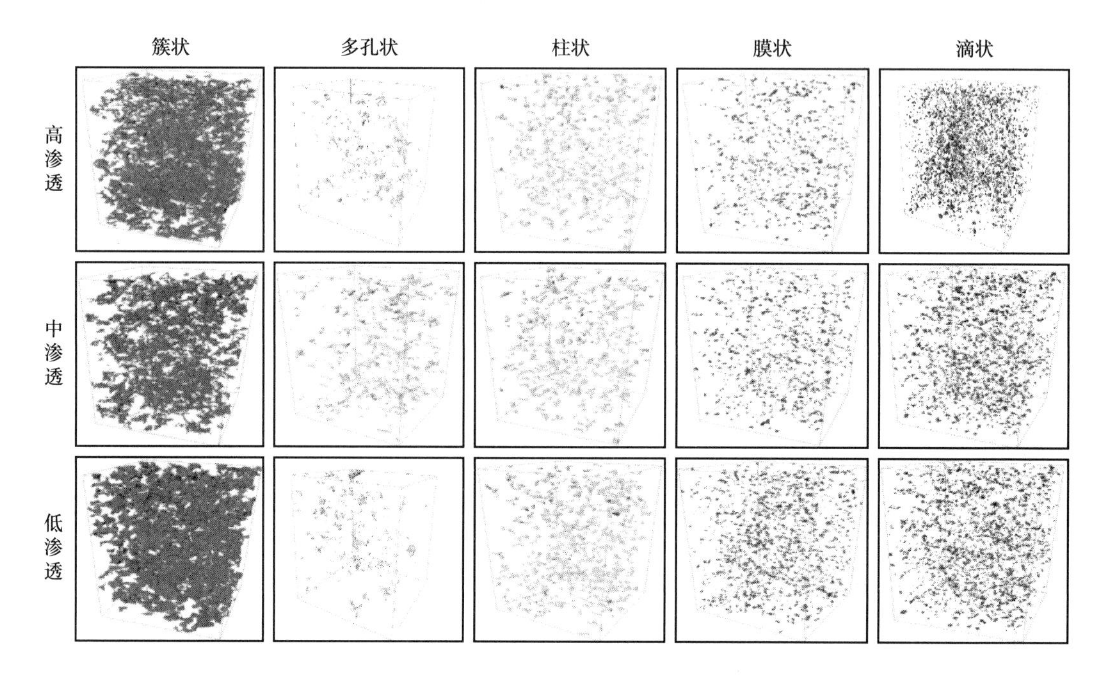

图 4-5　微观剩余油分布特征

分析了不同孔喉特征、采出程度下不同类微观剩余油分布与孔隙大小、喉道大小的关系。大孔大喉储层簇状类型剩余油在驱替过程中占据孔喉均逐渐减小，是一个逐渐被剥离的过程。多孔及滴状剩余油在驱替过程中占据孔喉先增大后减小，说明在剩余油在复合驱过程中的变化过程是簇状 → 多孔 → 滴状的演化过程；中孔中喉储层簇状类型剩余油占据孔喉半径先增大后减小，说明簇状剩余油在复合驱过程中发生了明显的迁移现象，非均质越强，复合驱后流动路径越容易改变；小孔小喉模型中，簇状剩余油更容易被打散成多孔剩余油，但需要更强的乳化能力才能将多孔剩余油采出。

复合驱后，簇状剩余油主要分布在小孔隙半径、小配位数、高孔喉比孔隙中；滴状剩余油流动路径随机，但滞留的滴状剩余油主要均在高配位数、高孔喉比的孔隙中，即连通性好、但孔喉卡堵能力强的孔隙中（图 4-6）。

相同毛细管数下，复合驱动用不同模型的孔喉下限相同，但对于可动孔隙，复合驱对均质性较好模型的动用程度较高；复合驱过程剩余油启动压力逐渐升高，孔喉小越小，复合驱过程中启动压力升高幅度越大。

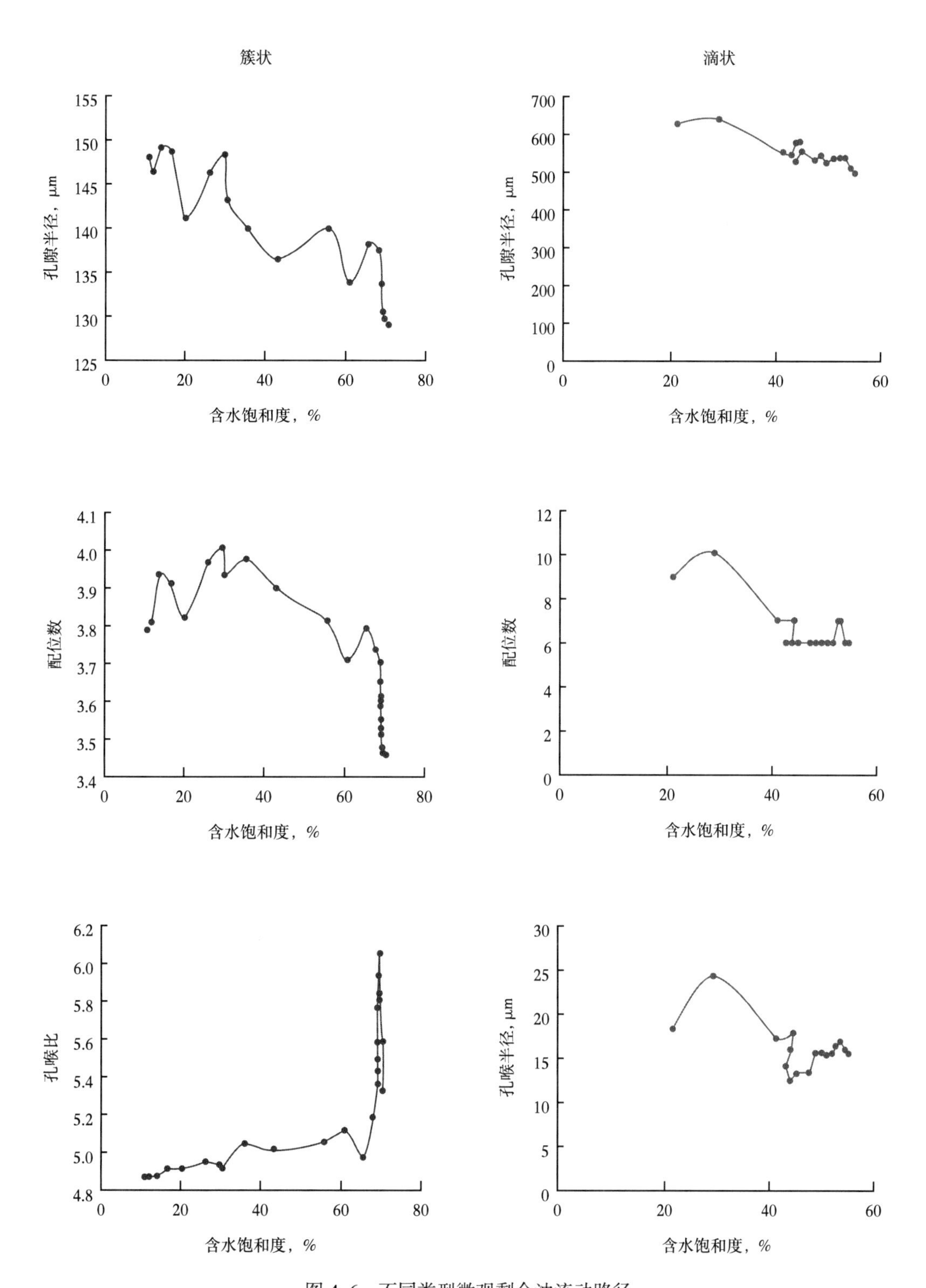

图4-6　不同类型微观剩余油流动路径

第三节　复合体系与储层宏观和微观作用规律研究

一、溶蚀结垢作用对岩心渗流特征的影响

对受到溶蚀结垢作用后的岩心进行ASP驱替实验，通过渗透率变化规律对比不同参数下溶蚀结垢作用对岩心渗流的影响，其中A=1.2%、S=0.3%、p=1.8%，黏度μ=30mPa·s，流速v=0.1mL/min；反应前测得岩心相关物性参数：长度10cm，直径2.5cm，孔隙体积13.44cm^3，实验过程记录压力差，根据达西公式：

$$K=\frac{Q\mu L}{A\Delta p} \tag{4-1}$$

式中　K——单位长度上岩心的渗透率，$10^{-3}\mu m^2$；

Q——总流量，cm^3/s；

A——横截面积，cm^2；

μ——流体黏度，mPa·s；

L——驱替距离，cm；

Δp——压力差，MPa。

由于流速$v=Q/A$，因此：

$$K=\frac{v\mu L}{\Delta p} \tag{4-2}$$

可通过压力差计算岩心渗透率的变化趋势，而$V_{注入}=vt/V_{孔隙}$，则不同温度、压力及pH值条件下溶蚀结垢作用后的岩心渗透率对应注入体积的关系如图4-7至图4-9所示。

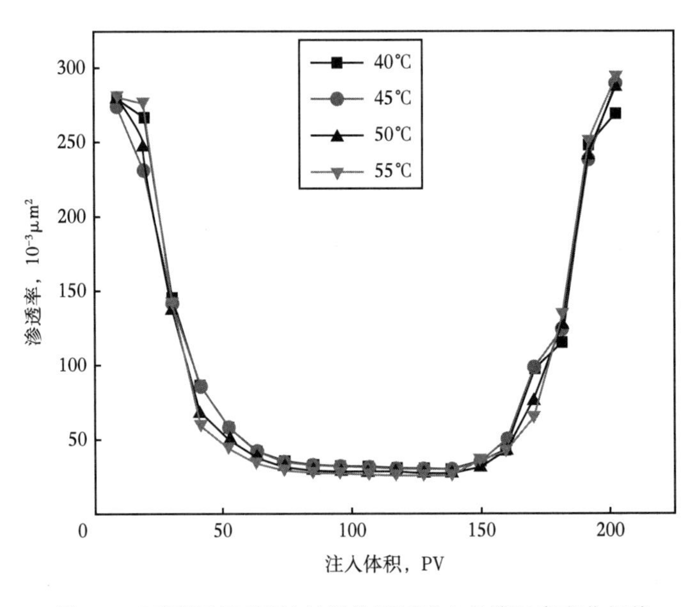

图4-7　不同温度下溶蚀结垢作用后岩心的渗透率变化规律

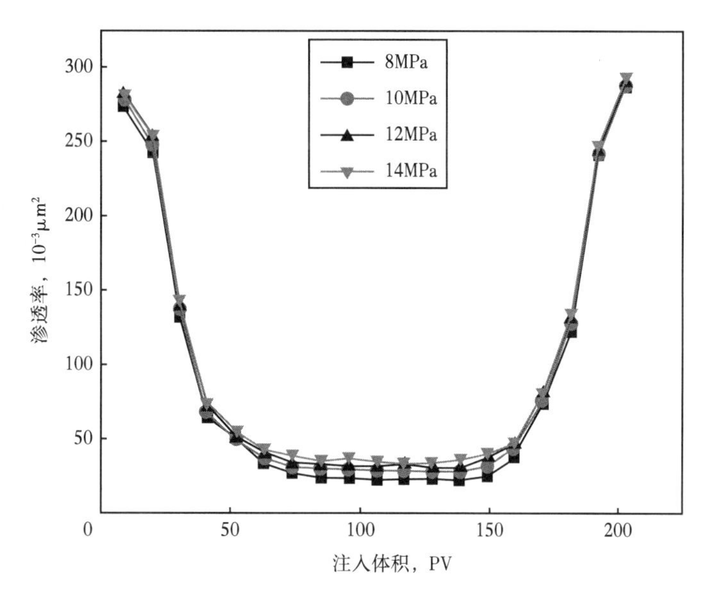

图 4-8　不同压力下溶蚀结垢作用后岩心的渗透率变化规律

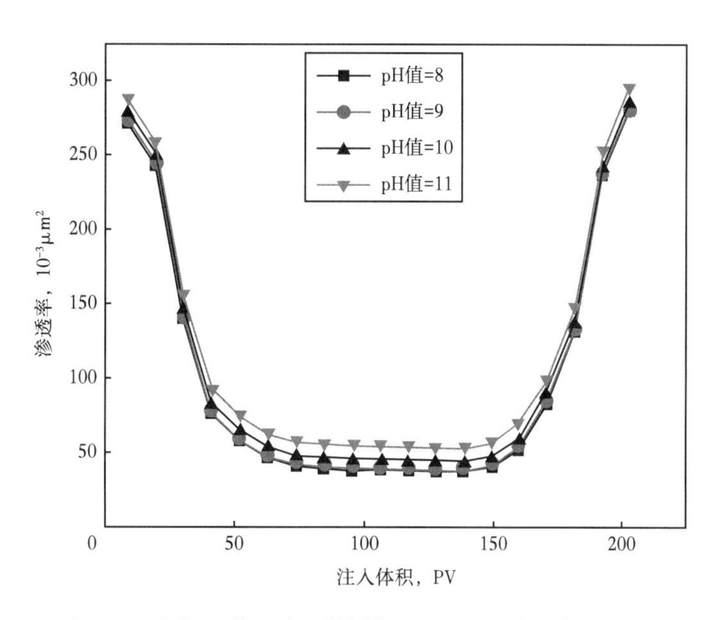

图 4-9　不同 pH 值下溶蚀结垢作用后岩心的渗透率变化规律

由图中的渗透率变化规律可知，不同温度、压力及 pH 值条件下溶蚀结垢作用对岩心的渗流规律没有产生明显影响。岩心受到复合体系中 OH^- 溶蚀作用，释放大量成垢离子，流体在岩心孔隙喉道内流动过程中在某些位置浓度达到过饱和，形成沉淀[3]，一方面由于现有实验体系生成的垢质量较少，且在高压反应釜边缘发现部分次生沉淀表明部分垢质被流体带出岩心；另一方面结垢微观上，主要分布在连通性差或驱替不可及区域，对渗流通道的影响不大。

二、溶蚀结垢作用对岩心孔隙结构的影响

岩心受到不同温度、压力及 pH 值条件下复合体系的溶蚀作用，释放的成垢离子在储层内随流体移动，岩心复杂的孔喉结构导致局部微环境满足离子化学及热力学条件形成沉淀，而溶蚀结垢作用进而又会导致储层孔隙结构发生一定程度的改变[4]。

不同温度下岩心受到溶蚀结垢作用后的渗透率、孔隙度及平均孔隙半径均有不同程度提升，分选系数略有下降（图 4-10），但变化规律均不明显，与温度没有显著相关性。岩心受到溶蚀结垢作用后，渗透率、孔隙度及平均孔隙半径的提升均表明溶蚀作用显著，而分选系数的下降则表明岩心喉道分选程度的升高，一方面由于岩心矿物受到复合体系的溶蚀程度不同，小孔隙内的黏土矿物受到溶蚀，孔隙变大；另一方面由于少量垢质的生成可能堵塞部分喉道。

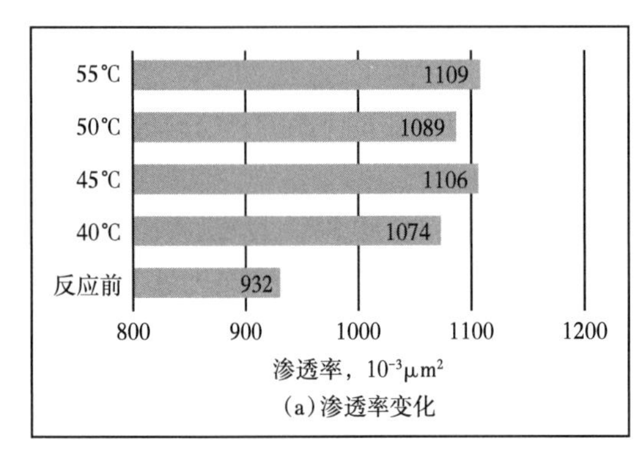

(a)渗透率变化

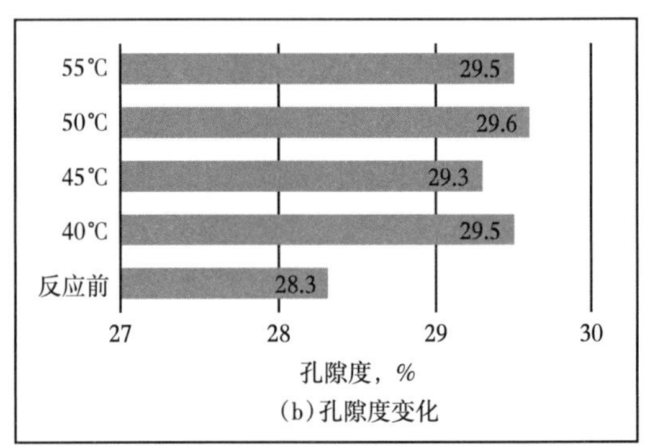

(b)孔隙度变化

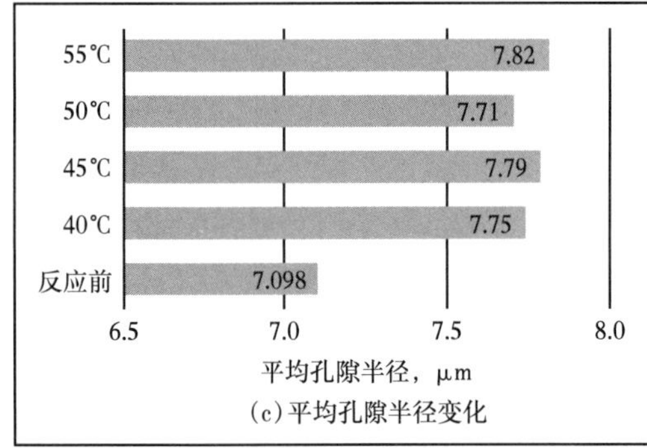

(c)平均孔隙半径变化

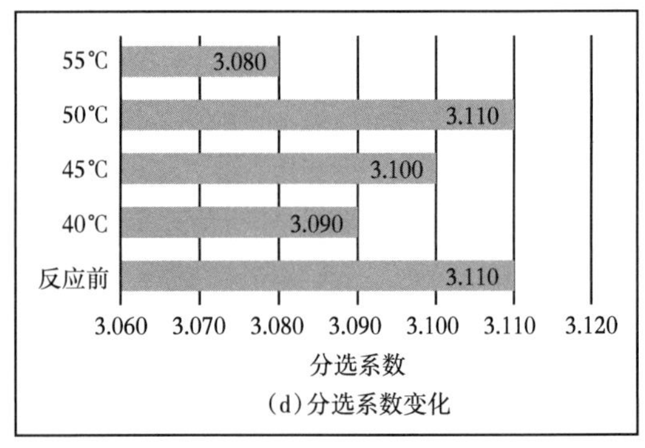

(d)分选系数变化

图 4-10 不同温度下溶蚀结垢作用前后岩心部分孔喉参数变化

不同压力条件下复合体系溶蚀后的岩心渗透率、孔隙度及平均孔隙半径均有所提升，分选系数略有下降（图 4-11），但与压力条件相关性不明显。在储层温压范围内（40~55℃，8~14MPa），温度、压力的变化对岩心溶蚀结垢作用的影响有限，并未与岩心孔隙结构变化产生明显相关性。

不同 pH 值条件下溶蚀结垢作用对孔隙结构的影响更加显著，与反应前相比，岩心渗透率、孔隙度及平均孔隙半径均随 pH 值的增大而提升，分选系数略有下降（图 4-12），弱碱性条件下（pH 值＜11）各组间的孔喉参数变化不明显，当 pH 值 =13 时，岩心受到溶蚀程度明显增加。

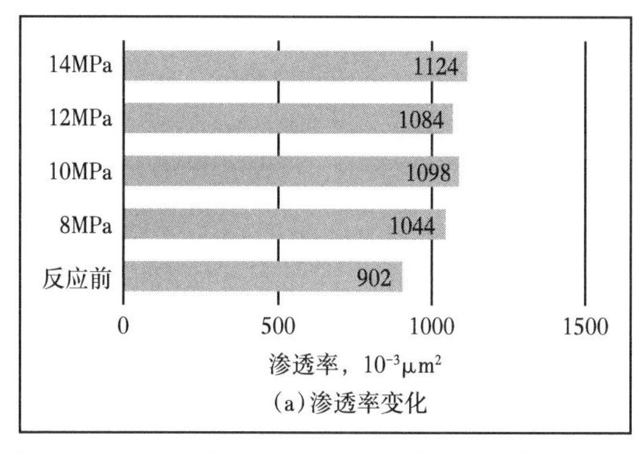

(a)渗透率变化

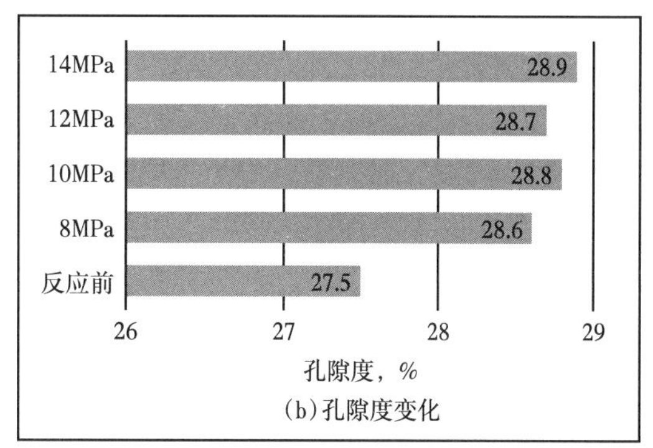

(b)孔隙度变化

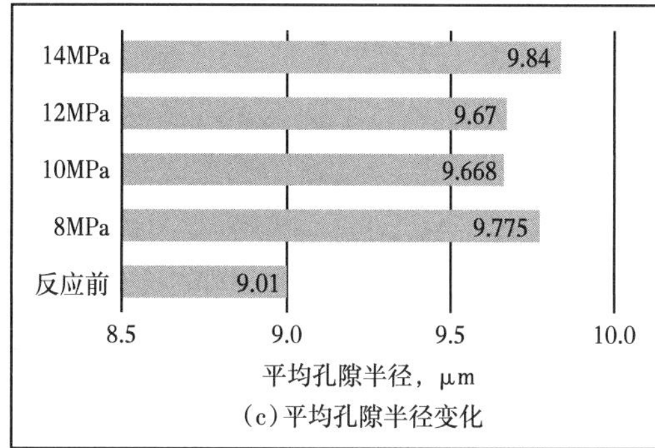

(c)平均孔隙半径变化

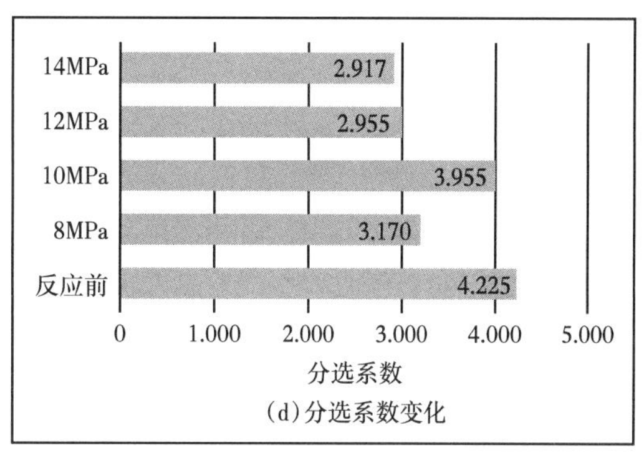

(d)分选系数变化

图 4-11 不同压力下溶蚀结垢作用前后岩心部分孔喉参数变化

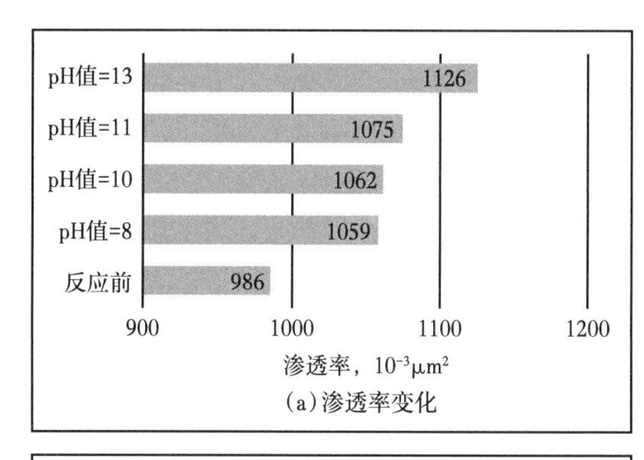

(a)渗透率变化

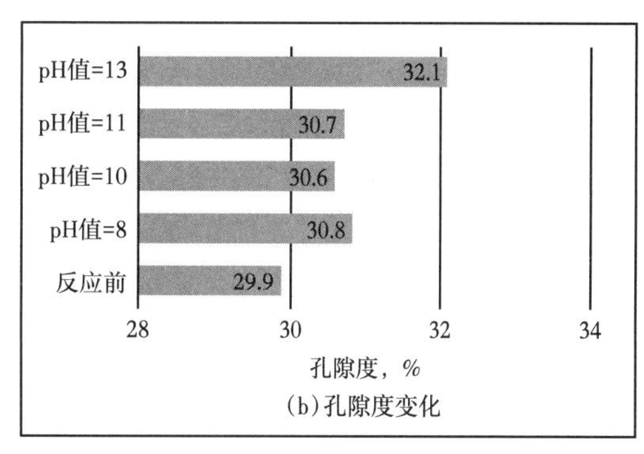

(b)孔隙度变化

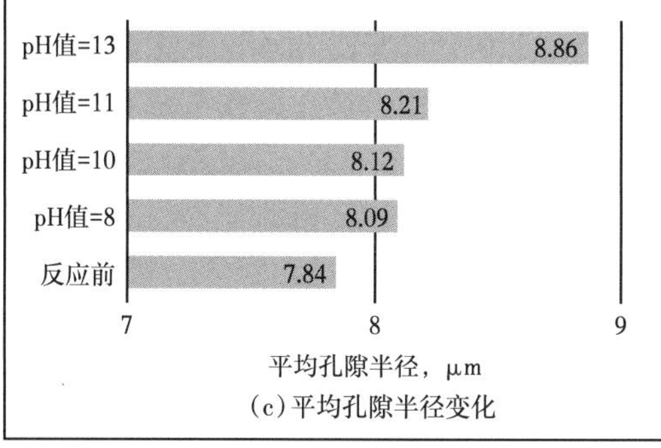

(c)平均孔隙半径变化

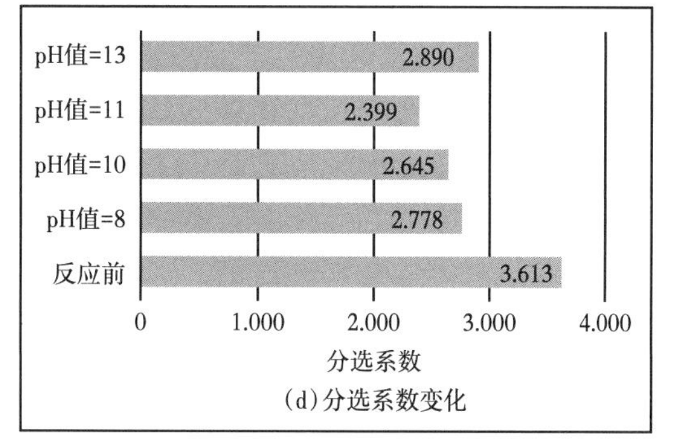

(d)分选系数变化

图 4-12 不同 pH 值下溶蚀结垢作用前后岩心部分孔喉参数变化

三、溶蚀结构作用机理

岩心受到溶蚀结垢作用后，渗透率、孔隙度及平均孔隙半径的提升均表明溶蚀作用显著，而分选系数的下降则指示岩心喉道分选程度的提升，由 SEM 二次电子像（图 4-13）可以看出，岩心样品经过复合体系作用，骨架矿物—长石及石英颗粒变化不明显，溶蚀前粒间孔隙被黏土矿物充填，复合体系作用后，小孔隙内粒间黏土矿物受到溶蚀现象显著，含量降低，且在颗粒边缘位置发现少量次生矿物颗粒，这与图 4-14 中不同温度、压力及 pH 值条件下的岩心 XRD 图谱显示结果一致。

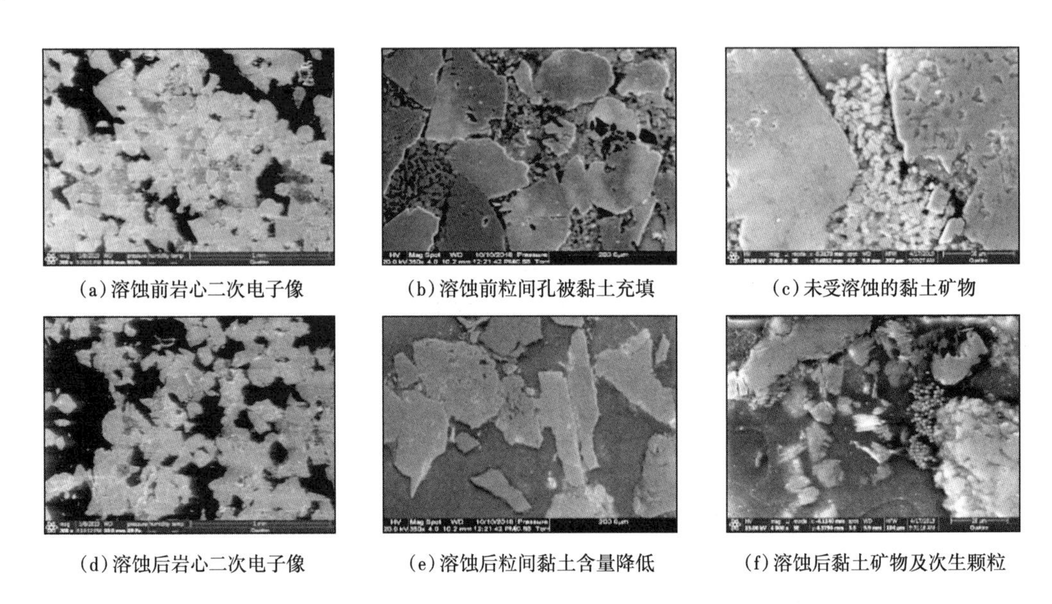

(a) 溶蚀前岩心二次电子像　(b) 溶蚀前粒间孔被黏土充填　(c) 未受溶蚀的黏土矿物

(d) 溶蚀后岩心二次电子像　(e) 溶蚀后粒间黏土含量降低　(f) 溶蚀后黏土矿物及次生颗粒

图 4-13　溶蚀结垢作用前后岩心粒间孔内黏土受到溶蚀的二次电子像

Raman 数据（图 4-14）显示岩心中长石的 Si—O 键及 Al—O 键在复合体系作用后特征峰均向低频方向移动，说明化学键长增加，键能减小，是化学键趋于断裂的证据。这表明岩心在受到复合体系作用时，骨架矿物与黏土矿物同时受到碱溶作用，而黏土矿物受到溶蚀作用更加强烈应是岩心孔隙喉道变化的主要原因。

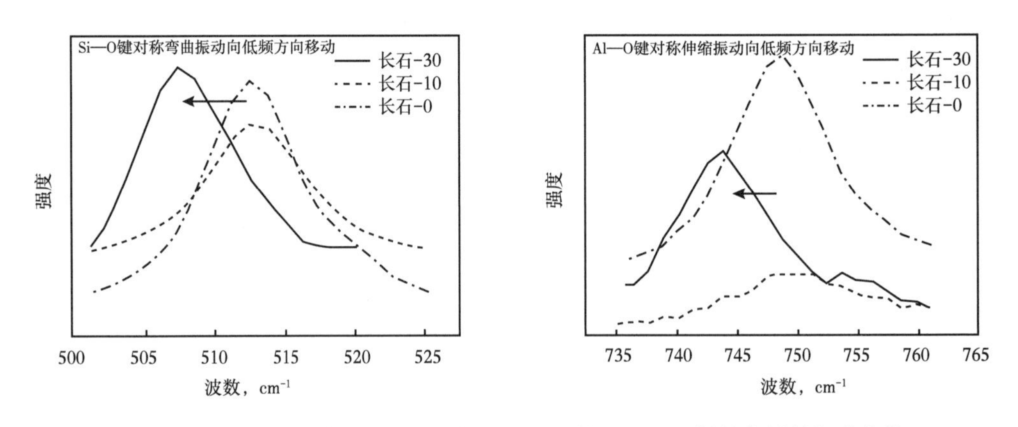

图 4-14　溶蚀结垢作用前后岩心长石 Si—O 键及 Al—O 键的拉曼特征峰变化

一方面由于黏土矿物普遍具有层状结构，层间阳离子交换作用使得 OH^- 进入层间域，易与 Si—O 骨干相互作用；另一方面岩心中的长石、石英等骨架矿物颗粒粒度远大于黏土矿物，OH^- 对 Si—O 四面体及 Al—O 八面体的破坏作用发生在固液界面，矿物粒度越小，比表面积越大。不同矿物之间比表面积的显著差异导致岩心中不同种类硅酸盐受到碱溶作用程度也大不相同，且不同黏土矿物之间受到的溶蚀作用也存在差异，表现在岩心孔隙结构上的变化，即孔隙度、渗透率、平均孔隙半径的提升，以及孔喉分选程度的增加。

本项目额外设计了两组溶蚀结垢实验，分别将不同粒度，不同黏土含量的 8 组岩心与复合体系在储层温压条件下相互反应，其液相体系的 Si、Al 离子变化规律如图 4-15 所示，Si 离子和 Al 离子反应前期均迅速增加，随后 Si 离子呈波动趋势下降，而 Al 离子呈线性趋势下降，变化趋势与上文中黏土矿物离子的变化规律相似。Si 离子和 Al 离子的释放速率与岩心粒度及黏土含量均成正比，且受到的影响程度明显，这一研究结果验证了上文中得出的结论——储层中不同黏土矿物种类及含量，不同颗粒粒度及分选程度均会对复合体系与储层的溶蚀结垢作用产生影响，进而导致岩心孔隙结构发生变化。

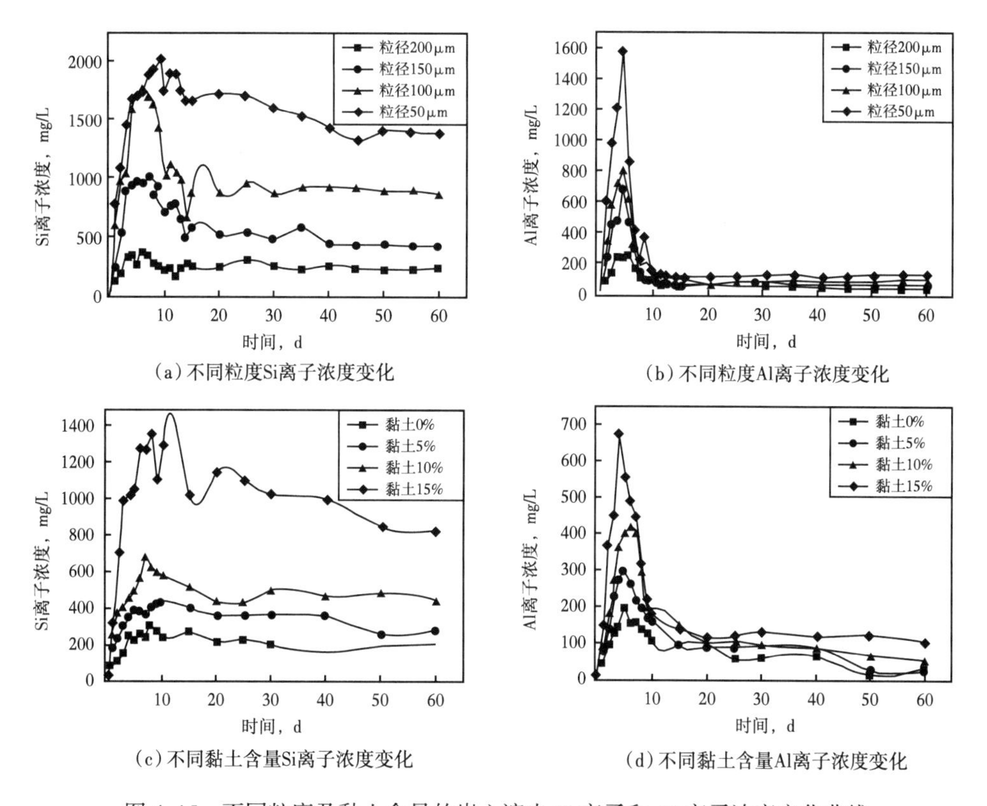

(a) 不同粒度Si离子浓度变化

(b) 不同粒度Al离子浓度变化

(c) 不同黏土含量Si离子浓度变化

(d) 不同黏土含量Al离子浓度变化

图 4-15　不同粒度及黏土含量的岩心溶出 Si 离子和 Al 离子浓度变化曲线

四、化学驱油体系对渗流能力的影响

从驱油过程看，水驱阶段注入压力稳定；进入聚驱阶段注入压力迅速增加、渗流能力下降；三元阶段注入压力迅速增加，但下降幅度较注聚阶段减小；后续水驱阶段，注入压力恢复到原水驱阶段大小，且略有减小（图 4-16）。由此可以看出，注聚阶段对渗流能力的影响最大，三元复合驱阶段，复合体系降低了聚合物对渗流能力的影响程度，待三元阶段结束后，后续水驱阶段渗流能力较复合驱前有所增加，进一步说明了三元复合驱在一定程度上提高了岩心渗透率。

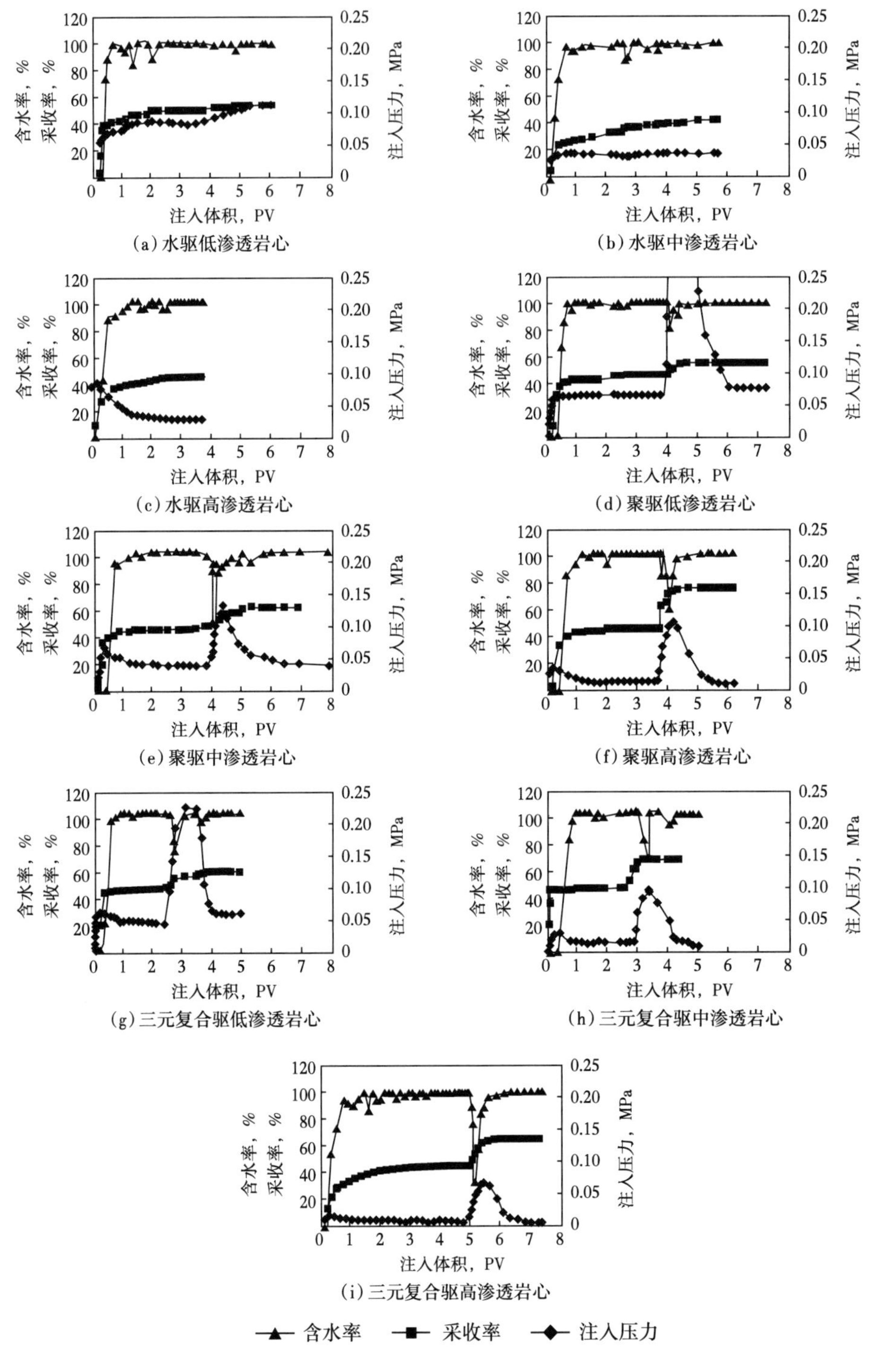

图 4-16　天然岩心物理模拟实验数据对比

据分析，复合体系内聚合物的调剖作用，降低了高渗透部位的渗流能力，同时，其活塞式推进方式，致使聚合物推进过程中前端油墙的形成，黏度迅速上升，注入压力进一步上升，注入能力进一步下降。而三元复合驱过程中，在聚合物、碱及表活剂共同作用下，注入压力也迅速上升，注入能力下降，但较单一聚合物驱，变化幅度降低。据分析，复合体系一方面降低油水界面张力，降低了流体黏度，另一方面，其乳化作用提高了部分原油的孔喉通过能力。由此可以看出，提高微乳相比例，有助于提高复合驱渗流能力，建议深入研究复合驱相态研究，研制大幅提高微乳相比例的驱油剂，实现驱油效率进一步提高。

五、复合体系弱碱化或无碱化有利于储层保护

化学驱前后取心井检测表明，与弱碱复合驱及聚合物驱比，强碱复合驱后储层平均孔隙半径、孔隙度及渗透率增加幅度大，对储层伤害较大，复合体系弱碱化或无碱化有利于储层保护。

参考文献

[1] 侯吉瑞 . 化学驱原理与应用 [M]. 北京：石油工业出版社，1998.
[2] 张景存 . 三次采油 [M]. 北京：石油工业出版社，1995.
[3] 郭继香，李明远，林梅钦 . 大庆原油与碱作用机理研究 [J]. 石油学报（石油加工），2007，23（4）：20-24.
[4] 隋欣 . 三元复合驱硅垢形成规律与主要控制规律研究 [D]. 大庆：大庆石油学院，2006.

第五章　复合驱方案设计技术

三元复合驱技术在大庆油田的现场试验和推广应用取得了较好的开发效果，但区块间提高采收率差别较大，造成这一差别的影响因素较多。在深入研究影响提高采收率效果因素的基础上，通过对三元复合驱开发层系井网的优化、注入方式及注入参数优化，最大幅度地降低不利影响，充分发挥三元复合驱提高驱油效率和扩大波及体积的效能，以取得最大幅度的提高采收率效果。

第一节　三元复合驱井网、井距与层系组合

对于油田开发而言，注采井网、井距设计的核心任务是使井网、井距最大限度地适应所开发层系的油层分布状况，以获得最大的采收率，同时要在保证良好的经济效益前提下，满足对采油速度的需求。三元复合驱与水驱和聚驱有着不同的开发特点，一是由于注入体系黏度的增加及化学剂在油层中的吸附滞留作用，使得流度比降低，油层渗透率下降，流体的渗流阻力增加，压力传导能力下降，因而注采能力与水驱相比大幅度降低；二是由于三元复合驱油过程中结垢与乳化的影响，其开采特点与同样黏度的聚驱相比也有较大的差异。大庆油田三元复合驱的潜力油层主要集中在纵向和平面非均质较严重的二类油层，因此三元复合驱井网、井距的选择，要综合考虑井网、井距对油层性质的适应性及对驱油效果和注采能力的影响。

一、井网、井距的选择

1. 不同井网驱油效果数值模拟研究

为了对比不同井网条件下三元复合驱的开发效果，应用三维化学驱数值模拟软件进行了计算研究，取常见的直行列、斜行列、四点法、五点法、七点法、九点法及反九点法等七种井网，应用化学驱软件进行了模拟计算，并对其计算的三元复合驱驱油效果进行对比分析，选择驱油效果最好的井网[1]。

对不同井网的数值模拟计算分为两个部分：（1）从模型初始状态开始水驱到综合含水率为98%，获得水驱采收率；（2）应用相同模型，取含水率为96%时的地下含水饱和度参数，进行三元复合体系注入。模拟的注入程序为先注入0.3PV［1.0%（碱）+0.3%（表面活性剂）+1200mg/L（聚合物）］的三元主段塞，再注入0.2PV［600mg/L（聚合物）］的后续保护段塞，最后注清水到模型综合含水率为98%，获得三元复合驱的采出程度，对不同井网模型的计算结果见表5-1。

表 5-1　不同井网水驱、三元复合驱采收率

井网	水驱采收率，%	复合驱采收率，%	复合驱比水驱提高采收率，%
直行列	39.99	59.63	19.64
斜行列	41.02	61.36	20.28
五点法	41.12	61.44	20.32
九点法	40.26	59.76	19.50
反九点法	40.78	60.93	20.15
四点法	40.34	60.56	20.24
七点法	39.12	57.78	18.66

表 5-1 的计算结果表明，在油层条件、注采井距和注采速度相同的前提下，只改变井网类型，水驱采收率的最大值与最小值相差 2.0%。水驱开发效果较好的井网，三元复合驱效果也相对较好。上述不同井网在注入程序、段塞配方及注入化学剂量相同的条件下，三元复合驱最终采收率相差 3.58%，但三元复合驱采收率比水驱采收率提高值仅相差 1.58%。三元复合驱以五点法井网提高采收率的效果最好，斜行列、四点法及反九点法的效果次之，但差别不大，七点法、九点法和直行列井网的效果相对较差。因此，从上述水驱到含水率为 96% 后，再注入三元复合体系的数值模拟计算的驱油效果看，三元复合驱同水驱一样，采用多种面积井网布井方式都是可行的，五点法、斜行列及四点法井网的提高采收率效果都比较好。

2. 从试验区的动态研究井网的适应性

油田开发过程受多种因素影响，对大面积的开发区块而言，不同井网的油水井数比不同，反九点法为 3∶1，四点法为 2∶1，直行列、斜行列及五点法的油水井数比为 1∶1，七点法为 1∶2，九点法为 1∶3。在注入速度相同的条件下，不同井网注入井的单井注入强度不同，而三元复合驱同聚驱一样，注入液的黏度较高，在注入过程中，注入井注入压力升高，生产井的流动压力降低。因此，要保证三元体系的顺利注入，不出现注入井注入压力高于地层破裂压力，生产井流压降低太大，导致产液困难的情况，采用合理的注采井网是十分重要的[2]。

童宪章依据注采平衡原理，推导的不同面积井网各种井数相对值如下：

相对生产井数：

$$x=\frac{2(n+2m-3)}{n-3} \tag{5-1}$$

相对注水井数：

$$y=n+2m-3 \tag{5-2}$$

相对总井数：

$$T=\frac{(n-1)(n+2m-3)}{n-3} \tag{5-3}$$

式中　n——以油井为中心的 n 点面积注水井网系数，是人为控制变量；

m——产液指数与吸水指数的比，受地层、流体性质及完井方式的影响。

依据式（5-1）至式（5-3），不考虑油藏非均质性影响，以总井数最少、产液量较高为原则，在相同的开采速度条件下，可根据油藏的 m 值来选择合理的井网。

大庆油田在20世纪80年代后期，通过喇萨杏油田的注采系统调整研究认为，油田获得最高产液量的油水井数比与产液指数和吸水指数有关，它等于吸水指数和产液指数比的平方根。

$$R=\frac{N_{\mathrm{o}}}{N_{\mathrm{w}}}=\sqrt{1/m}=\sqrt{J_{\mathrm{w}}/J_{\mathrm{l}}} \tag{5-4}$$

式中　R——采油井、注水井井数比；

N_{o}，N_{w}——采油井、注水井井数，口；

J_{w}，J_{l}——注水井吸水指数、采油井采液指数，t/（d·MPa）。

从上述原理出发，对已进行的4个三元复合驱矿场试验区的采液、吸水指数数据进行了统计。考虑已进行的试验区井数及面积都相对较小，因此，将全区及中心井的采液、吸水指数数据和计算结果见表5-2和表5-3。

表5-2　矿场试验区注三元体系后全区采液、吸水指数统计表

区块	吸水指数，m^3/（d·MPa·m）	采液指数，t/（d·MPa·m）	m	R
杏五区葡Ⅰ22	8.42	4.79	0.57	1.32
中区西部	1.14	0.58	0.51	1.40
杏二区西部	1.48	0.92	0.62	1.27
北一区断西	3.02	2.68	0.89	1.06

表5-3　矿场试验区注三元体系后中心井采液、吸水指数统计表

区块	吸水指数，m^3/（d·MPa·m）	采液指数，t/（d·MPa·m）	m	R
中区西部	1.14	0.37	0.32	1.77
杏二区西部	1.48	0.68	0.46	1.47
北一区断西	3.02	0.88	0.29	1.85

从表5-2和表5-3中可以看出，杏五区、中区西部、杏二区西部及北一区断西应用全区数据计算的 m 值分别为0.57、0.51、0.62、0.89，中区西部、杏二区西部及北一区断西应用中心井数据计算的 m 值分别为0.32、0.46、0.29，应用中心井数据计算的 m 值均较全区的小，且均小于1，这反映出各试验区注入三元复合体系后注水井的吸水能力显著地大于产油井的产液能力。依据 m 值的变化范围及选择井网原则，选择五点法和四点法面积注水井网均较为合理。依据 R 值的变化范围，三元复合驱选择五点法、斜列或四点法面积注采井网也是较为合理的。全区数据的计算结果表明选择五点法井网相对更为合理，中心井数据的计算结果表明选择四点法井网相对更为合理。大庆油田已开展的三元复合驱矿场

试验注采井距从 75m 到 250m 不等，从矿场实践来看，注采井距直接影响着化学驱控制程度、驱替剂的注入速度及注采能力，最终影响采收率提高幅度[3-6]。

3. 注采井距对复合驱控制程度及复合驱控制程度对驱油效果的影响

大庆油田的三元复合驱潜力油层主要集中在纵向和平面非均质较严重的二类油层，特别是由于二类油层河道窄、低渗透薄差层和尖灭区发育，造成井网对油层的控制程度降低。又由于三元体系中具有较大几何尺寸聚合物分子的存在，使那些低渗透小孔隙的油层难以进入，从而进一步缩小了三元体系在油层内的波及程度，即降低了三元体系对目的油层的控制程度。为此，引入“复合驱控制程度”这一概念，来表征在一定井网井距条件下，注入某一分子量聚合物配置的三元体系时，对目的油层的控制程度。复合驱控制程度主要与油层静态参数、砂体平面连通情况及注入体系中聚合物分子量密切相关。要达到较高的复合驱控制程度，必须具备油层平面砂体连通程度较高并且选择与油层条件相匹配的聚合物分子量这两个条件。

“复合驱控制程度”由“水驱控制程度”“聚驱控制程度”发展而来。“水驱控制程度”是指以油井为中心划分井组，油井与井组内注入井的累积连通有效厚度与井组总有效厚度的百分比。“聚驱控制程度”是指以注入井为中心划分井组，一定分子量的聚合物溶液可进入的油层孔隙体积占井组总孔隙体积的百分比。“复合驱控制程度”实际是由“聚驱控制程度”引申而来。由于三元体系中碱的加入，大大增加了矿化度，使得聚合物分子在三元体系中的分子回旋半径较其在水溶液中的分子回旋半径变小，因此，在相同聚合物分子量和聚合物浓度条件下，三元体系比单纯的聚合物体系可进入的油层渗透率下限要低。图 5-1 是天然岩心的物理模拟实验结果，可以看到相同聚合物分子量的三元体系与聚合物溶液相比，三元体系可进入的油层渗透率下限更低。由此得出相同井距、相同聚合物分子量条件下，三元复合驱控制程度要略高于聚合物驱控制程度。

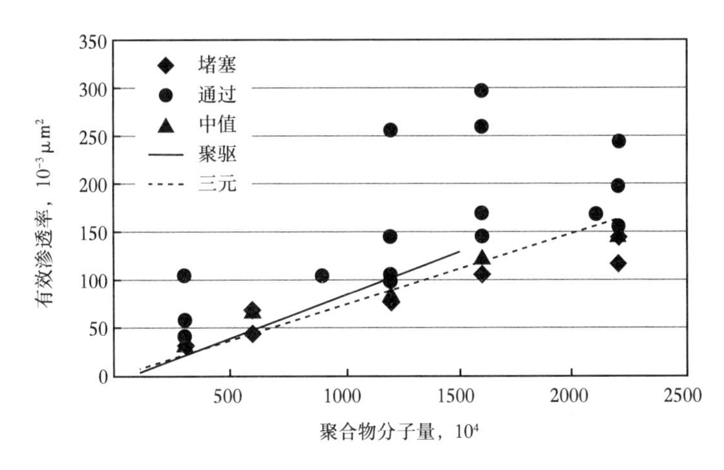

图 5-1　不同聚合物分子量三元体系与聚合物溶液可进入的油层渗透率下限

“复合驱控制程度”的计算公式为：

$$\eta_{asp}=\frac{V_{asp}}{V_t} \tag{5-5}$$

$$V_{asp}=\sum_{j=1}^{m}\left[\sum_{i=1}^{n}\left(S_{aspi}H_{aspi}\phi\right)\right] \tag{5-6}$$

式中 η_{asp}——复合驱控制程度；

V_{asp}——三元体系中聚合物分子可进入油层孔隙体积，m^3；

S_{aspi}——第 j 层第 i 井组复合驱井网可控制面积，m^2；

H_{aspi}——第 j 层第 i 井组三元体系中聚合物分子可进入的注采井连通厚度，m；

V_t——总孔隙体积，m^3；

ϕ——孔隙度。

（1）注采井距对复合驱控制程度的影响。

注采井距对复合驱控制程度的影响取决于油层的平面连通状况，对于河道砂大面积发育，平面上连通较好的一类油层，井距在 250m 以下变化时，对控制程度的影响都不大。但是对于河道窄、平面上连通差的二类油层，井距的变化对复合驱控制程度影响很大。井距缩小，有利于提高复合驱控制程度。表 5-4 是北一区断东二类油层强碱三元试验区萨Ⅱ1-9 油层在不同井距条件下的复合驱控制程度（聚合物分子量 2500×10^4，渗透率下限 $170\times10^{-3}\mu m^2$）。可以看到在 250m 井距时，复合驱控制程度仅为 59.5%，井距缩小到 175m 时，控制程度增加到 72.9%，井距进一步缩小到 150m 以下时，控制程度增加到 80% 以上[7]。

表 5-4　北一区断东复合驱控制程度与井距的关系

井距，m	250	175	150	125
复合驱控制程度，%	59.5	72.9	80.8	82.5

通过对长垣北部二类油层和南部一类油层的统计，2500 万分子量聚合物配制的三元体系，对目的层的控制程度要达到 80%，井距需要缩小到 100~175m。

（2）复合驱控制程度对驱油效果的影响。

应用平面非均质地质模型模拟计算复合驱控制程度与驱油效果的关系，结果如图 5-2 所示。从数值模拟结果来看，复合驱控制程度越高，驱油效果越好。复合驱控制程度在 80% 以下时，控制程度的变化对驱油效果影响较大，控制程度从 60% 增加到 80%，复合驱

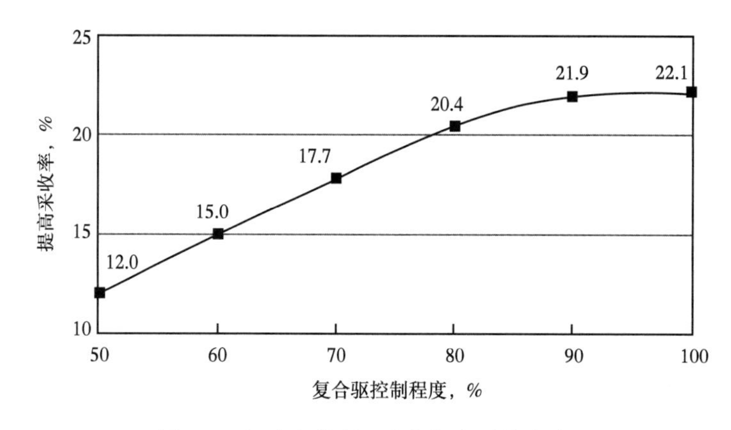

图 5-2　复合驱控制程度与提高采收率关系

提高采收率值从 15.0% 增加到 20.4%，增加了 5.4 个百分点。控制程度达到 80% 以上后，对驱油效果影响变小，控制程度从 80% 增加到 100%，复合驱提高采收率值从 20.4% 增加到 22.1%，仅增加 1.7 个百分点。要使复合驱提高采收率达到 20% 以上，复合驱控制程度必须达到 80% 以上。

已开展的先导性矿场试验由于规模小、油层单一且平面连通性较好，注采井距为 75~250m，复合驱控制程度均达到了 85% 以上，为试验取得提高采收率 20% 以上的效果奠定了基础。第一个工业性试验区杏二区中部由于采用 250m 井距，试验区西部油层发育较差，导致试验区西部复合驱控制程度低，仅为 57.0%，最终导致试验区西部的试验效果较差，提高采收率值比控制程度较高的试验区东部低 4.5 个百分点。之后开展的工业性矿场试验缩小了注采井距，使复合驱控制程度均达到了 80% 以上，为试验区取得好的开发效果提供了保证（表 5-5）。

表 5-5　杏二中试验区西部与东部复合驱控制程度对比

区块	目的层	注采井距，m	控制程度，%	提高采收率，%
杏二中西部	葡Ⅰ21-33	250	57.0	13.6
杏二中东部	葡Ⅰ21-33	250	69.9	18.1
北一区断东	萨Ⅱ1-9	125	82.5	23.0
南五区	葡Ⅰ1-2	175	83.8	18.1
喇北东块	萨Ⅲ4-10	120	83.7	19.4

4. 注采井距与注采能力的关系

由于高黏度体系的注入及化学剂在油层中的滞留和吸附作用，使流度比降低，油层渗透率下降，流体的渗流阻力增加，反映在试验区注聚初期注入压力上升较快。从表 5-6 可以发现注采井距、试验层位及试验规模不同，试验区的注入能力变化较大，但总体规律是工业性矿场试验区的注入压力上升幅度要高于扩大型矿场试验及小型矿场试验。对于小型试验区压力升幅与注采井距之间变化关系不明显，但大规模工业性矿场试验区随着注采井距的增大注入压力上升幅度也是增大的。

表 5-6　各试验区注入能力变化情况表

区块		井距 m	有效渗透率 $10^{-3}\mu m^2$	化学驱注入速度 PV/a	化学驱最高压力上升值 MPa	压力上升幅度 %
先导性	小井距北	75	567	0.75	2.8	36.5
	小井距南	75	467	0.71	3.0	44.1
	杏二西	200	675	0.30	2.9	35.8
	北一断西	250	512	0.21	3.3	35.8
工业性	杏二中	250	404	0.10	6.8	109.7
	北一断东	125	670	0.18	5.2	96.0
	南五区	175	501	0.16	6.4	110.3
聚驱	北一、北二排东	175	585	0.26	5.4	93.1
	北一、北二排西	175	628	0.18	5.3	79.1

注采井距为 75m 的小井距南、北井组三元复合驱矿场试验区由于注采井数少、注采井距小、井网不封闭，尽管化学驱注入速度高达 0.71~0.75PV/a，但化学驱注入压力上升值为 3.0~2.77MPa，注入压力上升幅度为 44.1%~33.46%。而杏二中、南五区及北一断东三个工业性矿场试验区由于注采井距大或试验规模大，化学驱注入速度虽仅保持为 0.1~0.18PV/a，但注入压力上升幅度均在 95% 以上，且随着注采井距的加大压力上升幅度呈加大的趋势。

三元复合驱注入压力上升值与地层条件、注采井距、注入强度、三元体系黏度及注入速度等多种因素有关。对于五点法面积井网注入三元复合体系后，注水井的注入压力上升值可用式（5-7）表示：

$$\Delta p' = 0.002\phi \frac{\mu_{asp}}{K} \frac{r^2}{180} \ln\left(\frac{r}{r_w}\right) v_i \tag{5-7}$$

式中 $\Delta p'$——复合驱较水驱注入压力上升值，MPa；

ϕ——孔隙度；

μ_{asp}——注入的三元体系黏度，mPa·s；

K——油层平均渗透率，μm^2；

r，r_w——井距、井筒半径，m；

v_i——注入速度，PV/a。

注入压力的上升值与注采井距的平方及注入速度成正比。因此为使三元体系注入后的注入压力不超过地层破裂压力，需合理匹配注采井距与注入速度的关系。考虑到大庆油田三元复合驱的潜力对象主要集中在二类油层，取油层平均有效渗透率为 400×10^{-3}μm^2，孔隙度为 0.25，三元体系配方黏度 30mPa·s，分别计算了不同注采井距、不同注入速度时的注入压力上升值，计算结果见表 5-7。

表 5-7 五点法面积井网三元复合驱注入速度、井距与压力上升值关系 单位：MPa

注入速度 PV/a	井距，m					
	100	125	150	175	200	250
0.10	1.3	2.1	3.1	4.3	5.7	9.2
0.15	1.9	3.1	4.6	6.4	8.6	13.8
0.20	2.6	4.2	6.2	8.6	11.4	18.3
0.25	3.2	5.2	7.7	10.7	14.3	22.9
0.30	3.9	6.3	9.3	12.9	17.1	27.5

在相同注采井距下，注入压力的上升值随着注入速度的增大而增加；在相同注入速度下，注入压力的上升值随着注采井距的增大而增加。因此，为保证注入压力不超地层破裂压力，在采用较大的注采井距时，需匹配一个较小的注入速度，注采井距缩小时，可适当放大注入速度。从试验数据统计结果可知 7MPa 为二类油层三元复合驱压力上升值的上限，对于三元复合驱五点法面积井网，当注采井距 200m 时最大注入速度只能达到 0.12PV/a 左

右；当注采井距175m时最大注入速度能达到0.15PV/a左右；注采井距150m时最大注入速度能达到0.22PV/a左右；当注采井距缩小到125m时最大注入速度可达到0.3PV/a左右。考虑到过低或过高的注入速度均不利于三元复合驱油，因此，三元复合驱注采井距应控制在100~175m，满足三元复合驱年注入速度0.15~0.30PV/a较为合理的范围。

已开展的三元复合驱矿场试验结果表明，三元复合驱的采液能力明显低于聚驱。三元复合驱采液能力的变化与注采井距、乳化程度及结垢程度密切相关。产液指数下降的原因为：一是由于注入高黏的三元体系后生产井流压下降，产液能力降低；二是由于三元体系在地下的吸附滞留、三元体系中的表面活性剂与原油产生黏度更高的乳化液等导致的流动阻力增加，压力传导能力下降；三是由于体系中碱的存在而发生程度或轻或重的结垢而导致采液能力的进一步降低。矿场试验统计数据表明随着注采井距的加大，三元复合驱采液能力下降幅度越大（表5-8）。

表5-8　三元复合驱产液能力对比表

区块	规模	注采井距 m	产液指数，t/（d·MPa·m）			含水率下降幅度 %	最低含水率 %
			水驱	复合驱	下降幅度，%		
中区西部	4注9采	106	0.94	0.40	57.8	38.4	48.6
北一断东	49注63采	125	1.98	0.90	54.5	17.5	78.7
南五区	29注39采	175	3.49	1.11	68.2	18.9	76.9
杏二西	4注9采	200	10.32	2.40	76.7	49.3	50.7
北一区断西	6注12采	250	10.20	1.50	85.3	40.6	54.4
杏二中	17注27采	250	4.17	0.63	84.8	25.9	69.5

250m注采井距的杏二中及北一断西二个试验区产液指数分别由水驱结束时的4.17t/（d·MPa·m）和10.2t/（d·MPa·m）下降到复合驱见效后的0.63t/（d·MPa·m）和1.5t/（d·MPa·m），下降幅度达84.8%和85.3%。175m注采井距的南五区产液指数由水驱结束时的3.49t/（d·MPa·m）下降到复合驱见效后的1.11t/（d·MPa·m），下降幅度也达到了68.2%。

从上述数值模拟计算的驱油效果和矿场试验反映的注采能力来看，大庆油田三元复合驱采用注采井数比为1∶1的五点法、斜行列井网或注采井数比为1∶2的四点法井网是相对合理的，具体井网的选择还要依据具体开发区块的条件确定。采用上述井网能获得较好的提高采收率效果，提供较高的采液量，生产总井数也相对较少。按照注采平衡的原则，合理注采井距要达到注、采能力两方面的需求，采液指数的大幅度下降势必影响到试验区的注入能力，进而影响试验效果。考虑到三元复合驱工业化推广后试验规模大、油层条件差的实际情况，若要保证一定的采出能力及较好的降水增油效果，注采井距应控制在150m左右。

二、三元复合驱开采对象的确定

水驱及化学驱的开发实践证明，一套开发层系中油层的渗透率大小和渗透率级差及油层厚度是影响油田开发效果的关键因素之一。已开展的主力油层三元复合驱矿场试验及聚驱试验结果表明，在不限定开采对象的情况下由于一套开采层系中油层层间矛盾及平面矛盾较为突出而导致差油层的动用程度较差。针对将来三元复合驱技术应用的主要对象为非均质性更为严重的二类油层，合理确定适合同一套开采层系的油层对象是更好的动用剩余潜力的关键之一。二类油层三元复合驱工业化推广的开采对象的渗透率界限、厚度界限的确定综合了室内实验结果、聚驱及三元复合驱试验资料并结合聚驱前后密闭取心井资料进行综合研究，确定三元复合驱开采对象为河道砂及有效厚度不小于 1.0m，渗透率不小于 $100\times10^{-3}\mu m^2$ 的非河道砂，同时为完善三元驱对象的注采关系，对于河道边部的变差部位也可以考虑作为挖潜对象。

1. 渗透率下限的确定

矿场试验研究表明，中、高分子量聚合物适合非主力油层及主力油层；三元复合体系室内岩心注入能力实验研究结果表明中、高分子量聚合物的渗透率下限值为 $0.1\mu m^2$。室内研究及矿场试验证明三元复合体系既能扩大波及体积，同时还可以提高驱油效率。考虑二类油层的地质特点，在复合体系中聚合物分子量的选择上重点考虑了两个因素：一是要尽量选择高分子量的聚合物，降低化学剂成本，同时保证体系具有一定的黏度，更好地改善油水流度比；二是要考虑聚合物分子量与二类油层渗透率的匹配关系，尽可能提高油层控制程度，获得更好地驱油效果。依据聚合物分子量与油层渗透率的匹配关系曲线，将中、高分子量聚合物对应的油层渗透率下限定为 $0.1\mu m^2$。

矿场试验数据研究表明油层渗透率小于 $0.1\mu m^2$ 的油层连续动用比例较低，间歇动用的比例较高。图 5-3 为杏二中试验区不同渗透率级别油层动用情况。可以发现渗透率越高的油层其连续动用的比例也越高，油层渗透率不小于 $0.3\mu m^2$ 的层连续动用的比例可以达到 82.7%，不动用的比例仅为 2.8%，而油层渗透率小于 $0.1\mu m^2$ 的层连续动用的比例只有 24.2%，这部分层主要以间歇动用为主，间歇动用比例达 66.7%。

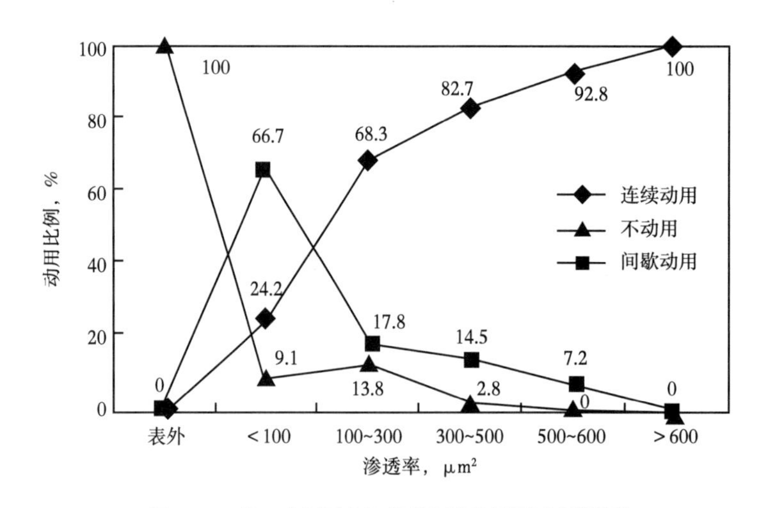

图 5-3　杏二中试验区不同渗透率级别动用情况

将渗透率下限定为 $0.1\mu m^2$，即可减小开采层系的渗透率级差，同时也可将较多的油层组合到开采层系中，较大程度地动用地质储量。数值模拟结果表明一套开采层系渗透率级差大

小对三元复合驱采收率影响较大，渗透率级差越小则三元复合驱油效果越好，渗透率级差越大则三元复合驱油效果变差。如渗透率下限值定得过低则一套开采层系的渗透率级差增大，驱油效果变差；而渗透率下限值定得过高则会造成储量的损失。表 5-9 为典型区块渗透率分级数据表，北三西东块萨Ⅱ组、萨Ⅲ组和葡Ⅱ组有效渗透率小于 $0.1\mu m^2$ 的油层有效厚度比例分别为 7.2%、30.3% 和 11.8%；北一断东萨Ⅱ组、萨Ⅲ组和葡Ⅱ组有效渗透率小于 $0.1\mu m^2$ 的油层有效厚度比例分别为 7.52%、7.68% 和 12.22%。因此把三元复合驱开采对象的有效渗透率下限定为 $0.1\mu m^2$，可以将 70%~90% 的有效厚度组合到开采层系中，尽可能多地动用油层地质储量。综合上述分析，将二类油层三元复合驱渗透率下限定为 $0.1\mu m^2$。

表 5-9　典型区块各油层组渗透率分布情况

区块	砂岩组	$K \geqslant 0.3\mu m^2$		$0.1\mu m^2 < K \leqslant 0.3\mu m^2$		$K < 0.1\mu m^2$	
		砂岩，%	有效，%	砂岩，%	有效，%	砂岩，%	有效，%
北三西东块	萨Ⅱ	64.40	71.80	20.10	21.00	15.40	7.20
	萨Ⅲ	46.20	50.10	22.90	19.60	30.90	30.30
	葡Ⅱ	35.20	57.50	23.50	30.80	41.30	11.80
北一断东	萨Ⅱ	58.35	79.87	15.07	14.52	26.57	7.52
	萨Ⅲ	52.26	73.09	20.35	19.23	27.39	7.68
	葡Ⅱ	37.23	58.36	29.23	29.13	33.29	12.22

2. 二类油层三元复合驱开采对象及厚度界限的确定

依据三元复合驱现场试验与聚驱现场试验数据的分析研究，确定二类油层三元复合驱开采对象为河道砂和有效厚度不小于 1m、渗透率不小于 $100\times10^{-3}\mu m^2$ 的非河道砂。

（1）薄差层与表内厚层组合为一套层系开采，由于层间干扰加大，有效厚度 1m 以下的薄差油层吸水比例低、动用差。

125m 井距二类油层三元复合驱试验：2005 年在北一断东萨Ⅱ1~9 层开展的二类油层三元复合驱试验取得较好的试验效果。为了完善注采系统，该试验区把部分有效厚度小于 1m 的非河道砂同时作为调整对象。吸水资料表明（表 5-10），河道砂在前置聚合物段塞阶段层数及有效厚度动用比例分别为 93.8% 和 99.0%，三元主段塞阶段层数及有效厚度动用比例分别为 81.3% 和 90.8%；而有效厚度小于 1m 的非河道砂在前置聚合物段塞阶段层数及有效厚度动用比例分别为 40.0% 和 39.2%，三元主段塞阶段层数及有效厚度动用比例分别为 40.0% 和 58.1%，尽管注采关系完善但这部分油层动用程度远低于河道砂体的动用程度。

表 5-10　不同类型油层动用对比情况

厚度分级	前置聚驱阶段			三元复合驱阶段		
	层数，%	砂岩，%	有效，%	层数，%	砂岩，%	有效，%
河道砂	93.8	98.3	99.0	81.3	91.7	90.8
不小于 1m 非河道砂	36.4	35.7	36.1	54.5	39.5	44.9
小于 1m 非河道砂	40.0	26.2	39.2	40.0	46.2	58.1

不同井距、不同注聚参数的聚驱试验表明，有效厚度小于1m的油层及表外储层与二类油层组合在一起注聚不适应，有效厚度小于1m的非河道砂动用比例最高的只有33.2%（表5-11），远低于河道砂及有效厚度不小于1m的非河道砂。

表5-11　不同井距聚驱动用状况统计表

砂体类型	250m注采井距（北一断西下返）		175m注采井距（北一、北二排201站）		175m注采井距（北一、北二排西）	
	砂岩比例，%	有效比例，%	砂岩比例，%	有效比例，%	砂岩比例，%	有效比例，%
河道砂	96.5	95.7	100.0	100.0	100.0	100.0
不小于1m非河道砂	68.4	66.7	86.0	83.9	75.6	80.1
小于1m非河道砂	27.2	31.7	35.7	32.6	35.6	33.2
表外层	13.1		8.8		11.6	

（2）聚驱前、聚驱后的取心井资料显示非河道薄层砂聚驱前后动用情况基本没有变化。

根据密闭取心井北1-6-检27（聚驱前）和北1-6-检26（聚驱后）资料统计，聚驱后水洗程度高、采出程度高的油层是那些处于河道砂部位的厚层，如葡Ⅰ1、葡Ⅰ2和葡Ⅰ3单元。非河道薄层砂的葡Ⅰ4单元（有效厚度0.5m）水洗程度在聚驱前后基本没有变化，而且采出程度只有10%左右，说明这部分油层在聚驱过程中基本没有动用（表5-12）。

表5-12　北一区断西聚驱前后两口密闭取心井水洗状况对比

井号	钻取时间	小层号	有效厚度m	水洗厚度，m					驱油效率%	采出程度%
				强洗	中洗	弱洗	合计	比例，%		
北1-6-检27	91.4	葡Ⅰ1	2.0	0.5	1.4		1.9	95.5	50.0	47.8
		葡Ⅰ2	7.3		2.7	0.4	3.2	43.2	38.9	16.8
		葡Ⅰ3	5.1	3.8	1.1		4.0	96.5	66.3	64.0
		葡Ⅰ4	0.5		0.2		0.2	30.0	38.3	11.5
		合计/平均	14.9	4.4	5.3	0.4	9.2	61.9	54.2	36.8
北1-6-检26	98.6	葡Ⅰ1	2.1	1.4	0.6		2.1	97.6	63.4	61.9
		葡Ⅰ2	7.9	6.6	1.3		7.9	100.0	61.4	61.4
		葡Ⅰ3	6.2	5.8	0.3		6.0	97.3	67.5	65.7
		葡Ⅰ4	0.4		0.1		0.1	27.5	39.8	10.9
		合计/平均	16.6	13.8	2.3		16.1	96.6	63.7	61.7
差值									9.5	24.9

（3）单层有效厚度下限定为1m，能保证绝大多数开采对象的渗透率值高于开采对象下限值0.1μm^2。

统计数据表明河流—三角洲沉积油层的有效厚度与其渗透率具有一定的相关性，油层的单层有效厚度越大，其渗透率一般也越高。北一断东、北三西东块有效厚度为1m的油层有效渗透率不小于0.1μm² 的厚度比例均达到80%以上（表5-13）。所以把1m作为二类油层三元复合驱的有效厚度下限，可以保证80%以上油层的渗透率高于二类油层三元复合驱渗透率下限值0.1μm²。

表5-13 典型区块厚度与渗透率对应关系

有效厚度 m	北一断东（萨Ⅱ+萨Ⅲ+葡Ⅱ）			北三西东块（萨Ⅱ+萨Ⅲ+葡Ⅱ）		
	$K \geq 0.3\mu m^2$	$K \geq 0.2\mu m^2$	$K \geq 0.1\mu m^2$	$K \geq 0.3\mu m^2$	$K \geq 0.2\mu m^2$	$K \geq 0.1\mu m^2$
0.5	19.11	32.48	63.69	12.64	27.75	59.07
0.6	25.00	40.48	70.83	12.11	33.41	63.90
0.8	44.34	65.09	83.96	22.02	43.50	77.19
1.0	53.68	66.32	87.37	24.68	45.25	79.11
1.5	72.73	83.33	95.45	40.49	69.94	92.64
2.0	76.92	87.18	100.00	60.34	82.76	93.10

（4）把单层有效厚度下限定为1m，能保证二类油层75%以上的储量被动用，从典型区块储量构成来看，北一断东萨Ⅱ+萨Ⅲ+葡Ⅱ油层组河道砂+有效厚度不小于1.0m非河道砂储量占表内储量的比例为75.8%；北三西东块萨Ⅱ+萨Ⅲ组油层河道砂+有效厚度不小于1.0m非河道砂储量占表内储量的比例为85.38%。也就是说把单层有效厚度下限定为1m，可以保证二类油层中80%左右的储量被动用。

（5）将1m以下的薄差层留作水驱开采对象，既减小了水驱井网的封堵工作量，降低了对水驱井网产量的影响，又给三次加密井留有可调厚度，同时，也为薄差储层三次采油技术发展留有余地。

综合以上分析结果确定上（下）返油层三元复合驱的主要对象为河道砂和有效厚度不小于1m、渗透率不小于0.1μm² 的非河道砂。同时为完善注采关系，对于河道边部的变差部位也可以考虑作为挖潜对象。

三、层系优化组合原则的确定

大庆油田三元复合驱的潜力油层主要集中在二类油层。二类油层的沉积环境变化较大，从泛滥平原到分流平原、三角洲内前缘、外前缘，不同沉积环境的各类砂体组合到一起，造成了纵向上不同相别、不同厚度、不同渗透率的油层交错分布；平面上相带变化复杂，砂体规模不一，油层厚度发育不均，砂体连通状况变差。与以泛滥平原河流相沉积为主的主力油层相比，二类油层总体上呈现河道砂发育规模明显变小，小层数增多，单层厚度变薄、渗透率变低、平面及纵向非均质变严重的特点（表5-14）。特别是内前缘沉积砂体，由于河道砂规模的变小及表外层和尖灭区的发育，砂体连通性极差，平面非均质相当严重。

表 5-14　二类油层与一类油层特征对比

油层组	沉积环境	主要砂体类型与形态	单一河道		韵律	有效渗透率 μm²	单元间渗透率级差	油层类型
			宽度，m	厚度，m				
萨Ⅱ	分流平原内前缘	条带状水上与水下分流河道砂、小片状河间砂、大片状内前缘席状砂	200~1000	2~5	正反	0.48~0.53	1.7~2.8	二类
萨Ⅲ	分流平原内前缘	条带状水上与水下分流河道砂、小片状河间砂、大片状内前缘席状砂	200~1000	2~5	正反	0.38~0.72	1.7~3.2	
葡Ⅱ	分流平原内前缘外前缘	条带状水上与水下分流河道砂、小片状河间砂、大片状内前缘席状砂、外前缘砂	150~800	2~4	正反	0.36~0.56	1.6~2.6	
葡Ⅰ	泛滥平原分流平原	大型辫状河道砂、复合曲流带、高弯水上分流河道砂	800~1500	3~10	均正	0.61~0.92	1.4~2.5	一类

层系优化组合就是将油层性质相近的开采对象组合到一起，采用同一套井网开采，以减少层间干扰，达到提高最终采收率的目的。对于三元复合驱，还要同时满足一套层系内的油层要适合注同一种分子量聚合物配制的三元体系。结合水驱及聚驱的开发经验，三元复合驱层系优化组合的总体原则是一套开采层系井段不宜过长、层数不宜过多、级差不宜过大、层系厚度合理。

1. 层系组合重点考虑的因素

（1）层间渗透率级差。

层间渗透率级差是影响油田开发效果的主要参数之一。不同渗透率的油层，在吸水能力、采出能力及水线推进速度等方面差异较大。为搞清层间渗透率级差大小对三元复合驱试验效果的影响，应用美国 Grand 公司开发的 FACS 三维化学驱数值模拟软件进行室内数值模拟研究。

模型采用 4 注 9 采五点法面积注水井网，注采井距 150m。首先设计 6 个基础地质模型，每个模型设计为正韵律层，变异系数 0.65，并划分为 3 个纵向连通的厚度各为 2m 的小层，每个基础地质模型的小层渗透率见表 5-15。然后由上述基础地质模型组合为 6 个上层、下层之间均具有稳定隔层且低渗透率油层厚度占总厚度 50% 的双层地质模型（表 5-16），层间渗透率级差分别为 5、4、3、2.5、2 和 1 倍。为了研究层系组合中低渗透率油层厚度比例不同条件下，层间渗透率级差对三元复合驱油效果的影响，同样建立了一系列地质模型，低渗透率油层厚度比例分别为 16.7%、25.0%、33.3% 和 41.67%，并进行了数值模拟计算[8]。

三元复合驱配方及注入段塞设计：采用小井距南井组弱碱试验区配方，注入速度 0.15PV/a。注入程序：在大庆油田实际条件下（油、水、气流体性质、相对渗透率曲线等），水驱至中心井含水率达到 97.2%，然后注入前置聚合物段塞、ASP 段塞和聚合物保护段塞，再后续水驱，直到中心井含水率达到 98 % 时为止。

表 5-15　基础地质模型渗透率数据

模型	K_1，$10^{-3}\mu m^2$	K_2，$10^{-3}\mu m^2$	K_3，$10^{-3}\mu m^2$	
1	33.295	95.220	351.000	正韵律变异系数 0.65
2	41.615	119.135	439.245	
3	55.560	159.045	586.390	
4	66.585	190.620	702.790	
5	83.235	238.275	878.490	
6	166.465	480.555	1756.975	

表 5-16　双层地质模型渗透率数据

模型	7	8	9	10	11	12
上层平均渗透率，$10^{-3}\mu m^2$	160	200	267	320	400	800
下层平均渗透率，$10^{-3}\mu m^2$	800	800	800	800	800	800
层间渗透率级差	5.0	4.0	3.0	2.5	2.0	1.0

通过数值模拟研究，取得以下认识：一是一套开采层系渗透率级差大小对三元复合驱采收率影响较大。开采层系渗透率级差为 2 以下对三元复合驱驱油效果影响小，级差为 2 以上对驱油效果影响较大。图 5-4 为渗透率级差与采收率关系曲线。可以看出采收率提高值在渗透率级差为 2 左右出现拐点。渗透率级差为 2 以下对采收率影响较小，但大于 2 时对采收率影响加大。

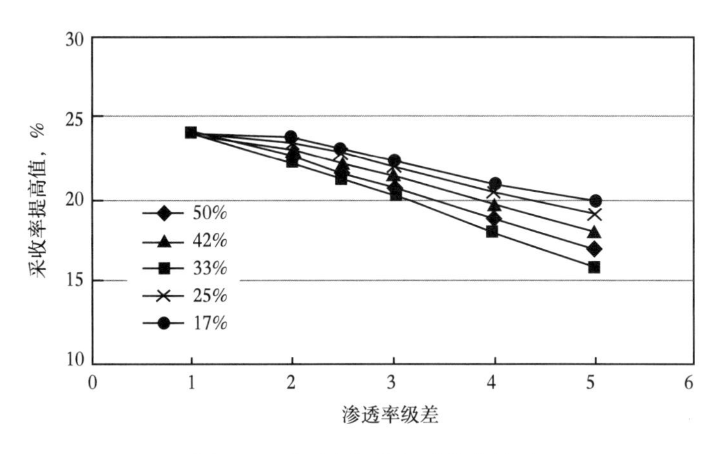

图 5-4　渗透率级差与采收率关系

表 5-17 和表 5-18 分别为低渗透层厚度占总厚度 50.0% 和 16.7% 时层系渗透率级差对三元复合驱驱油效果的影响情况表。低渗层厚占总厚 50.0% 时，渗透率级差为 2 时含水率最低值为 58.6%，采收率提高值为 22.2%；当渗透率级差增大到 5 时含水率最低值为 71%，采收率提高值仅为 16%，即渗透率级差由 2 增大到 5 时含水率下降值降低了 12.4 个

百分点，采收率下降了6.2个百分点。当低渗透层厚占总厚的16.7%时，渗透率级差为2时含水率最低值为57%，采收率提高值为23.7%；当渗透率级差增大到5时含水率最低值为59.5%，采收率提高值为19.8%，即渗透率级差由2增大到5时含水率下降值降低了2.5个百分点，采收率下降了3.9个百分点。可以发现开采层系渗透率级差越小则三元复合驱含水下降幅度越大、驱油效果越好；级差越大则含水下降幅度越小、驱油效果变差[9]。

表5–17　层间渗透率级差对三元复合驱油效果的影响（低渗透层厚占总厚的50%）

层间渗透率级差	含水率最低值，%	差值，%	采收率提高值，%	采收率下降值，%
1	53.1	0	24.0	0
2	58.6	5.5	22.2	1.8
2.5	61.1	8.0	21.2	2.8
3	64.0	10.9	20.2	3.8
4	68.7	15.6	18.0	6.0
5	71.0	17.9	16.0	8.0

表5–18　层间渗透率级差对三元复合驱驱油效果的影响（低渗透层厚占总厚的16.7%）

层间渗透率级差	含水率最低值，%	差值，%	采收率提高值，%	采收率下降值，%
1	54.8	0	24.0	0
2	57.0	2.2	23.7	0.3
2.5	57.9	3.1	23.0	1.0
3	58.6	3.8	22.3	1.7
4	59.3	4.5	20.9	3.1
5	59.5	4.7	19.8	4.2

二是相同渗透率级差条件下，一套开采层系内低渗透层厚度比例增加则三元复合驱的采收率降低。表5-19为层间渗透率级差分别为2和5的计算结果。

表5–19　渗透率级差对三元复合驱驱油效果影响

低渗透率油层所占厚度比例 %	级差=2		级差=5	
	采收率提高值，%	采收率下降值，%	采收率提高值，%	采收率下降值，%
16.7	23.7	0	19.8	0
25.0	23.5	0.2	19.1	0.7
33.3	23.1	0.6	18.1	1.7
41.7	22.6	1.1	17.0	2.8
50.0	22.2	1.5	16.0	3.8

可以发现相同渗透率级差条件下随着层系组合中低渗透油层厚度比例增加，则三元复合驱采收率提高值降低。低渗透率油层厚度比例由 16.7% 增加到 50%，层间渗透率级差为 2 时，采收率提高值下降了 1.5 个百分点，当层间渗透率级差为 5 时，采收率提高值下降了 3.8 个百分点。即随着层间渗透率级差的加大，低渗透率油层厚度比例增加对三元复合驱采收率提高值影响更加明显。综上所述，为保证三元复合驱的驱油效果在进行三元复合驱层系组合时，应尽量把开采层系的渗透率级差控制在 2 左右，当渗透率级差大于 2 时应考虑分注，同时也要避免把过多的低渗透层组合到层系中一起开采。

（2）一套开采层系的厚度。

采收率提高幅度和经济效益是衡量层系厚度界限的两个主要指标。精细地质研究表明，三元复合驱上（下）返油层纵向上分布井段长、小层数多、单层厚度薄、平面及纵向非均质性严重。从最终开采效果这一角度出发，一套层系组合中的层数越少、厚度越小、层间干扰影响程度越低，开采效果越好；但随着层系厚度的减小，单井产量降低，投资回收期延长，内部收益率下降，而且不利于原地面注聚设备的利用。因此对层系组合厚度的确定，既要考虑采收率提高幅度，同时又要保证一定的产量规模、兼顾经济效益。产量规模主要是考虑单井的注入量和采出量，一套层系组合的厚度应该达到一定的产量要求，同时注入井的注入强度过低或过高均不利于油水井的正常生产。已开展的聚驱及三元复合驱矿场试验表明，随着高黏度化学体系的注入，注入压力都会有不同程度的上升，压力上升幅度与注入量（即注入速度）、注采井距、体系黏度成正比，与油层厚度、油层渗透率成反比［式（5-8）］。

$$\Delta p' = 0.002\frac{Q}{h}\frac{\mu_{\text{asp}}}{K}\ln\left(\frac{r}{r_{\text{w}}}\right) \tag{5-8}$$

式中　$\Delta p'$——复合驱较水驱注入压力上升值，MPa；

Q——流量，m^3/s；

μ_{asp}——注入的三元体系黏度，mPa·s；

K——油层平均渗透率，μm^2；

h——厚度，m；

r——井距，m；

r_{w}——井筒半径，m。

注采井距、试验层位及试验规模不同，试验区的注入能力数据变化较大。总的规律是规模较大的矿场试验区的注入压力上升幅度要高于小型试验区。

可以发现规模较小的试验区压力上升幅度均在 45% 以下：75m 小井距南、北井组三元复合驱矿场试验区由于注采井数少、注采井距小、井网不封闭，尽管化学驱阶段注入速度较高达 0.71~0.75PV/a，但化学驱注入压力上升值为 3.0~2.77MPa，上升幅度为 44.1%~36.45%，而已经完成和正在进行的四个工业性矿场试验区除北三西以外压力上升幅度均在 95% 以上。杏二中由于井距大、试验规模较大，注入速度虽仅保持在 0.1PV/a 左右，但化学驱注入压力上升值达到 6.8MPa，压力上升幅度为 109.7%。正在进行的两个大型工业型矿场试验（北一断东和南五区）目前化学驱压力上升值分别为 5.22MPa 和 6.48MPa，压力上升幅度已经达到了 95.95% 和 100.3%。

综合不同试验区注入压力变化情况的分析结果，并结合二类油层发育差、非均质性严重的油层性质，认为二类油层三元复合驱的注入压力上升值应为5~7MPa。图5-5为注入压力上升值为5MPa和7MPa时不同注采井距下油层渗透率与注入强度关系曲线。

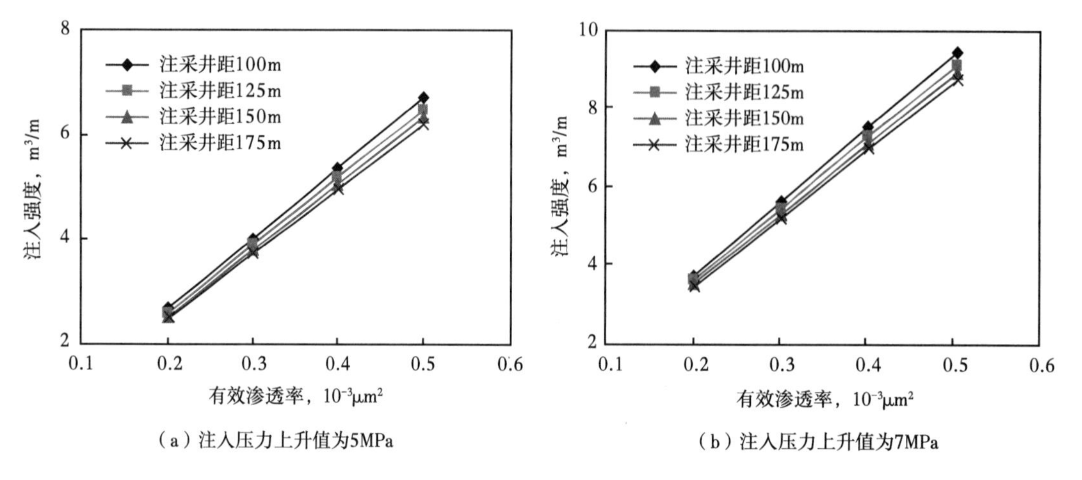

（a）注入压力上升值为5MPa　　（b）注入压力上升值为7MPa

图5-5　油层渗透率与注入强度关系曲线

考虑二类油层开采对象有效渗透率分布主要区域为0.4μm²左右，五点法面积井网100~150m井距条件下要满足单井日注量40m³，则开采层系的有效厚度应控制在6~10m左右较为合适（表5-20）。

表5-20　不同井距条件下开采层系厚度表（有效渗透率为0.4μm²）

压力上升值，MPa	注采井距，m	注入强度，$m^3/(d\cdot m)$	满足单井日注量40m³的最小油层厚度，m
5	100	5.36	9.33
	125	5.19	9.63
	150	5.06	9.87
7	100	7.51	6.66
	125	7.27	6.88
	150	7.09	7.05

通过经济效益评价，层系厚度为6m采用125m注采井距五点法面积注水井网开采的，总投资收益率可以达到6.80%；层系厚度为6m采用150m注采井距五点法面积注水井网开采的，总投资收益率可以达到14.45%（表5-21）。

（3）相邻开采层系间隔层厚度及层系组合基本单元的确定。

三元复合驱上（下）返层的油层条件较主力油层差，由于其渗流能力差、导压能力低，因此若使这部分储量得到较大程度的动用则离不开增产、增注等措施，因此应考虑开采层系间隔层的厚度及隔层稳定性。合适的隔层厚度既可满足目前的井下作业工艺技术，又使隔层的储量损失降到最小。而砂岩组间良好的夹层有利于层系的划分和减少储量的损失，并且为将来分注、压裂等措施提供隔层条件，因此层系组合时尽量以砂岩组为单元。通过对以往研究成果以及现有井下作业工艺技术的要求，可以将两套层系间的隔层定为 1.5m 左右[10]。

表 5-21　主要经济指标

项目	125m 井距				150m 井距			
	厚度 6m		厚度 10m		厚度 6m		厚度 10m	
	所得税前	所得税后	所得税前	所得税后	所得税前	所得税后	所得税前	所得税后
内部收益率，%	14.84	11.31	37.81	29.05	31.06	23.93	60.35	47.44
财务净现值，万元	3738	987	23743	15732	18311	11687	51006	36118
投资回收期，a	3.06	3.44	2.07	2.35	2.32	2.61	1.70	1.92
总投资收益率，%	6.80		14.97		14.45		27.41	

2. 层系组合原则

综合以上研究成果，确定二类油层三元复合驱开发层系的组合原则如下：

（1）严格按照开采对象的界限将性质相近油层组合成一套开采层系，层间渗透率级差尽量控制在 2 左右，且层系内的开采单元要相对集中，小层数不宜过多，开采井段不宜过长；

（2）一套开采层系的厚度要综合地面注聚系统规模、产量接替情况，以及整个上（下）返层段的总厚度灵活确定。层系间厚度要求尽量均匀，满足目前注采状况一段开发层系可调有效厚度应在 6~10m，同时尽量控制低厚度井的比例；

（3）以砂岩组为单元进行层系组合，保证每套开采层段间具有较稳定隔层；

（4）当具备两套以上（下）返开采层系时应采用由下至上逐层上返方式，以减少后期措施工作量，降低措施工艺难度。

第二节　三元复合驱注入方式及注入参数优化

三元复合驱现场应用结果表明，注入方式及注入参数对三元复合驱开发效果至关重要。大庆油田通过室内研究和现场应用，逐渐形成了“前置聚合物段塞 + 三元主段塞 + 三元副段塞 + 后续聚合物保护段塞”的四段塞注入方式，指导编制现场试验注入方案，取得了较好效果。在此基础上进一步优化，建立了段塞大小的个性化设计方法，并根据现场动态特征进行调整，为实现注入方案个性化设计和保证复合驱提高采收率效果奠定了基础。

一、四段塞注入方式优化

采用“前置聚合物段塞 + 三元主段塞 + 三元副段塞 + 后续聚合物保护段塞”的段塞组合方式，细致优化各段塞的化学剂浓度及注入体积，能在降低化学剂成本的同时提高三元复合驱开发效果（图 5-6）。

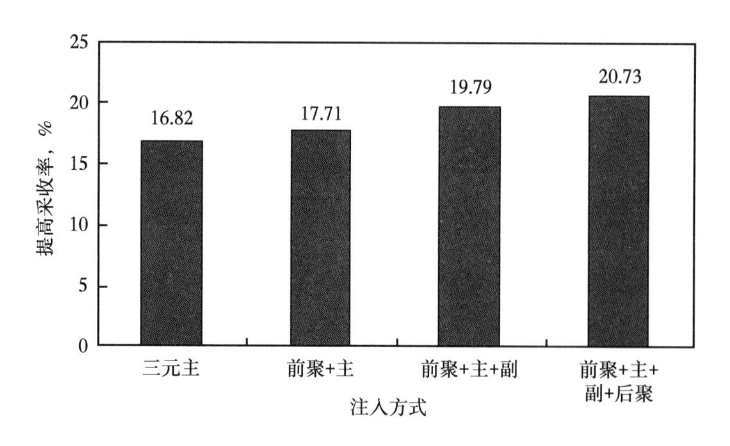

图 5-6　不同注入方式提高采收率效果

1. 前置聚合物段塞

前置聚合物段塞，一是起到调剖作用，降低油层非均质性的影响，扩大波及体积；二是减少三元主段塞中的化学剂损耗，提高三元体系前缘的驱油效果。

数值模拟研究表明，随着前置聚合物段塞注入体积增大，提高采收率值也相应增加，当前置段塞增加到 0.04PV 以后，采收率的增幅减缓；大于 0.06PV 以后，提高采收率效果不明显（图 5-7）。因此，确定前置聚合物段塞大小的合理范围为 0.04~0.06PV。

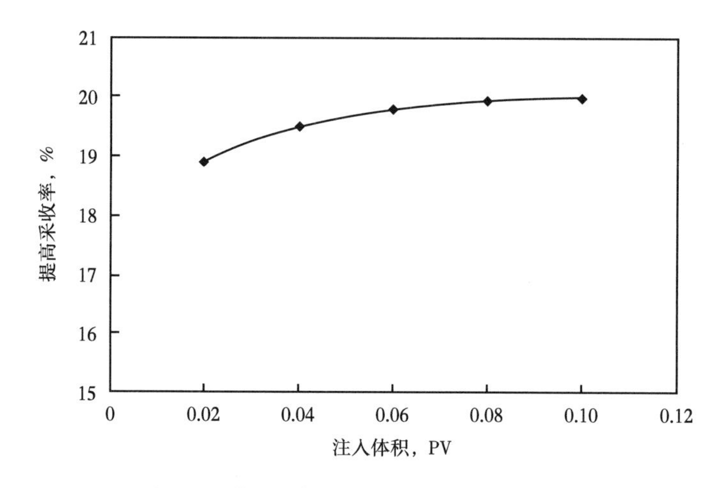

图 5-7　前置聚合物段塞大小对驱油效果影响

2. 三元主段塞

三元主段塞是有效控制流度、降低油水界面张力，形成乳化的主体，对驱油效率提高幅度作用和影响最大。

大量室内研究结果表明，相同渗透率条件下，存在合理匹配黏度，最佳时可获得最高的三元复合驱提高采收率值，并不是黏度越高越好。注入压力随着体系黏度的增大而升高，当黏度较低时，注入压力低，注入段塞阶段和后续水驱阶段提高采收率都较低；当黏度与渗透率相匹配时，注入压力升幅合理，注入段塞阶段和后续水驱阶段采收率均较高；

继续提高黏度，黏度与渗透率不再匹配，尽管注入压力不断提高，但段塞在模型内部滞留堵塞，不能形成有效驱替，影响整体驱油效果（图 5-8）。

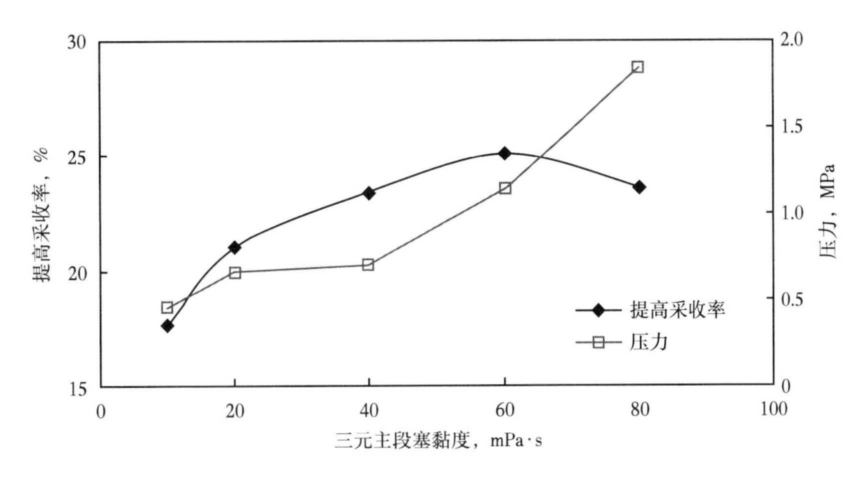

图 5-8　三元主段塞黏度对三元复合驱驱油效果影响

数值模拟优化结果表明，随着碱浓度增加，化学驱提高采收率幅度增大，碱浓度为 1.2%（质量分数）时，化学驱提高采收率达到最大值，碱浓度继续增大，化学驱提高采收率值呈下降趋势，考虑技术经济效果，三元主段塞中的碱浓度选用 1.2%（质量分数）（图 5-9）。固定碱浓度，改变表活剂浓度，对比驱油效果。表活剂浓度在达到 0.3% 之前，采收率的升幅大，达到 0.3% 以后，提高采收率趋势平缓，因此，确定三元主段塞中的表面活性剂浓度为 0.3%（图 5-10）。

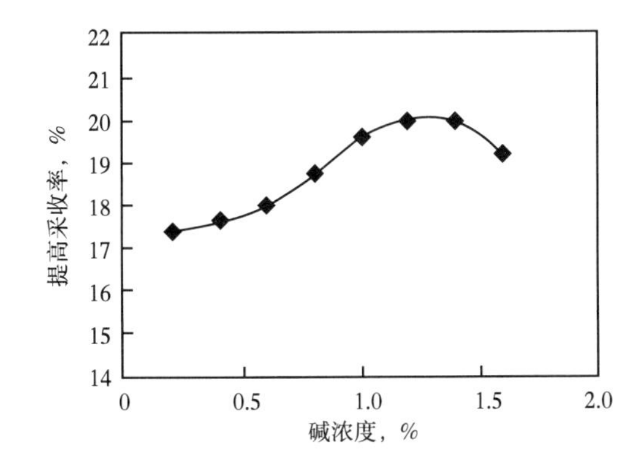

图 5-9　三元主段塞中碱浓度对驱油效果影响数值模拟结果

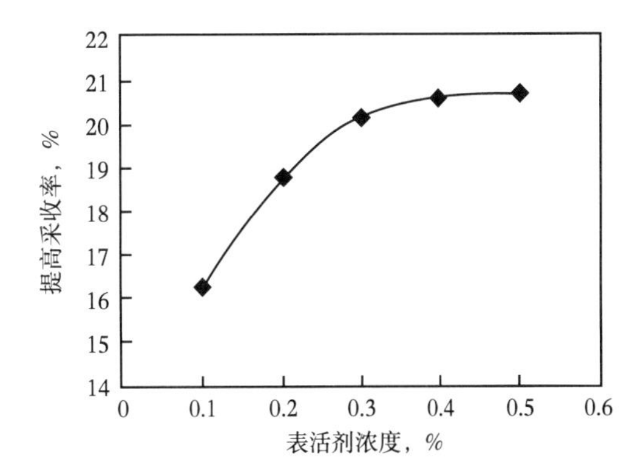

图 5-10　三元主段塞中表活剂浓度对驱油效果影响数值模拟结果

三元主段塞的大小对驱油效果影响的数值模拟结果表明，增大三元主段塞，提高采收率的幅度增大，在 0.3PV 以前，提高采收率增幅较大，大于 0.3PV 以后，升幅逐渐减缓（图 5-11 和图 5-12）。增大三元主段塞的注入量将使化学剂的成本增加，因此依据物理模拟和数值模拟结果，结合技术经济效果，确定三元主段塞大小的合理范围为 0.3~0.35PV。

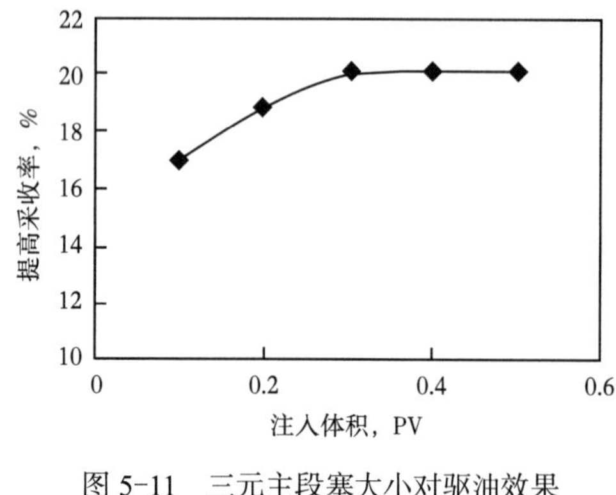

图 5-11 三元主段塞大小对驱油效果影响物理模拟结果

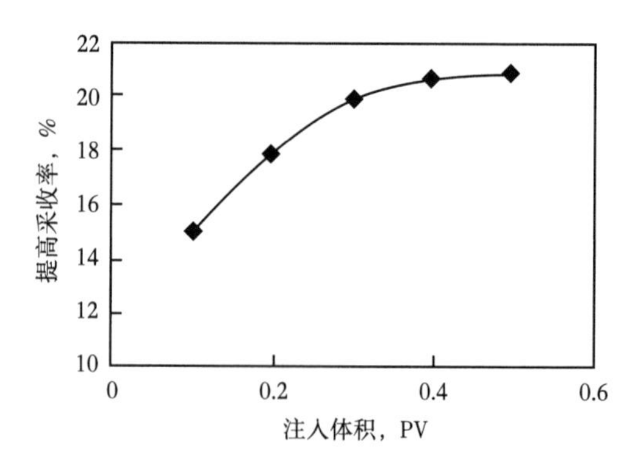

图 5-12 三元主段塞大小对驱油效果影响数值模拟结果

3. 三元副段塞

从室内物理模拟结果来看，注入三元主段塞以后，化学剂在油层中的吸附已基本处于饱和状态，降低三元副段塞中的碱和表面活性剂浓度，在保证体系性能的同时，节约了化学剂用量。

三元副段塞中，随着碱浓度增加提高采收率幅度增大；碱浓度在 1.0% 时提高采收率最大；碱浓度继续增大，提高采收率值下降（图 5-13）。随着表活剂浓度增加，提高采收率幅度增大；表活剂浓度大于 0.1% 以后，采收率增幅不明显。因此，确定三元副段塞的表面活性剂浓度 0.1%（图 5-14）。

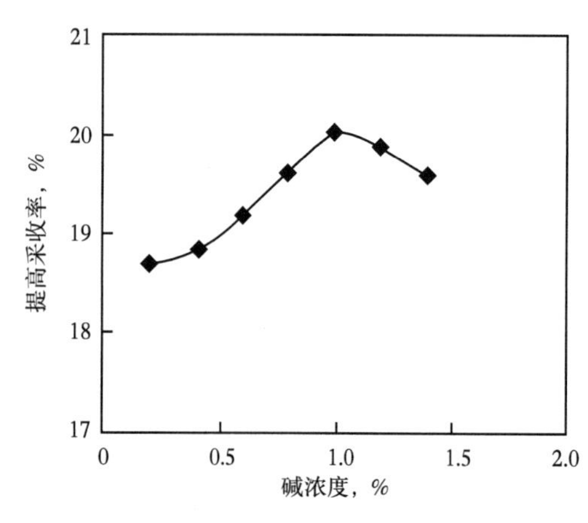

图 5-13 三元副段塞中碱浓度对驱油效果影响物理模拟结果

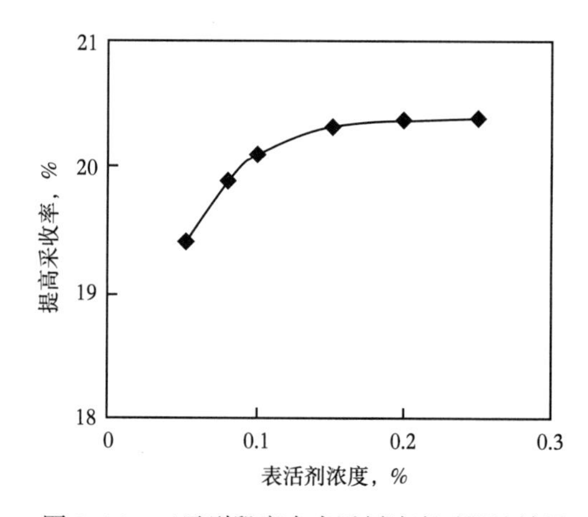

图 5-14 三元副段塞中表活剂浓度对驱油效果影响物理模拟结果

数值模拟优化结果表明，随着三元副段塞注入体积增大，提高采收率效果明显。三元副段塞注入量大于 0.15PV 之后，提高采收率效果幅度逐渐减小（图 5-15 和图 5-16）。因此，设计三元副段塞的大小范围为 0.15~0.2PV。

4. 后续聚合物段塞

后续聚合物段塞可以有效防止后续注入水引起的突破，起到保护的作用。随着后续聚合物段塞注入体积增大，提高采收率幅度增大。在 0.2PV 前，采收率提高值升幅较大，继续增加，采收率升幅变小（图 5-17）。因此确定后置聚合物段塞大小为 0.2PV。

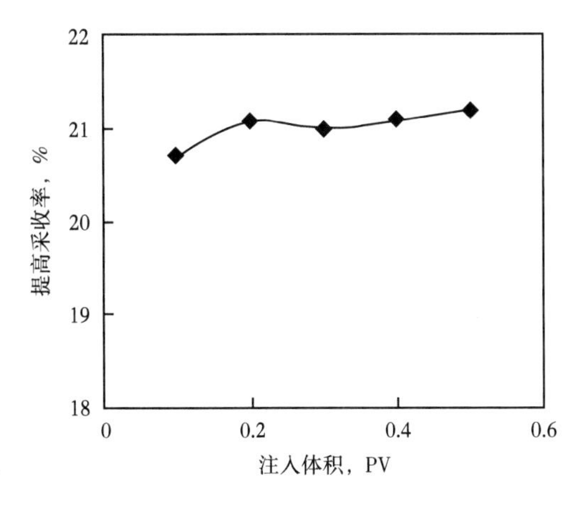

图 5-15　三元副段塞大小对驱油效果影响物理模拟结果

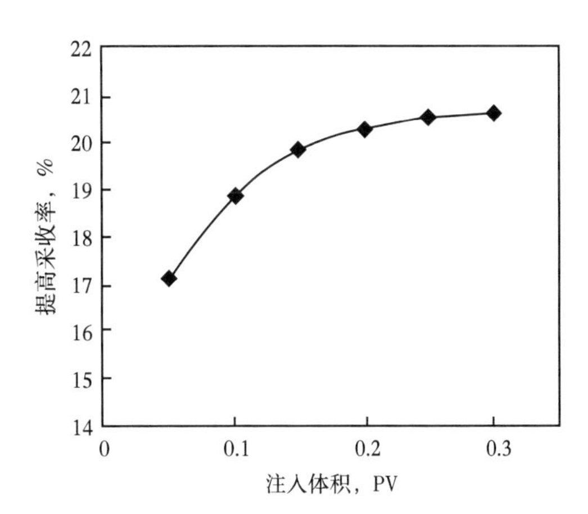

图 5-16　三元副段塞大小对驱油效果影响数值模拟结果

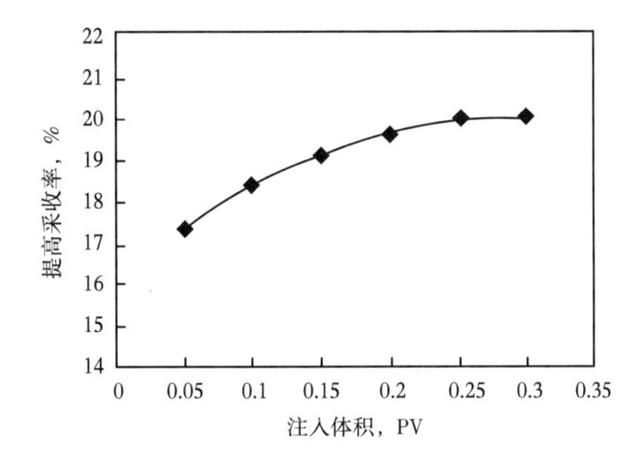

图 5-17　后续聚合物段塞大小对驱油效果影响数值模拟结果

大庆油田采用“前置聚合物段塞 + 三元主段塞 + 三元副段塞 + 后续聚合物保护段塞”四段塞注入方式，设计现场实际注入方案，从先导性试验到工业性试验，提高采收率都达到 20 个百分点以上[11]（表 5-22）。

表 5-22　三元复合驱试验区主段塞配方及驱油效果

项目	区块名称	驱替类型	所处阶段	井距，m	最终提高采收率，%
先导性试验	杏五区	强碱	结束	141	25.0
	北一区断西	强碱	结束	250	22.1
	杏二西	强碱	结束	200	19.4
	小井距北井组	强碱	结束	75	23.2
	中区西部	弱碱	结束	106	21.1
	小井距南井组	弱碱	结束	75	24.7

续表

项目	区块名称	驱替类型	所处阶段	井距，m	最终提高采收率，%
工业性试验	北一区断东	强碱	后续水	125	29.0
	南五区	强碱	后续聚	175	20.0
	喇北东	强碱	后续聚	120	20.0
	北二西	弱碱	后续水	125	28.0
	杏二中	强碱	结束	250	16.0

二、段塞大小个性化设计

随着三元复合驱应用规模的不断扩大，不同区块的油层的性质差异大，三元段塞大小需进行精细优化，使三元复合驱达到最佳技术经济效果。采用数值模拟结合经济计算等方法，开展了三元复合驱各段塞大小个性化设计研究。

1. 层间非均质条件下三元段塞大小优化

数值模拟条件为：井距 125m，4 注 9 采，三层非均质油层，平均渗透率 $450\times10^{-3}\mu m^2$。根据数模计算结果，从提高采收率效果来看，仍是三元段塞注入量越大越好。但如果以经济效益为限制，则存在不同的最佳注入量。以级差为 2 时的情况为例，在注入三元主段塞 0.4PV 时转为三元副段塞，提高采收率变化幅度较小，但单位化学剂所产的油量开始降低，即投入高、产出低，经济上不合理，所以应该及时在 0.4PV 时转注三元副段塞，减少化学剂用量，提高经济效益（图 5-18 和图 5-19）。

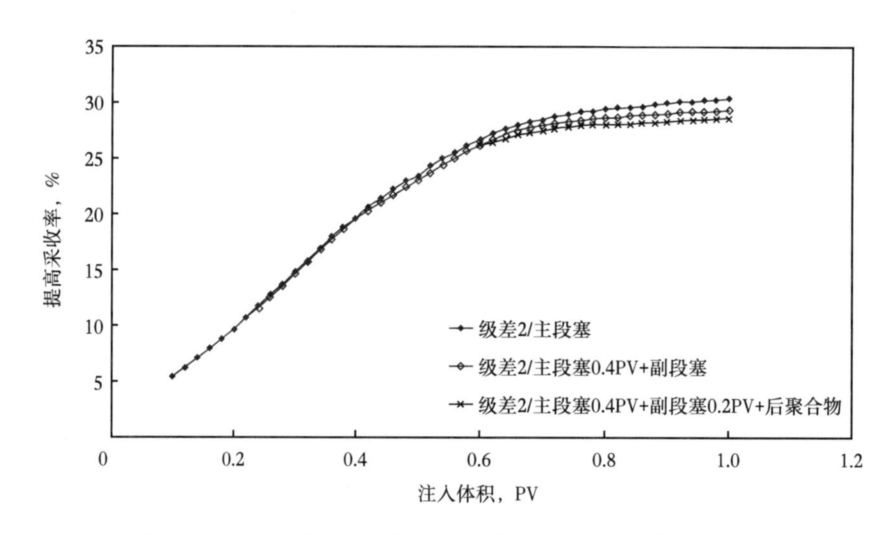

图 5-18　ⅡA 类油层层间级差为 2 时三元段塞大小数值模拟结果

与ⅡA 类油层相比，ⅡB 类油层渗透率低，平面控制程度相对变差，导致相同注入体积条件下，提高采收率效果低于ⅡA 类油层，经济效益变差，因此应适当减小段塞注入量。

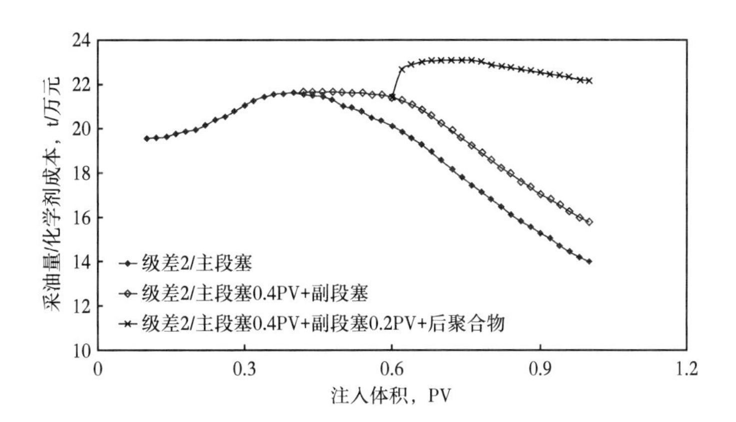

图 5-19　ⅡA 类油层层间级差为 2 时三元段塞大小经济计算结果

2. 层内非均质条件下三元段塞大小优化

采用数模计算结合经济效益分析方法，进一步细致优化ⅡA 类油层典型层内非均质条件下三元主段塞和三元副段塞的大小范围。

ⅡA 类层内级差为 2 的条件下，在所设计的油层特征条件下，三元主段塞的合理大小为 0.34PV，三元副段塞为 0.18PV，可使经济效果达到最佳（图 5-20 和图 5-21）。

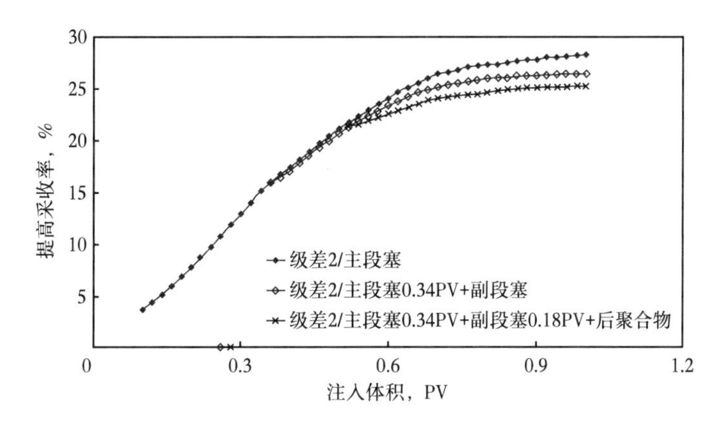

图 5-20　ⅡA 类油层层内级差为 2 时三元段塞大小数值模拟结果

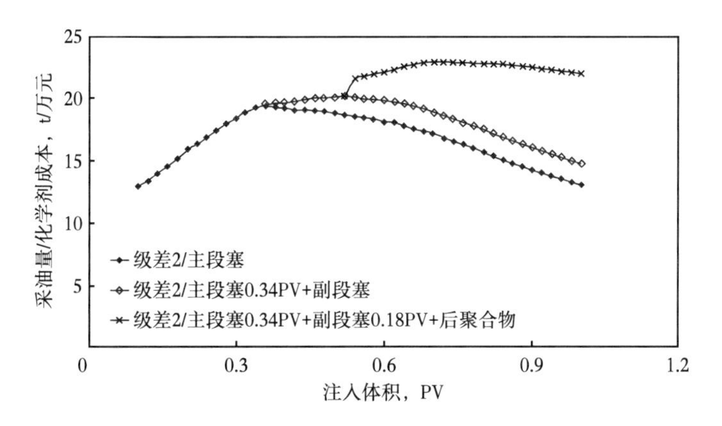

图 5-21　ⅡA 类油层层内级差为 2 时三元段塞大小经济计算结果

3. 三元主段塞转注三元副段塞时机的设计方法

现场试验结果表明，三元复合驱试验区含水变化受多种因素影响，包括储层非均质性、控制程度、初始含水和注入体系性能等。为了更充分地实现注入方案的个性化设计，针对试验区的含水动态变化特征和累计产投比，建立了三元段塞转注时机设计方法。

转注原则：三元主段塞应注到含水最低点以后，且含水回升速度越慢，转注副段塞时机越晚，当产投比（只考虑化学剂成本）达到最高时，适时转注副段塞。

根据现场实际情况，建立两种公式。

（1）月产液量恒定，注采平衡。

以月为单位，每月的产出为月产油价值，每月投入为三元段塞月注入的化学剂成本。

月产投比：

$$C_{\mathrm{Y}}=\frac{\left(1-f_{\mathrm{w}_i}\right)QT}{Q\left(L_{\mathrm{P}}K_{\mathrm{P}}+L_{\mathrm{A}}K_{\mathrm{A}}+L_{\mathrm{S}}K_{\mathrm{S}}\right)}=\frac{\left(1-f_{\mathrm{w}_i}\right)T}{\left(L_{\mathrm{P}}K_{\mathrm{P}}+L_{\mathrm{A}}K_{\mathrm{A}}+L_{\mathrm{S}}K_{\mathrm{S}}\right)} \tag{5-9}$$

累计产投比：

$$C_{\mathrm{L_m}}=\frac{\sum_{i=1}^{m}\left(1-f_{\mathrm{w}_i}\right)QT}{nQ\left(L_{\mathrm{P}}K_{\mathrm{P}}+L_{\mathrm{A}}K_{\mathrm{A}}+L_{\mathrm{S}}K_{\mathrm{S}}\right)}=\frac{\sum_{i=1}^{m}\left(1-f_{\mathrm{w}_i}\right)T}{m\left(L_{\mathrm{P}}K_{\mathrm{P}}+L_{\mathrm{A}}K_{\mathrm{A}}+L_{\mathrm{S}}K_{\mathrm{S}}\right)} \tag{5-10}$$

式中 L_{P}——聚合物浓度，mg/L；

L_{A}——碱浓度，mg/L；

L_{S}——表活剂浓度，mg/L；

K_{P}——聚合物价格，元 /t；

K_{A}——碱价格，元 /t；

K_{S}——表活剂价格，元 /t；

T——原油价格，元 /t；

Q——月产液量，t；

f_{w_i}——月综合含水率；

$C_{\mathrm{L_m}}$——累计产投比；

n——注入时间，月。

设在 $n=m$ 时，f_{wm} 达到最低值，则

$$C_{\mathrm{L_m}}=\frac{\sum_{i=1}^{m}\left(1-f_{\mathrm{w}_i}\right)T}{m\left(L_{\mathrm{P}}K_{\mathrm{P}}+L_{\mathrm{A}}K_{\mathrm{A}}+L_{\mathrm{S}}K_{\mathrm{S}}\right)} \tag{5-11}$$

在 $n=m+1$ 时，含水开始回升，则

$$C_{\mathrm{L_{(m+1)}}}=\frac{\sum_{i=1}^{m}\left(1-f_{\mathrm{w}_i}\right)T}{(m+1)\left(L_{\mathrm{P}}K_{\mathrm{P}}+L_{\mathrm{A}}K_{\mathrm{A}}+L_{\mathrm{S}}K_{\mathrm{S}}\right)}$$

由式（5-11）与式（5-12）相除得到：

$$\frac{\sum_{i=1}^{m}\left(1-f_{w_i}\right)(m+1)}{m\sum_{i=1}^{m+1}\left(1-f_{w_i}\right)}=\frac{\sum_{i=1}^{m}\left(1-f_{w_i}\right)(m+1)}{m\left(\sum_{i=1}^{m}\left(1-f_{w_i}\right)+1-f_{w(m+1)}\right)} \tag{5-12}$$

若含水回升速度小于含水下降速度，则

$$\sum^{m}\left(1-f_{w_i}\right)<m\left[1-f_{w(m+1)}\right]\frac{1-f_{w(m+1)}}{\sum_{i=1}^{m}\left(1-f_{w_i}\right)}>\frac{1-f_{w(m+1)}}{m\left[1-f_{w(m+1)}\right]}=\frac{1}{m} \tag{5-13}$$

设在 $n=K$（$K>m$）时，若 $C_{LK}/C_{L(K+1)}\geqslant 1$，则称 $n=K$ 的点为产投比平衡点，在此点转注副段塞，在经济上能够达到最佳。

若含水回升速度大于或等于含水下降速度，则

$$\sum^{m}\left(1-f_{w_i}\right)\geqslant m\left[1-f_{w(m+1)}\right]\frac{1-f_{w(m+1)}}{\sum_{i=1}^{m}\left(1-f_{w_i}\right)}>\frac{1-f_{w(m+1)}}{m\left[1-f_{w(m+1)}\right]}=\frac{1}{m} \tag{5-14}$$

（2）月产液量下降，注采平衡。

月产投比：

$$C_Y=\frac{\left(1-f_{w_i}\right)Q_iT}{QQ_i\left(L_pK_p+L_AK_A+L_SK_S\right)}=\frac{\left(1-f_{w_i}\right)T}{\left(L_pK_p+L_AK_A+L_SK_S\right)} \tag{5-15}$$

累计产投比：

$$C_L=\frac{\sum_{i=1}^{n}\left(1-f_{w_i}\right)QT}{\sum_{i=1}^{n}Q_i\left(L_PK_P+L_AK_A+L_SK_S\right)} \tag{5-16}$$

同样可证，设在 $n=K$（$K>m$）时，若 $C_{LK}/C_{L(K+1)}\geqslant 1$，则称 $n=K$ 的点为产投比平衡点，在此点转注副段塞，在经济上能够达到最佳。

根据不同含水曲线特征，个性化设计三元主段塞转注副段塞时机。针对北一断东区实际含水和累计产投比计算合理转注时机。从计算结果可以看出，按照建立的三元主段塞转注副段塞时机设计方法，北一断东区块应注入主段塞 0.336PV，可相对节约化学剂费用 2172.42 万元（图 5-22）。

通过以上研究，初步形成三元复合驱注入方案的个性化设计方法，可为保证三元复合驱技术经济效果提供有力支持[12]。

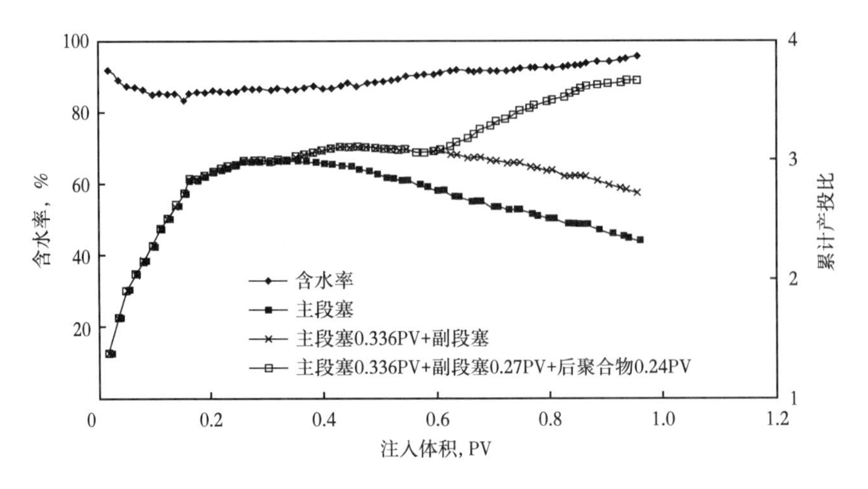

图 5-22　北一断东含水率及累计产投比模拟计算曲线

三、注入参数个性化设计技术

1. 整体优化驱油方案注入参数

（1）建立三元驱分子量、浓度与油层匹配性关系图版。

选择的不同分子量聚合物，采用污水配制污水稀释的驱油体系配注方式，综合注剂流动特征、孔隙微观结构变化的定性分析阻力系数、残余阻力系数、注入能力因子的定量关系，建立了三元体系中聚合物分子量、浓度与油层匹配性关系图版（图 5-23）。

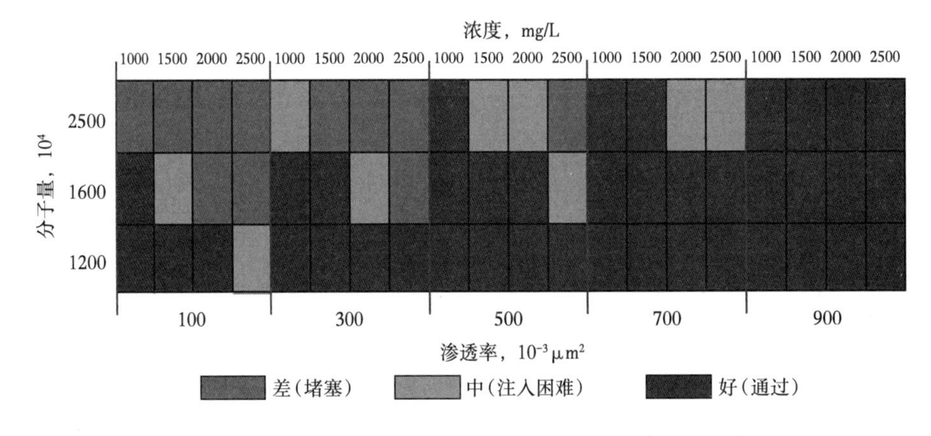

图 5-23　三元体系中聚合物注入参数与渗透率匹配图版

（2）以图版为指导，结合数模，优选驱油配方。

依据聚合物分子量、浓度与不同渗透率油层匹配关系图版，以数值模拟为指导，结合区块油层发育状况，整体优化区块分子量、注剂浓度设计以及段塞组合方式（图 5-24）。由于区块发育厚度较大，油层发育条件相对较好，北二东西块二类油层整体采用高分高浓注入，主段塞注入浓度 2000mg/L，较北三东示范区高 400mg/L。前置段塞设计 0.06PV，较北三东示范区高 0.02PV，其余段塞与示范区相同，其中主段塞 0.35PV、副段塞 0.15PV、后续保护段塞0.20PV（表5-23）。注剂后注入速度稳定，注入压力稳定上升，注入状况保持良好，且无间注井。

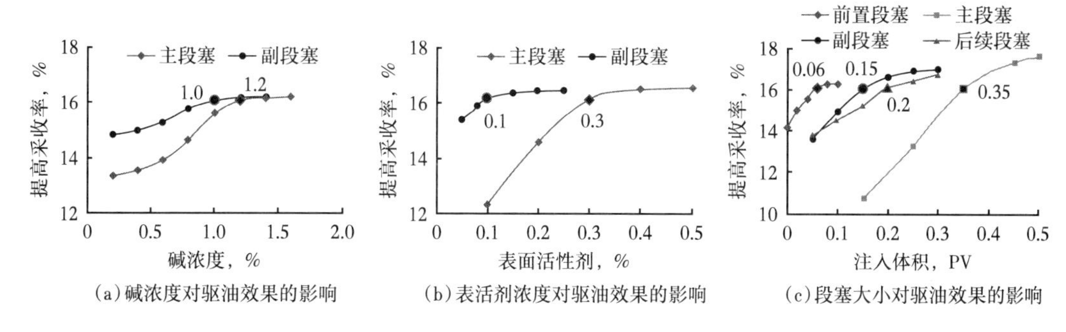

图5-24　北二东西块二类油层段塞设计情况

表5-23　工业化区块弱碱三元复合驱驱油方案优化

序号	段塞名称	配方		段塞大小，PV		提高采收率，%	
		北三东示范区（中分）	北二东西块（高分）	示范区	北二东西块	示范区	北二东西块
1	前置段塞	1200mg/L（P）	1600mg/L（P）	0.04	0.06	19.24（目标20）	16.14
2	三原主段塞	1.2%（A）+0.3%（S）+1600mg/L（P）	1.2%（A）+0.3%（S）+2000mg/L（P）	0.35	0.35		
3	三元副段塞	1.0%（A）+0.2/0.1%（S）+1600mg/L（P）	1.0%（A）+0.2/0.1%（S）+1800mg/L（P）	0.20	0.15		
4	后续保护段塞	1200mg/L（P）	1500mg/L（P）	0.20	0.20		

2. 分类优化单井注入参数

针对三元不同阶段存在的主要问题，确定各阶段的调控目标，有针对性地制订不同阶段的各项调整对策，对策实施后，区块目前采油井全部见效，增油倍数达到1.89倍，效果显著。

（1）量化井组分类标准，个性化设计注入参数。

由于二类油层非均质性强，井间、层间及层内差异大，均一化设计注入参数，无法满足所有井需要，故从单井小层入手，优选关键指标，建立井组量化分类标准，将区块114个注入井组细分成四类，依据分类结果优化设计单井注入参数。分类结果：A类井为多河道发育，接替层多连通好，采取高浓度、高强度注入；B类井为以河道发育为主，河道连通变差，C类井为单一河道发育，接替层少连通差，对以上两类井采取高含油饱和度方向加强注入，低含油饱和度方向优化注入；D类井为油层发育差，采取低浓度、低强度注入。

（2）根据分类井动态变化，实施分类调整。

在方案优化的基础上，根据分类井特点，实施分类调整。针对油层发育较好的A类和B类井加大调剖力度，其中A类和B类井调剖井数比例达到35%以上，封堵高渗透条带，促进段塞均匀推进；针对油层发育相对较差的C类和D类井加大增注措施力度，确保平稳注入；A类、B类和C类井整体规模分注，分注井数比例均达到95%以上，确保均衡受效。另外，受高低压二元注入工艺限制，碱浓度与聚合物浓度成反比，为确保碱方案符合率，共实施注剂浓度协同调整18口井，以确保超低界面张力的保持范围。其中针对碱浓度较低的井，结合调剖措施降聚12口；针对碱浓度较低的井，结合增注措施提聚6口。

调整后，区块碱方案符合率达到95%以上，注入参数匹配程度达到96.5%。分类井注入压力均衡上升，注入压力均保持在11MPa左右，比吸入指数下降45%左右。周围采油井增油降水效果比较明显，分类井含水最大降幅均达到10个百分点以上，平均单井增油达到5t以上。其中A类、B类和C类井最大含水降幅达到12个百分点以上。整体上看，A类和B类井见效好于C类和D类井。

参考文献

[1] 王冬梅，郝悦兴，朱雷．三元复合驱合理井网、井距分析［J］大庆石油地质与开发，1999，18（3）：22-23.

[2] 童宪章．从注采平衡角度出发比较不同面积注水井网的特征和适应性：国际石油工程会议论文集［C］.北京：石油工业出版社，1982.

[3] 陈元千．不同布井方式下井网密度的确定［J］. 石油勘探与开发，1986，（1）：60-62.

[4] 张景纯．三次采油［M］. 北京：石油工业出版社，1995.

[5] 程杰成，廖广志，杨振宇，等．大庆油田三元复合驱矿场试验综述［J］. 大庆石油地质与开发 .2001，20（2）：46-49.

[6] 贾忠伟，杨清彦，袁敏，等．大庆油田三元复合驱驱油效果影响因素实验研究［J］. 石油学报．2006，27（B12）：101-104.

[7] 付天郁，曹凤，邵振波．聚合物驱控制程度的计算方法及应用［J］. 大庆石油地质与开发．2004，23（3）：81-82.

[8] 邵振波，李洁．大庆油田二类油层注聚对象的确定及层系组合研究［J］. 大庆石油地质与开发 .2004，23（1）：52-55.

[9] 刘冰．大庆油田西区二类油层三元复合驱方法［J］. 东北石油大学学报，2016，40（4）：106-112.

[10] 李华斌．三元复合驱新进展及矿场试验［M］. 北京：科学出版社，2007.

[11] 赵玉辉．大庆喇嘛甸油田北东块二类油层三元复合驱油试验研究［D］. 北京：中国地质大学（北京），2009.

[12] 吴凤琴，贾世华．萨中开发区二类油层三元复合驱试验效果及认识［J］. 石油地质与工程，2012，26（1）：112-115.

第六章　复合驱动态变化规律与跟踪调整技术

三元复合驱的注入和驱替伴有物化作用的多组分、多相态复杂体系流动和渗流过程，理论和工程技术较为复杂。从三元复合驱矿场试验来看，三元复合驱在开采过程中扩大波及体积与提高驱油效率的作用显著，但是由于油藏条件、方案设计及跟踪管理的不同，各区块、单井间含水、压力、注采能力及采剂浓度等动态变化特征存在一定的差异，同时也对开发效果产生了一定的影响。实践表明，综合措施调整是改善复合驱注采能力、提高动用程度及促进含水下降有效手段。可以保证复合驱动态趋势保持在合理的范围，但措施调整的类型、时机、选井选层的原则和界限直接影响措施调整的效果。因此，对于三元复合驱动态开采规律的深入研究，制订合理综合措施调整方法，建立合理评价方法，是保证三元复合驱开发效果的关键[1]。

第一节　三元复合驱动态开发规律及跟踪调整技术

在三元复合驱先导性试验开展期间，曾有研究报道[2-3]：与聚合物驱相比，三元复合驱过程中注入能力下降幅度低，采出能力和综合含水的下降幅度大，在低含水期出现了乳化和结垢现象，三元复合驱比水驱提高采收率 20% 以上。尽管注采能力下降，但由于含水率大幅度降低，所以三元复合驱仍保持了较高的采油速度；也有报道称三元复合驱注入能力和采液能力均高于聚合物驱[4]。工业性扩大试验开展早期，有报道称 250m 注采井距条件下，三元复合驱注入压力高，吸水能力差，产液下降幅度大[5]。这些报道针对不同地质条件和开发条件下的试验区给出了不同的认识。随着三元复合驱油技术应用规模的扩大，对其开采规律的认识也越来越全面，越来越深入[6-15]。本节以三元复合驱工业性试验区块为研究对象，对三元复合驱全过程进行了阶段划分，分析了三元复合驱注入能力、产液能力、综合含水、采出化学剂浓度及乳化等的变化规律。

根据复合驱矿场动态反应情况，三元复合驱注采能力、综合含水，见剂、乳化等动态指标变化具有一定的规律性，结合复合驱方案设计，分析不同阶段面临问题，明确调整措施方法，并研究分注、调剖和压裂等措施的适用条件和时机，形成了复合驱跟踪调整技术。

一、三元复合驱动态开发规律

1. 三元复合驱开采阶段划分及各阶段动态特点

根据三元复合驱特有的段塞组合及注入过程中动态表现的明显阶段性，可将三元复合驱全过程划分为五个阶段：前置聚合物段塞阶段、三元主段塞前期、三元主段塞后期、三元副段塞阶段及保护段塞＋后续水驱阶段[16]（图 6-1）。

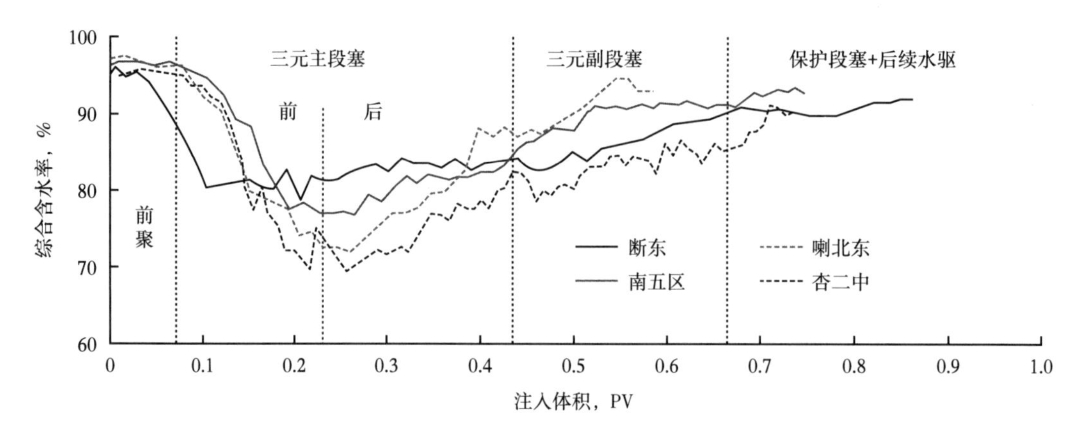

图 6-1　三元复合驱开采阶段划分示意图

（1）前置聚合物段塞阶段。

注入聚合物溶液后，聚合物分子在油层中的滞留使阻力系数增大，注入压力快速上升，注采能力和产液量快速下降。前置段塞结束时压力上升 3MPa 左右，视吸水指数下降 40% 左右，产液指数下降 20%~40%，产液量下降 20%~30%。此阶段为注入剖面调整阶段，剖面动用程度都有明显提高。

（2）三元主段塞前期。

三元主段塞前期注入剖面继续调整，“油墙”逐步形成并达到采出端。动态特征上表现为注入压力缓慢上升，直至达到压力上限后稳定，视吸水指数缓慢下降；采油井大面积受效，含水快速下降，直至最低点，产液指数下降速度较前置段塞变缓，含水降至最低点时采油井出现乳化。

（3）三元主段塞后期。

三元主段塞后期的动态特征主要表现为注入压力和视吸水指数基本稳定，产液指数缓慢下降至稳定，注采困难井增多；含水开始回升；化学剂开始突破，直至接近高峰；由于 OH^- 与 HCO_3^- 反应，HCO_3^- 浓度下降，CO_3^{2-} 浓度上升，并与 Ca^{2+}、Mg^{2+} 反应生产沉淀，采出端开始结垢。随着 pH 值升高，CO_3^{2-} 浓度不断上升，与 Ca^{2+}、Mg^{2+} 反应，并不断消耗 Ca^{2+}、Mg^{2+}，使之浓度降低。同时硅离子浓度逐渐升高，生成硅垢与碳酸盐垢混合垢。采油井自含水进入低值期后开始出现乳化，乳化程度与水驱剩余油多少有关。在此期间随含水升高，乳化类型由 W/O 型向 O/W 型转变，含水率高于 80% 后不出现乳化。

（4）三元副段塞阶段。

三元副段塞阶段注入压力在高值稳定，视吸水指数和产液指数在低值稳定，含水继续回升；化学剂全面突破，在高值保持稳定；硅离子浓度上升，pH 值上升，采出端结垢严重。

保护段塞＋后续水驱阶段含水缓慢回升；采聚浓度在高值稳定后降低，采表、采碱浓度降低；结垢减轻，因结垢作业井数降低，检泵周期明显增加。

2. 三元复合驱注入能力变化规律

三元复合驱注入化学剂后，注入压力上升，注入能力下降。整个过程注入压力上升5.2~7.0MPa，比视吸水指数下降55.4%~72.8%，但各阶段变化幅度不同。在前置聚合物驱阶段注入压力大幅度上升3.0~5.8MPa，比视吸水指数快速下降40.0%~58.4%；特别是注入孔隙体积倍数为0.04之前注入压力急剧上升，比视吸水指数急剧下降。在三元主段塞前期，注入压力缓慢上升0.9~3.5MPa，比视吸水指数缓慢下降7.4%~16.0%。三元主段塞后期注入压力略有上升后趋于稳定，比视吸水指数略有下降后趋于稳定。相近地质条件的聚合物驱全过程比视吸水指数下降41.4%~53.3%，三元复合驱注入能力略低于聚合物驱。而弱碱三元复合驱视吸入指数在前置聚合物段塞下降较快，而后下降幅度逐渐变缓趋于平稳，下降幅度低于二类油层聚驱和强碱三元复合驱[17]（图6-2）。

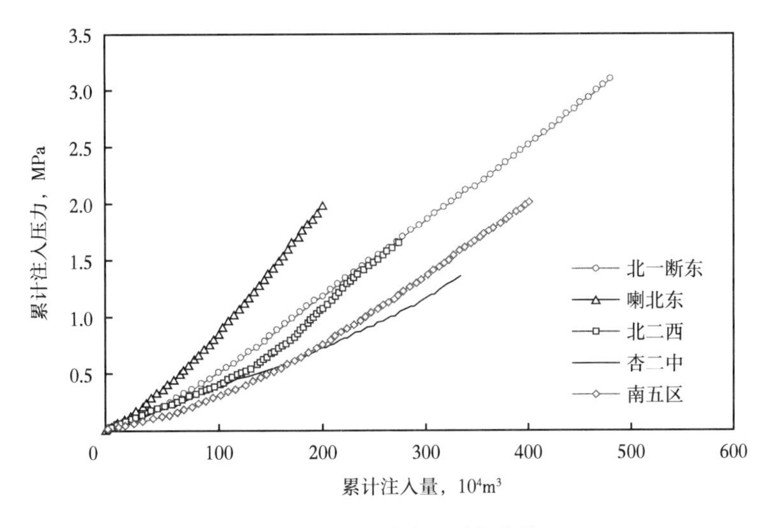

图6-2　三元试验区霍尔曲线

3. 三元复合驱产液能力动态变化规律

三元复合驱产液能力的变化与注入能力的变化相似，但滞后于注入能力的变化。在前置聚合物段塞阶段和三元主段塞前期产液指数下降幅度较大，前置聚合物段塞阶段下降19.8%~47.1%，三元主段塞前期下降17.8%~30.2%，在三元主段塞后期略有下降，注入0.42PV后，即副段塞以后趋于稳定。全过程采液能力下降44.5%~82.8%，下降幅度高于相近地质条件的聚合物驱。三元复合驱产液能力与注采井距和注入参数有关，注采井距越大，产液能力越低。弱碱三元复合驱示范区注入三元复合体系后，尤其是进入见效阶段后，由于流动阻力不断增强，油层的压力传导能力下降，产液量和产液指数也随之下降。但由于弱碱三元复合驱结垢井数少，产液量下降并不明显，产液能力高于强碱三元驱和二类油层聚驱[18]（图6-3）。

4. 三元复合驱含水动态变化规律

三元复合驱在前置聚合物段塞阶段基本没有受效，含水在高值保持稳定；三元主段塞前期含水快速下降至低点，主段塞后期在低值稳定一段时间后回升；三元副段塞以后含水缓慢回升（图6-4）。

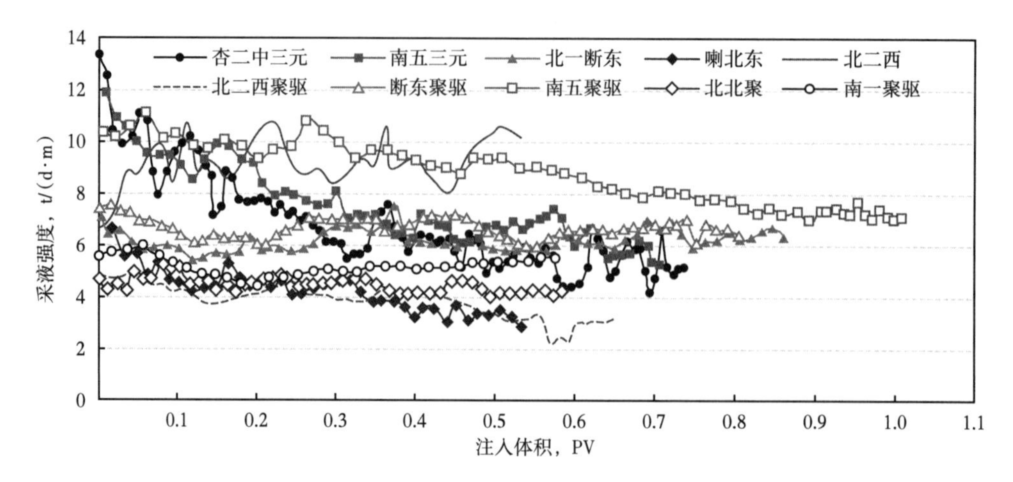

图 6-3　三元复合驱与聚合物驱产液强度对比

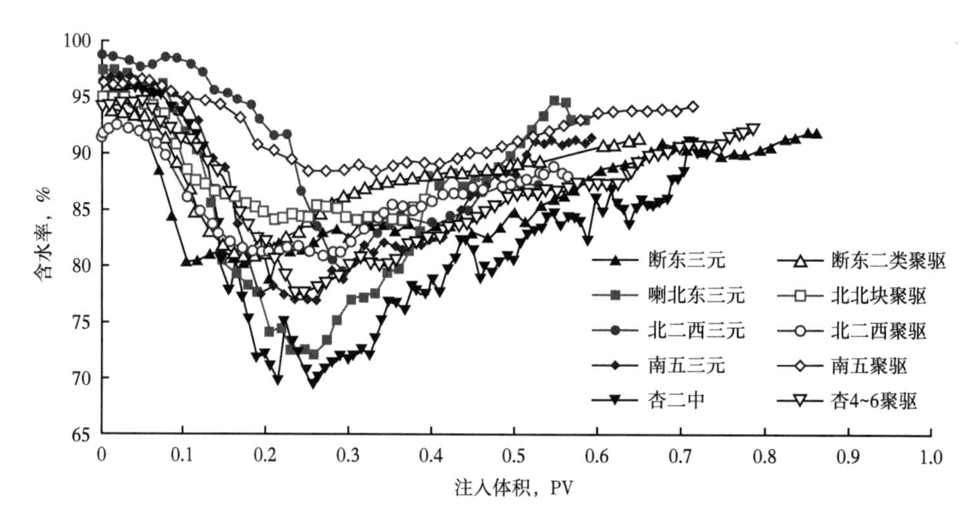

图 6-4　三元复合驱与聚合物驱含水变化曲线

三元复合驱含水下降幅度大于相近地质条件的聚合物驱，三元复合驱工业性试验区中心井含水下降幅度为 17.5%~25.5%，与先导性试验区（中心井含水下降幅度 25.1%~49.2%）相比，中心井含水下降幅度小，但回升速度相对较慢；而与聚合物驱区块（含水下降幅度为 7.5%~16.1%）相比，最大含水降幅比聚合物驱高 5.0~14.2 个百分点（表 6-1）。

表 6-1　三元试验区与聚驱含水最大下降幅度对比表　　单位：%

项目	杏二中	南五区	北一区断东	喇北东	北二西
三元	25.5	19.3	17.5	25.3	19.1
聚驱	16.1	7.5	12.5	11.1	10.3
含水降幅差值	9.4	11.8	5.0	14.2	8.8

不同区块含水率变化特点：不同的试验区含水见效早晚、下降速度、下降幅度、回升速度及低含水期持续时间等都存在差异。区块含水变化特征主要受储层非均质性、注采井距、初始含水率、剩余油多少、注入参数、措施及跟踪调整等的影响。

单井含水率变化特点：三元复合驱单井的含水率变化曲线据其形态的不同可以五种类型："U"形、"√"形、"W"形、"V"形及"—"形。"U"形井一般为单一厚层河道砂，多向连通且连通井油层发育较好，层内较为均质，剩余油较多。"√"形井一般层间发育状况及连通状况存在差异，薄差层较多，接替受效，措施及调整减缓含水率回升速度。"V"形井一般发育单一河道，多向连通，层内非均质性强。"W"形井一般薄层、厚层比例相当，通过措施及调整各类油层接替受效，均得到较好动用。"—"形井一般为原水驱井网注采主流线井和水井附近的井，剩余油少，见效差，见效晚或不见效，含水率变化小。

5. 三元复合驱采剂浓度变化规律

三元体系在地下运移过程中，由于竞争吸附、离子交换、液—液分配、多路径运移、滞留损失等作用，聚合物、碱、表活剂会发生色谱分离，到达采出端时，所用时间不同，采出化学剂的相对浓度也不同。

室内物理模拟实验的结果为：聚合物在多孔介质运移过程中滞留量最小，相对采出浓度（采出浓度与注入浓度的比值）最高；表活剂滞留量最大，相对采出浓度最低；碱居中。数值模拟结果也表明，三元复合驱化学剂突破顺序为聚合物、碱、表活剂；表活剂滞留量较大。

试验区采出化学剂表现出的动态特点为：在三元主段塞后期化学剂开始突破，直至接近高峰；三元副段塞化学剂全面突破，在高值保持稳定；后续保护段塞采聚浓度在高值稳定后降低，采表、采碱浓度降低。试验区化学剂见剂顺序多数区块也表现为先见聚合物，其次是碱，最后是表活剂。见剂高峰时采出化学剂的相对浓度也表现为聚合物最高，碱次之，表活剂最低。这是由于表活剂除了较聚合物更容易被吸附外，还有一部分分配到原油中；碱与矿物和流体的化学反应使碱耗也很大（图 6-5 至图 6-7）。

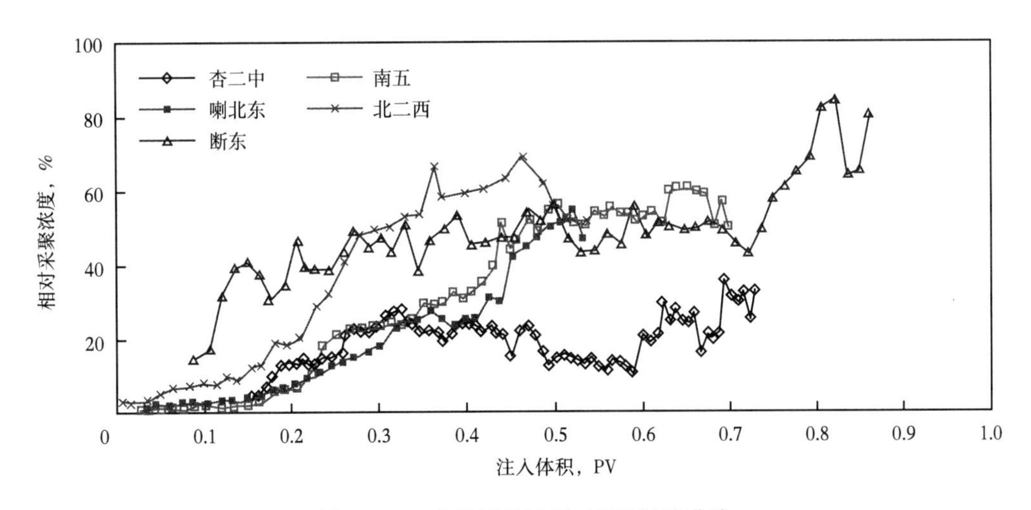

图 6-5　工业性试验区相对采聚浓度曲线

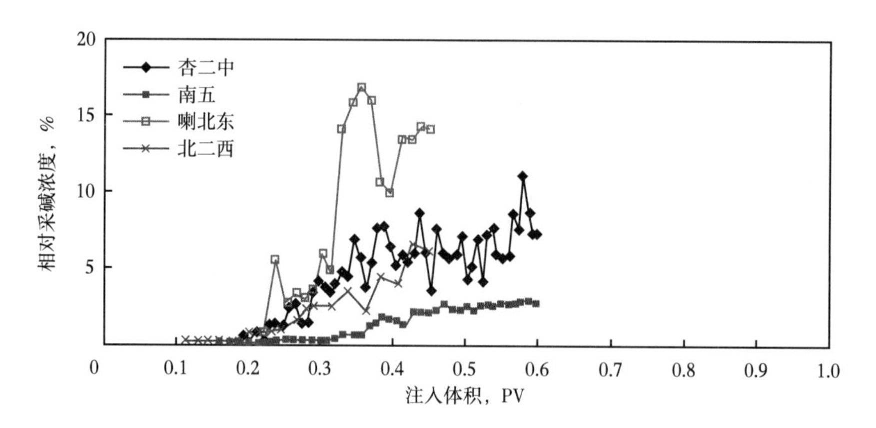

图 6-6　工业性试验区相对采碱浓度曲线

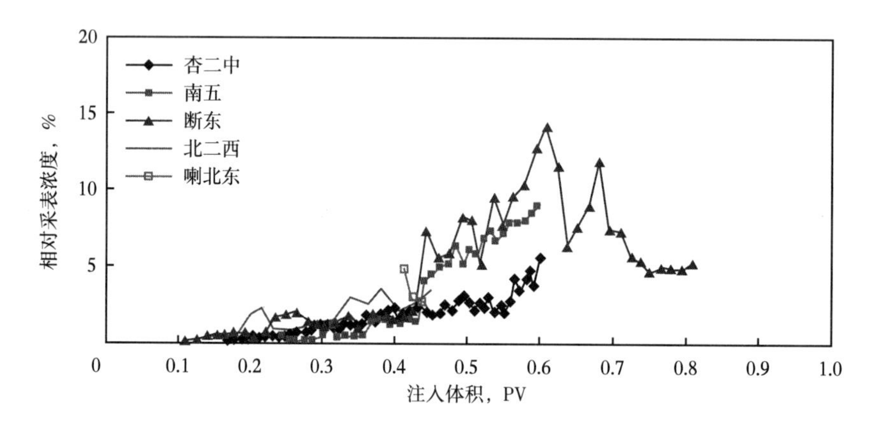

图 6-7　工业性试验区相对采表浓度曲线

6. 三元复合驱乳化规律

三元复合驱具有乳化作用，见效高峰开始乳化；乳化程度与剩余油有关，水驱后剩余油富集区乳化程度强，乳化井含水下降幅度大，阶段采出程度高，乳化对采液能力影响不大（表 6-2）。不同开采阶段乳化类型不同：三元复合驱主段塞注入阶段，随着含水升高，乳化类型由 W/O 型向 O/W 型转变，最后转变为不乳化；三元复合驱副段塞注入阶段，采出液含水升高，水相中表活剂增加，形成 O/W 型乳状液。

表 6-2　乳化效果分析

试验区	低未水淹厚度比例 %	水驱采出程度 %	中心井					乳化井				
			水驱末含水率 %	最低点含水率 %	含水率降幅 %	阶段采出程度 %	产液降幅 %	水驱末含水率 %	最低点含水率 %	含水率降幅 %	阶段采出程度 %	产液降幅 %
南五区	12.3	45.6	96.8	76.9	19.9	19.2	45.8	89.0	56.6	32.4	39.6	13.4
断东	27.6	36.9	96.2	78.7	17.5	30.8	0	94.3	53.3	41.0	38.3	28.3
喇北东	30.3	35.7	97.0	72.0	25.0	20.0	24.7	97.4	53.4	45.2	21.9	38.5

二、三元复合驱全过程跟踪调整技术

1. 三元复合驱分阶段跟踪调整模式

针对不同阶段的动态特点和存在问题（图 6-8），制订相应的调整措施，建立了全过程跟踪调整模式。针对前置聚合物段塞阶段注入压力不均衡、剖面动用差异大的问题，以“调整压力平衡、调整注采平衡”为原则，实施调剖、分注及优化注入参数等措施；针对主段塞前期部分井注采能力下降幅度过大、见效不同步，以及主段塞后期部分井注采困难、化学剂开始突破的问题，以“提高动用程度、提高注采能力”为目标，实施分注、注入参数调整、注入井压裂及采油井压裂等措施；针对副段塞和后续聚合物保护含水回升、化学剂低效循环及注采能力低等问题，以“控制无效循环、控制含水回升”为原则，对注入井实施方案调整、解堵、压裂，对采油井实施堵水、压裂、压堵结合（表 6-3）。跟踪调整措施的实施保持了全过程较高的注采能力和较长的低含水稳定期，保证了示范区的开发效果。

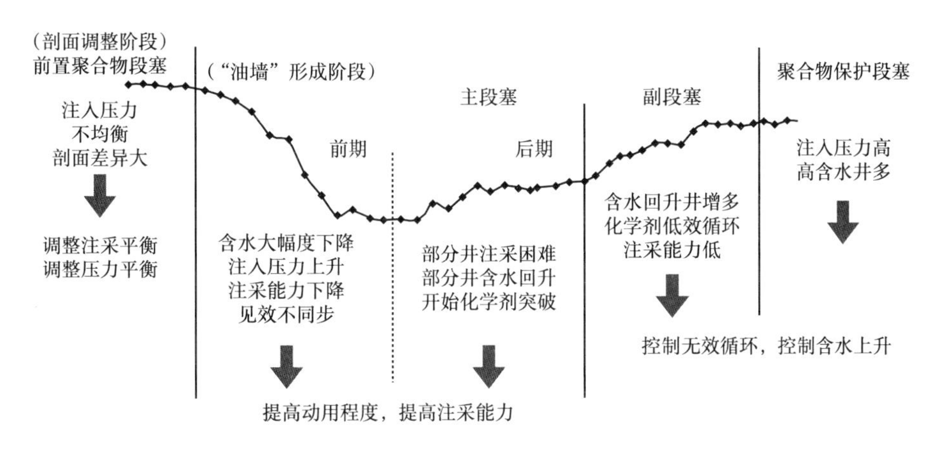

图 6-8　三元复合驱分阶段特点及存在问题示意图

表 6-3　三元复合驱分阶段存在问题及调整措施

阶段	存在主要问题	调整措施
前置聚合物段塞阶段	（1）油层渗透率级差大； （2）存在高渗透带； （3）注入压力不均衡； （4）油层动用差异大	（1）个性化设计复合体系聚合物； （2）分子量和浓度； （3）调剖； （4）分注
三元主段塞前期	（1）注采能力大幅度下降； （2）出现注采困难井； （3）受效不均衡	（1）注入井压裂、解堵； （2）注入参数调整； （3）分注
三元主段塞后期	（1）部分井注采困难； （2）部分井含水回升； （3）部分井化学剂突破	（1）注入井压裂； （2）采油井压裂； （3）注入参数调整； （4）调剖

续表

阶段	存在主要问题	调整措施
三元副段塞阶段	（1）含水回升井增多； （2）化学剂低效循环； （3）注采能力低	（1）注入参数调整； （2）交替注入； （3）采出井堵水； （4）选择性压裂
聚合物保护段塞＋后续水驱阶段	（1）注入压力高； （2）高含水井多	（1）注入参数调整； （2）注入井解堵； （3）采油井高含水治理

2. 三元复合驱合理措施时机

（1）调剖时机。

建立不同非均质程度的三层非均质模型，渗透率变异系数（V_k）分别为 0.5、0.65、0.8，水驱至含水率为 94% 时开始化学驱，模拟不同非均质条件下，调剖时机对开发效果的影响。结果表明，调剖越早效果越好，在注入 0.1PV 以内调剖对开采效果影响最大，提高采收率可比不调剖增加 3 个百分点左右（图 6-9）。

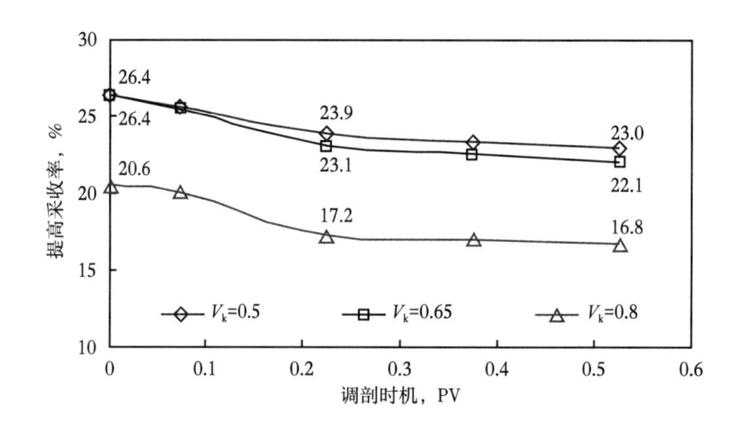

图 6-9　不同变异系数条件下调剖时机对开采效果影响

（2）分层注入时机。

无论是水驱、聚合物驱还是三元复合驱，分层注入都可有效提高油层动用程度，改善开发效果。渗透率级差越大，分层注入对开采效果的影响也越大（图 6-10）。不论多大级差，都是分注越早效果越好，级差越大越应及早分注。渗透率级差为 3 时，在主段塞结束前分注，对效果影响不大；渗透率级差为 5 时，在受效高峰以前分注，对效果影响不大；渗透率级差达到 15 时，要在主段塞注入以前即前置聚合物段塞期间分注[32]。

（3）压裂时机。

压裂在三元复合驱过程中起着至关重要的作用，三元主段塞前期、后期及副段塞注入阶段均不同程度地采取了压裂措施。注入井压裂增注，采油井压裂提液增产。根据数值模拟结果，注入井压裂的最有利时机是在低含水期及以前压裂效果最佳（图 6-11）。

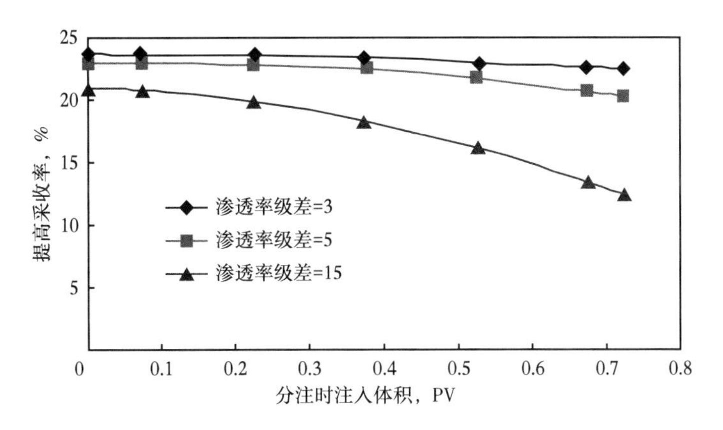

图 6-10　不同渗透率级差条件下分注时机对开采效果影响

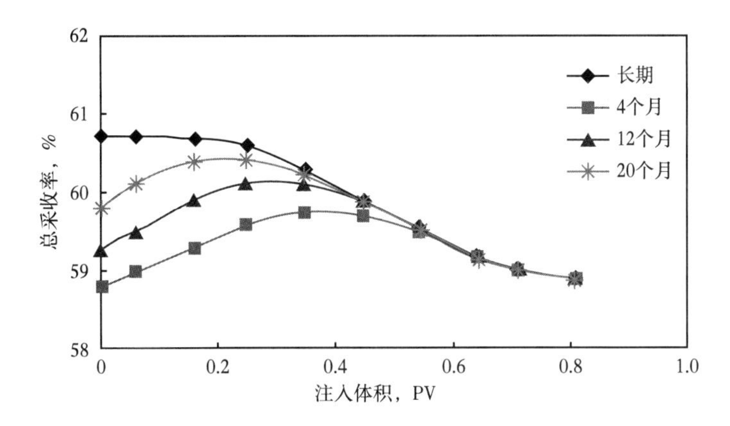

图 6-11　注入井不同压裂时机对驱油效果的影响

采油井压裂应该选择在低含水期以及其后进行压裂效果最好。数值模拟结果同样证明，含水进入低值期后的 0.22~0.52PV 压裂效果较好，在化学体系注入 0.3PV 左右，压裂对提高采收率的影响最大（图 6-12）。

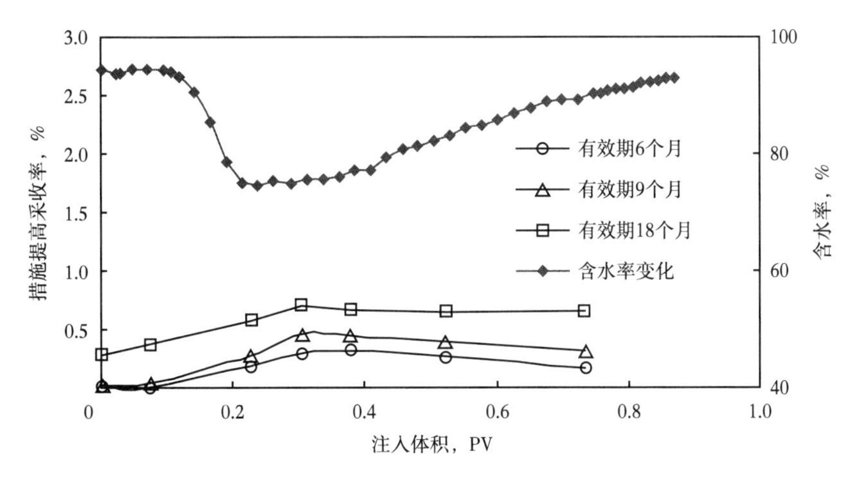

图 6-12　采油井不同压裂时机对驱油效果的影响

第二节 三元复合驱合理压力系统

在三元复合驱开发全过程中，最佳的注入压力是要做到“注不超压”“注保效果”。从“注不超压”的角度来看，要求各阶段预留足够压力空间保证全过程顺利注入。这就要求在三元复合驱方案制订时合理预测注入压力上升幅度和变化规律，做到全过程统筹。要做到“注保效果”，就要明确注入压力与三元复合驱开发效果的关系。通过分析注入压力与油层动用比例、油层动用均衡程度的关系，确定油层动用与含水降幅、化学驱阶段采出程度的关系。研究为保证效果各阶段要求的注入压力水平。进而结合“注不超压”“注保效果”两个方面，确定三元复合驱各阶段注入压力技术界限的合理范围[19]。

一、三元复合驱注入压力变化规律及预测方法

1. 三元复合驱注入压力变化规律

三元复合驱过程中，随着化学剂注入，注入流体黏度增加，阻力系数增大，渗流能力下降，为保持一定的注入速度，注入压力会逐渐升高，当化学剂吸附捕集达到平衡，新的流动体系建立后，注入压力保持相对稳定。从区块的注入压力随注入体积变化特征来看，注入压力随注入体积的上升变化符合对数关系。全过程注入压力分为快速上升、缓慢上升、微弱上升和相对稳定四个阶段。注入化学剂初期，高黏流体阻力增大且渗流面积小推进速度快，注入压力快速上升；随着化学剂的推进，渗流面积增大推进速度减缓，注入压力上升减缓；当化学剂注入后压力系统达到新的平衡后，注入压力保持基本稳定[20]。

2. 三元复合驱注入压力上升影响因素

根据矿场统计结合油藏工程理论分析，确定了影响三元复合驱注入压力上升的主要因素。在复合驱开发过程中，影响注入压力上升的主要有厚度、渗透率及非均质性等地质因素和注入体积、注入黏度及控制程度等开发因素两类。

3. 三元复合驱注入压力上升速度预测方法

通过对复合驱注入过程中注入压力上升的深入分析，确定了注入压力上升的变化特征。如果暂不考虑体系的弹性作用，三元复合驱过程中由于注入介质黏度的增加，在油层中流动过程阻力系数增加，运移单位距离的压力损耗增大，造成注入端需要的注入压力升高。因此通过研究径向流推进速度及不同黏度比下的阻力系数，进而确定了注入压力上升速度变化特征为：（1）随着化学剂的注入，注采压差（p_e-p_{wf}）和动用厚度（h）逐渐增大；（2）在化学剂注入过程中，随着注入化学剂前缘推进速度逐渐减缓，注入压力变化逐渐减缓，前缘到达采出井后注入压力变化基本稳定。

通过分析，注入压力上升速度与前缘推进速度和阻力系数呈正相关；前缘推进速度与注入速度及注入体积相关；阻力系数与黏度和油层物性相关。

通过分析，建立了三元复合驱注入压力上升速度预测方法。三元复合驱过程中，单井注入压力上升幅度不同，其中注入压力上升 6~7MPa 的井占 47.8%，比例最大（图 6-13）。通过注入压力上升影响因素分析，影响压力上升的主控因素是流度、注入速度、油层的注入能力和控制程度。以往预测注入压力上升幅度有两大公式，即裘比公式和马斯凯特公式。裘比公式反应的是油层流体开始流动后需要的附加压力，是一个理想的水力学公式，

描述复合驱注入压力上升幅度存在一定误差；而马斯凯特公式中的吸水指数是化学驱过程中的最低吸水指数，很难估算。

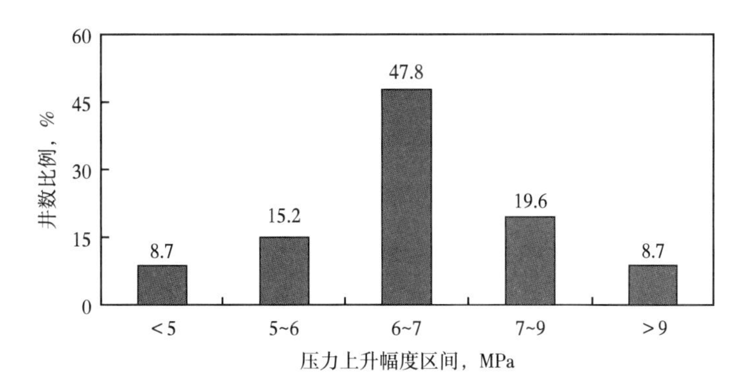

图 6-13　BYDD 区块注入压力上升幅度分布

将空白水驱注入井与采出井地层压力作差求得压力准数：

$$\gamma = \frac{q\mu}{\pi K h} \tag{6-1}$$

式中 γ——压力准数（空白水驱注采地层压差），MPa；

q——注入速度，m^3/d；

μ——流体黏度，mPa·s；

K——油层渗透率，$10^{-3}\mu m^2$；

h——油层厚度，m。

从式（6-1）可知，压力准数综合反映了注入速度和地层系数（油层条件），而利用压力准数反应的地层系数是有效地层系数，是物性、油层厚度、非均质及控制程度的综合体现。具体的计算方法是通过注入井地层压力与 4 口采出井按照地层系数加权平均计算的井组地层压力之差计算压力准数。

通过分析试验区压力准数与区块注入压力上升幅度间的关系，结果表明压力准数越高的区块三元复合驱过程注入压力上升幅度越大。通过统计喇北东和北一断东两个试验区的单井压力准数与注入压力上升幅度，进一步确定压力准数与注入压力上升幅度的关系，统计结果表明，随着压力准数增大注入压力上升幅度增大，两者呈正相关关系。在此基础上，开展了 15 组天然岩心物理模拟试验，模拟结果证明水驱注入压力与三元复合驱最高注入压力具有很好的正相关关系。这就从区块、单井及物理模拟三个层次证明了压力准数可以很好地表征油层条件对三元复合驱注入压力上升幅度的影响，同时也证明了压力准数与压力上升幅度具有很好的正相关关系。

三元复合驱过程中注入压力上升幅度的大小，储层特征是根本影响因素，属于内因；而体系的流度是客观因素，属于外因。在研究压力准数对注入压力升幅影响的基础上，研究了体系流度与三元复合驱注入压力上升幅度的关系。按照流度的不同，统计了北一断东试验区注入井压力准数与注入压力上升幅度。结果表明，随着流度增加压力准数—注入压力上升幅度关系斜率减小，即流度增大，增加单位压力准数，注入压力上升幅度减小。为进一步验证流度与注入压力上升幅度的关系，开展了10组3种流度天然岩心物理模拟实验。实验结果表明，随着注入体系流度升高注入压力随压力准数增加的上升幅度减小。矿场统计及物理模拟实验研究证明，体系流度越大同等条件下注入压力上升幅度越小。

通过对压力上升幅度影响因素的分析，确定了注入压力上升幅度与压力准数和体系流度两个影响因素的关系，在此基础上建立了三元复合驱注入压力上升幅度的预测方法，并通过实际区块进行了准确性验证。

为了准确预测三元复合驱注入压力的上升幅度，在压力上升影响因素分析的基础上，统计回归建立了三元复合驱最高注入压力的数学公式［式（6-3）］。理论分析和物理模拟实验表明，流度对注入压力上升的影响反应在阻力系数上。通过物模实验及矿场数据回归，阻力系数与流度的关系可以表示为：

$$R_{\mathrm{f}}=\left(1+a\frac{\mu_{\mathrm{asp}}}{\mu_{\mathrm{o}}}K^{-b}\right) \tag{6-2}$$

三元复合驱最高注入压力是压力准数与阻力系数的乘积。系数 c 取决于压力准数与空白水驱注入压力的关系。系数 a 和系数 b 通过物模实验与矿场统计结合确定。

$$p_{\max}=c\gamma\frac{Rf_{\mathrm{asp}}}{Rf_{\mathrm{w}}}=c\gamma\left(1+a\frac{\mu_{\mathrm{asp}}}{\mu_{\mathrm{o}}}K^{-b}\right) \tag{6-3}$$

式中 $p_{\max}$——复合驱最高注入压力，MPa；

γ——压力准数（空白水驱注采地层压差），MPa；

μ_{asp}——复合体系黏度，mPa·s；

μ_{o}——油相黏度，mPa·s；

K——油层渗透率，$10^{-3}\mu\mathrm{m}^2$；

a，b，c——待定系数，a、b 据物模实验或矿场统计回归求得，c 据矿场统计求得。

压力准数是指空白水驱采油井组的注入井地层压力与采油井地层压力之差。运用等产量一源一汇（注采比为1）径向流压力叠加原理表征油水井间压力分布，按井距之半积分求得注采井地层压力。

通过综合分析和深入研究发现，相同注入速度下空白水驱阶段注采地层压力差（注入井地层压力与采油井地层压力之差）很好地反映了油层注入能力和控制程度，体现了注采井间压力场分布。通过区块、单井及物理模拟实验不同层次的统计分析发现，水驱压差与化学驱压力上升幅度具有很好的正相关关系。通过进一步研究，压差—升幅关系的斜率与注入体系的流度有很好的相关性。通过10组天然岩心3个流度的物模实验，研究不同流度水驱注入压力与三元复合驱注入最高压力线性关系的斜率。通过分析发现，随着流度增大，压差—升幅关系的斜率逐渐减小且具有很好的线性相关性。通过进一步统计复合驱矿场试验中35口注入井6个不同流度段空白水驱压差与压力升幅的关系，求取其斜率。通过分析斜率与流度的关系，与物理模拟研究结果一致，斜率与流度呈线性负相关。

通过系统分析三元复合驱注入压力上升与空白水驱注采地层压差、阻力系数及注入速度三大类因素所反映的控制程度、油层非均质、油层物性、体系流度及匹配关系等多因素的关系，确定了通过压力准数、体系黏度及油层渗透率三因素确定三元复合驱注入压力上升的方法。

研究表明，注入压力变化受油层条件、控制程度、注入速度及注入体系性能等因素综合影响。实际分析过程中，利用井筒资料研究的地层系数和控制程度由于井间变化很难准确反映影响注入压力上升的井组油层条件。综合分析发现，空白水驱注采地层压差（定义为压力准数）可以综合反映井组油层条件和注入速度，而流度可以反映注入体系性能及其与油层的匹配关系。因此，分析了压力准数及流度对注入压力升幅的影响。

二、三元复合驱注入压力对剖面动用的影响

1. 注入压力与剖面动用的关系

油层的动用特征是决定三元复合驱驱替效果的重要影响因素，油层动用包含油层动用幅度和油层动用程度两个层次。油层动用幅度和油层动用程度分别表征油层被动用的比例和油层被动用的程度（即驱替倍数）。油层动用受油层物性、非均质、控制程度、注采类型、体系黏度及注入压力等因素综合影响。为分析注入压力对油层动用的影响，通过统计试验区注入压力与油层动用厚度比例及动用均衡程度的关系，确定了油层动用对复合驱开发效果的影响。

通过对北一断东试验区块 30 多口注入井上千次注入剖面资料统计分析，确定了复合驱不同阶段油层剖面动用特征。总体来看，三元复合驱过程中油层动用厚度逐渐增加，化学驱比空白水驱阶段油层动用提高 12.5 个百分点。从不同油层特征来看，大于 2m 的好油层在空白水驱阶段油层动用高达 89%，化学驱阶段提高空间小，提高近 6.2 个百分点，幅度较小；1~2m 油层是三元复合驱动用程度提高最大的油层，提高动用程度 25.6 个百分点；小于 1m 油层动用程度也有较大幅度提高（图 6-14）。

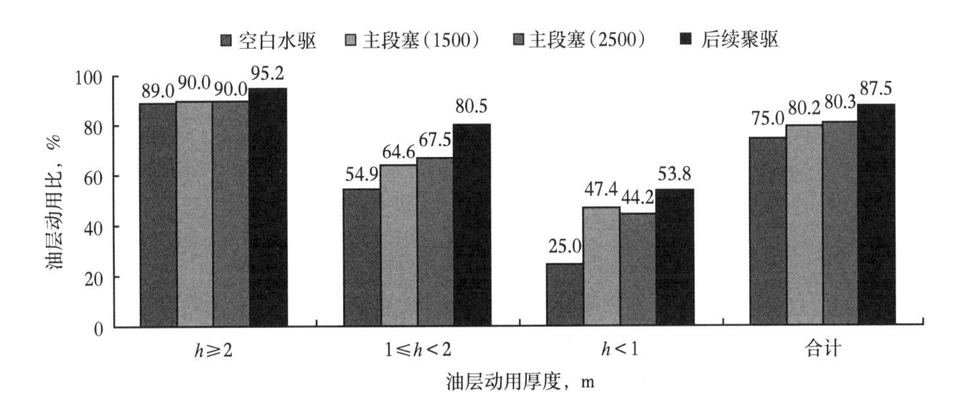

图 6-14　三元复合驱试验区不同油层各阶段动用特征

油层动用受动态和静态多种因素的影响，为确定影响因素与油层动用的关系，应用矿场资料分析了非均质、物性及控制程度等因素与油层动用的关系。通过单井单层统计分析，结果表明非均质越强，动用程度越低，动用均衡程度越低；渗透率越高，动用程度越高，动用均衡程度先变好后变差；随着控制程度增加，动用比例、动用均衡程度先增加后降低。

从单井注入压力与油层动用比例及动用均衡程度的关系来看，注入井组可划分为3种类型（Ⅰ型、Ⅱ型和Ⅲ型）。Ⅰ型注入井组油层动用比例及动用均衡程度随着注入压力增加而增加，井组具有油层相对均质、井网控制程度高、开发效果较好的特点；Ⅱ型注入井组随着注入压力升高，油层动用比例增加、动用均衡比例降低，这类井组具有油层非均质强、物性差、开发效果差的特点；Ⅲ型注入井组，油层动用比例随着注入压力升高而增加，动用均衡比例随注入压力升高先增加后降低，这类井油层具有厚度大、物性好、非均质强、开发效果好的特点。

从统计结果来看，随着注入压力升高动用厚度比例不断增加。注入压力是油层动用的重要影响因素。但除了注入压力外，油层动用还受油层物性、非均质性、注入体系黏度及匹配性和化学驱控制程度等多种因素影响。为了屏蔽除注入压力外其他因素对油层动用的影响，得到注入压力与油层动用的关系，通过分段累加的方法统计了注入压力与剖面动用的关系。通过注入压力分段，求取每段的注入压力和油层动用比例的平均值，通过多井平均消除其他因素的影响，确定了注入压力与油层剖面动用比例呈线性正相关。

对于已动用的油层，由于化学剂在油层中并非活塞式推进，化学剂在非均质油层中的推进速度不同，这就造成了整个化学驱过程中不同条件的油层，驱替倍数不同。部分油层虽然被动用，但驱替倍数很低，影响了化学驱的开发效果。为了评价油层动用的均衡程度，引入了动用均衡程度的概念。动用均衡程度是指全井平均单位厚度吸水比例与各层吸水比例均方差的比值［式（6-4）］，该参数能够反映注入化学剂对全井油层驱替的均衡程度。影响动用均衡程度的除注入压力外还受流度比及油层非均质的影响，为此采用了与动用厚度比例相同的分段累加法研究了注入压力与油层动用均衡程度的关系。从统计结果来看，随着化学剂注入对剖面的调整，剖面动用均衡程度随着注入压力升高逐渐变好，当差油层与好油层的注入阻力达到相同时，剖面动用均衡程度达到最佳，之后随着注入压力升高，剖面动用变差。

$$\text{动用均衡程度}=\frac{\overline{p}_{\text{吸水}}}{\sqrt{\sum_{i=1}\left(p_{\text{吸水}_i}-\overline{p}_{\text{吸水}}\right)^2/n}} \qquad (6\text{-}4)$$

油层动用与注入压力的关系受多种因素影响，但总体来看主要因素为油层本身、体系性能及其之间的匹配。因此，选取反映油层性质的非均质（变异系数）和反映体系性能及其与油层匹配的流度（K/μ）开展研究。将北一断东40多口注入井划分为弱非均质（变异系数为0.47~0.68）、中非均质（变异系数为0.69~0.73）和强非均质（变异系数为0.73~0.84）开展了研究。研究表明，随着非均质性增强，注入压力—动用比例关系斜率减小，注入压力—动用均衡程度拐点前移、最高值降低；而随着流度变化，注入压力与油层动用关系比较复杂。

从注入压力与油层动用比例关系来看，弱非均质条件斜率先变缓之后逐渐变陡，且随着流度增高后出现剖面反转；中非均质情况下，随着流度升高斜率变缓，且剖面反转点向后移动；强非均质条件下，随着压力升高斜率先增压后变缓（高流度后对强非均质油层剖面改善变差，基本不增加），且高流度后斜率减小，同时剖面反转点前移。

从注入压力与油层动用均衡程度来看，弱非均质条件随着流度增加反转点前移；中非均质条件下，随着流度增加反转点前移，最高值降低；强非均质条件下，反转点后移，最高值降低。

2. 剖面反转的机理

注化学剂初期，高渗透层推进快阻力系数增大，液量向低渗透层分流转移；高渗透层阻力达到最大后，这时注入压力并没有达到最高，低渗透层化学剂推进阻力增加后，注入液向高渗透层分流（即剖面反转），注入压力继续升高；高渗透层和低渗透层的分流与阻力系数变化达到平衡后，注入压力保持稳定。

通过机理分析，剖面反转是由于高渗透层先达到最大视阻力系数，而低渗透层视阻力系数继续增大引起的液量再分配，这个过程注入压力继续上升。剖面反转的注入压力不是全过程最高注入压力，而是高渗透层突破的注入压力，即剖面反转注入压力。数值模拟表明，“油墙”突破前视阻力系数的增加与推进前缘指数呈正相关关系。

3. 剖面动用与开发效果的关系

通过统计试验区 40 口单井动用增加幅度与化学驱阶段采出程度的关系，总体来看随着油层动用厚度比例增加，化学驱阶段采出程度增加。随着油层动用比例增加幅度的增加，化学驱阶段采出程度经历先缓慢增加到快速增加再到基本稳定的三个阶段。最初增加的动用厚度，主要为中高水洗油层，化学提高采出程度主要来自化学剂提高驱油效率的贡献；随着动用厚度的增加，低未水洗的厚度被动用，化学驱起到了扩大波及体积和提高驱油效率的双重作用，化学驱阶段采出程度随着动用厚度增加速度加快；随着压力的进一步增加，渗透率较低的油层被动用，但由于物性较差，对化学驱阶段提高程度贡献不大。

为确定油层动用均衡程度对三元复合驱阶开发效果的影响，统计了单井平均（不同阶段）动用均衡程度与化学驱阶段采出程度的关系。从统计结果来看，随着平均动用均衡程度增加，化学驱阶段采出程度增加幅度逐渐降低。

4. 不同注入阶段合理注入压力界限

注入压力存在快速上升、缓慢上升、微弱上升和基本稳定四个阶段，对应的油层动用阶段为油层启动阶段、剖面调整阶段、剖面反转阶段和剖面反转后阶段，反映在动态变化上为前聚的含水稳定阶段、三元段塞含水下降阶段、三元段塞含水稳定阶段和三元段塞含水回升阶段。

剖面反转是指注入化学剂剖面被有效调整差层吸液比例达到最大后，吸液比例开始下降的现象，根本原因是注化学剂后阻力系数动态变化所引起的分流特征变化。

（1）前置聚合物阶段合理注入压力上升幅度的确定。

通过统计 3 个区块 128 个井组前聚阶段注入压力上升幅度占全过程的比例与井组化学驱阶段采出程度的关系，确定合理的上升幅度是全过程的 40% 左右。通过理想柱面推进和数值模拟两种方法计算前聚的推进距离占井距的比例，确定注入全过程不超破裂压力的最大压力上升幅度比例。前缘推进理想化为柱面推进，注入前置段塞 0.08PV，前缘推进距离是井距的 23%。通过建立单层 4 注 9 采的数值模拟模型，注入前置段塞 0.08PV，聚合物前缘推进是井距的 37.5%。综合考了前置段塞黏度及油层平面非均质等因素，前聚压力上升应不超过总升幅的 45%。考虑注入压力与不同非均质条件下的启动压力，注入压力要达到一定水平，所以前聚注入压力上升应不低于总升幅的 35%（图 6-15）。考虑井组非均质的差异，非均质越强前聚注入压力上升幅度比例越大。

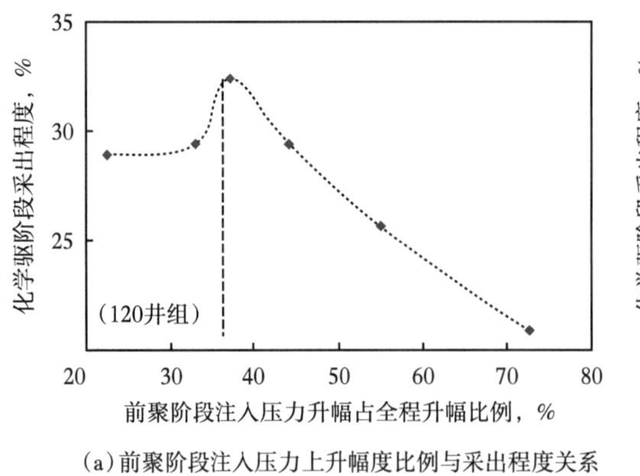

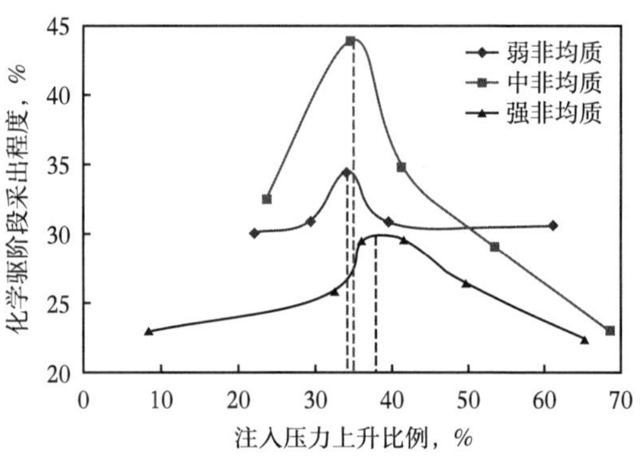

（a）前聚阶段注入压力上升幅度比例与采出程度关系　　（b）前聚阶段不同非均质合理注入压力上升幅度

图 6-15　前置聚驱阶段合理注入压力

（2）剖面反转时注入压力的确定。

从矿场统计来看，非均质越强、体系黏度越低剖面反转越早。注化学剂初期，高渗透层推进快阻力系数增大，液量向低渗透层分流转移；高渗透层阻力达到最大后，这时注入压力并没有达到最高，低渗透层化学剂推进阻力增加后，注入液向高渗透层分流（即剖面反转），注入压力继续升高；高渗透层、低渗透层分流与阻力系数变化达到平衡后，注入压力保持稳定。

通过对 3 区块 128 口单井进行统计，剖面反转在 0.35~0.45PV，化学驱阶段采出程度越高，单位化学剂阶段采出程度越大（图 6-16）。非均质增强，合理剖面反转体积增大。剖面反转点的注入压力上升幅度可以表示为：

$$\Delta p_{反转点} = \Delta p \frac{R_{f高渗}}{R_{f低渗}} \tag{6-5}$$

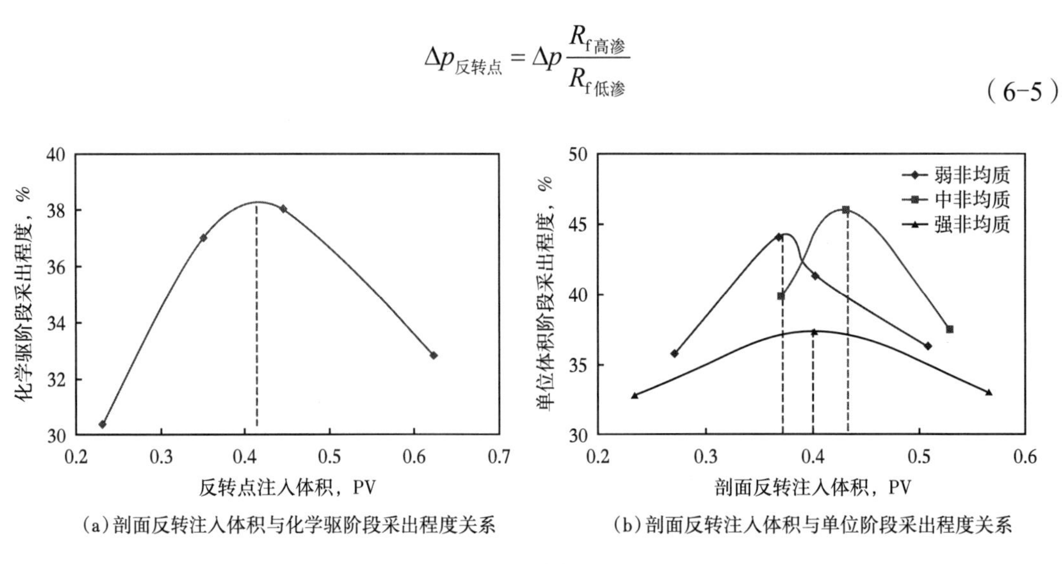

（a）剖面反转注入体积与化学驱阶段采出程度关系　　（b）剖面反转注入体积与单位阶段采出程度关系

图 6-16　剖面反转合理注入压力

剖面反转的注入体积反映了化学驱过程中对剖面动用均衡程度的调整效果，剖面反转体积越大，油层动用均衡程度越好。但同时剖面反转反映的是高渗透层突破的注入压力，

为使中渗透层和低渗透层得到有效动用，就需要进一步升高注入压力，驱动化学剂前缘向采出井推进，促进油井见效，综合考虑剖面反转应控制在 0.35~0.45PV。

（3）全过程注入压力达到最高的合理时机的确定。

随着注入压力升高，油层动用厚度比例增加，这就要求注入压力有较高的水平。但注入压力过早达到最高会造成后期注入困难，同时加重单层突进影响化学剂利用率，影响全过程开发效果。通过统计 3 区块 128 口单井达到最高压力时注入体积与化学驱阶段采出程度，确定在注入化学剂 0.6~0.65PV 左右注入压力上升到最高，全过程化学驱阶段采出程度最高（图 6-17）。同时分析了不同非均质井组上升到最高注入压力的合理时机，统计来看非均质越强上升到最高的合理时机越早。

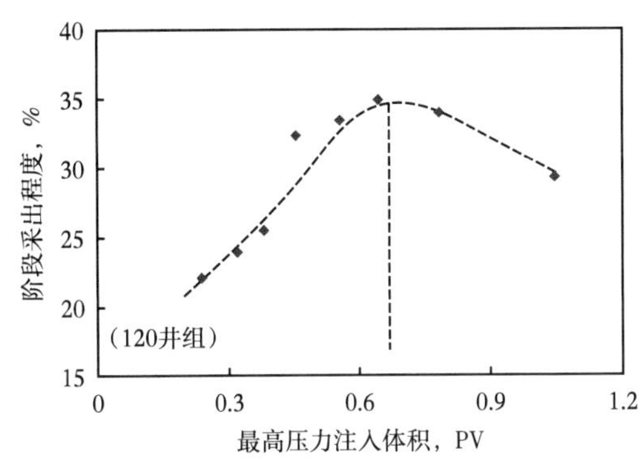

(a) 达到最高压力注入体积与阶段采出程度关系

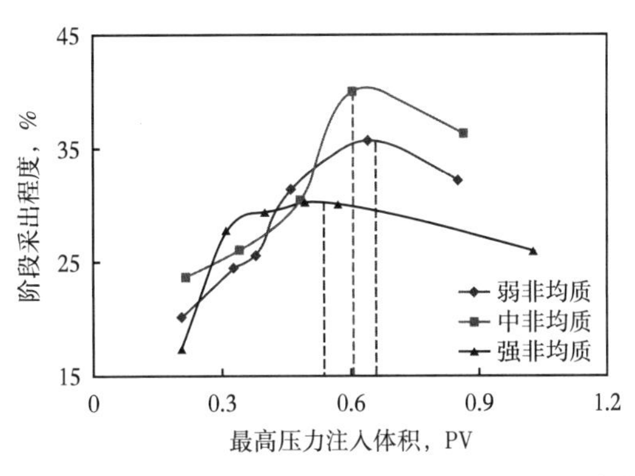

(b) 不同非均质达到最高压力注入体积与阶段采出程度关系

图 6-17　最高压力点合理注入体积

（4）保护段塞阶段合理注入压力的确定。

通过统计 3 区块 128 口单井保护段塞阶段注入压力变化与保护段塞阶段采出程度，结果表明保持压力不降，开发效果最好。通过分析剖面动用与注入压力的关系，发现只有保持注入压力不降，才能有效驱动中渗透层和低渗透层，促进中渗透层和低渗透层见效。从统计结果来看，非均质越强，合理注入压力上升幅度越大（图 6-18）。

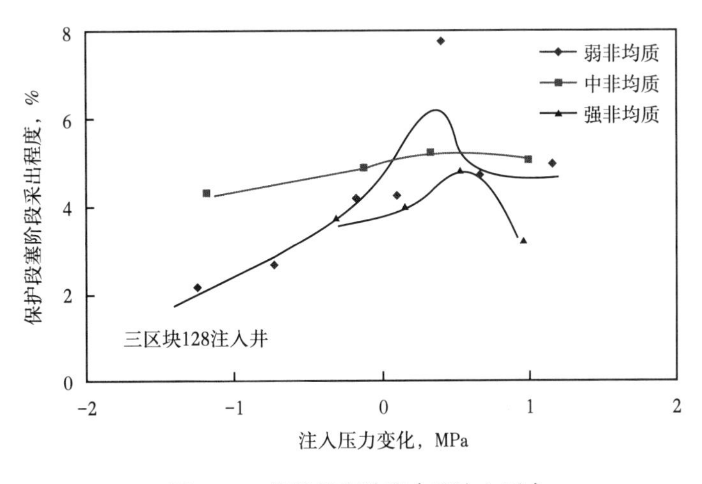

图 6-18　保护段塞阶段合理注入压力

三、合理地层压力界限

地层压力是表征油层中压力场分布的特征值，油田中应用的地层压力是油井测试推算到的地层压力。外力所做的功将引起地层内液体能量的变化，这种变化将通过压力的变化来反映。因此从本质上说压力是用来表征油藏能量的一个物理量。地层压力是反映油藏能量、保证油田生产能力的重要指标。同时随着地层压力与饱和压力的变化，脱气成为影响采油能力的重要因素。为此从地层压力变化特征和地层压力对注采能力的影响两个方面开展研究[21]。

1. 三元复合驱地层压力及注采能力变化规律

地层压力受注采比、油层特征、注采速度及流体特征等因素影响。复合驱全过程地层压力略有上升，注采压差逐渐增大。从试验区实际数据来看，在认为注采比与地层压力呈正相关的前提下，将目前地层压力与注采比做比求得归一地层压力（即注采比为 1 时的地层压力）。分析表明，水驱注采比为 1 时已不能达到原始地层压力；相同注采比条件下，化学驱地层压力高于水驱，主要原因是复合驱注入压力升高，提高了整个压力系统的水平。影响地层压力变化的因素需要进一步分析。

注入压力和流压是影响地层压力的变化的直接因素；流压与地层压力呈正相关，且三元驱斜率大于空白水驱；注采比是影响地层压力的变化的根本因素。无论是水驱还是三元复合驱地层压力都随着累计注采比增加而升高，且三元复合驱地层压力随着累计注采比增加上升速度比空白水驱快。

化学驱地层压力上升的原因。三元复合驱扩大波及体积，动用了差油层使地层压力升高。由于化学剂注入及含水降低，油井附近流动能力变差，产液指数大幅降低，使能量在油井附近油层积攒导致压力升高。因此相同注采比条件下三元复合驱地层压力比水驱高。

地层压力是表征油层中压力场分布的特征值，油田中应用的地层压力是通过油井测试数据推算的地层压力。三元驱过程注入压力大幅升高使压力场压力水平升高，相同注采比下三元复合驱地层压力比水驱高。

复合驱过程中伴随含水率下降注采能力也出现降低，保持高注采能力是复合驱试验取得好效果的重要因素之一。注采能力受油层特征及流体特性的影响，在整个复合驱过程中视吸水指数和产液指数大幅度（40%~50%）下降，与含水下降幅度共同决定了复合驱的开发效果。注采能力下降有两方面因素，一方面由于阻力系数增大，造成注采能力下降，这是化学驱的必然结果；另一方面，由于化学驱不可及体积的增加，造成渗流系数降低，导致注采能力降低，这部分注采能力应尽可能降低。油层性质、注采速度及流体黏度也是影响压力场分布的因素。

2. 地层压力与注入能力的关系

在空白水驱阶段和前置聚合物阶段，随着地层压力增加视吸水指数增加，三元主段塞和三元副段塞阶段随着地层压力增加视吸水指数降低。三元复合驱主段塞注入压力与地层压力呈正相关的区块，视吸水指数随着地层压力升高而降低。压力传导越快，能量向油藏深部转移越快，地层压力升高对注入能力的降低作用越小，即注入压力升幅与注入地层压力变化越接近，视吸水指数降幅越小。

3. 地层压力与采液（油）能力的关系及影响因素

存在合理地饱压差（0~1MPa），使产液指数、产油指数最大（图 6-19）；存在一定的气体饱和度有利于提高采收率，当气体饱和度小于 5% 时，气泡呈束缚状态，不形成连续相，气泡有膨胀驱油的作用，有助于驱出小孔道中的石油，这时的压力水平约低于饱和压力 15%。

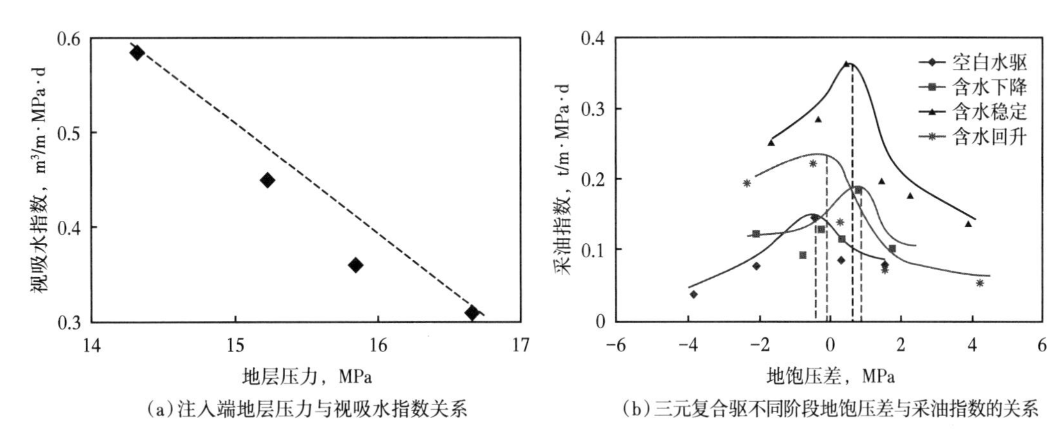

(a)注入端地层压力与视吸水指数关系　(b)三元复合驱不同阶段地饱压差与采油指数的关系

图 6-19　地层压力对注采能力的影响

合理地饱压差受含水变化的影响。随着含水降低油量增加，为保证脱出气体小于形成连续相界限，脱气比例降低，保持最高产液能力的合理地饱压差升高。

从三元不同阶段地层压力与阶段采出程度的关系来看，保证复合驱开发效果的三元段塞合理地饱压差为 0~1MPa；要保证三元段塞阶段一定的压力水平，确保产液能力。

从不同阶段的合理地饱压差来看，不同阶段的合理地饱压差与最优产液指数地饱压差变化规律相同。三元段塞含水下降阶段、稳定阶段到回升阶段，合理地饱压差逐渐降低，也就是说三元复合驱末期地层压力得到充分释放可获得最佳开发效果。

4. 地层压力与阶段采出程度的关系

综合考虑地层压力与注采能力关系、地层压力对产液量的影响、地层压力对原油脱气的影响，确定合理地层压力为保持地饱压差 0~1MPa（图 6-20）。要保证三元段塞阶段一定的压力水平，确保产液能力；防止能量在油层积攒导致地层压力大幅上升，保证合理的产液能力。

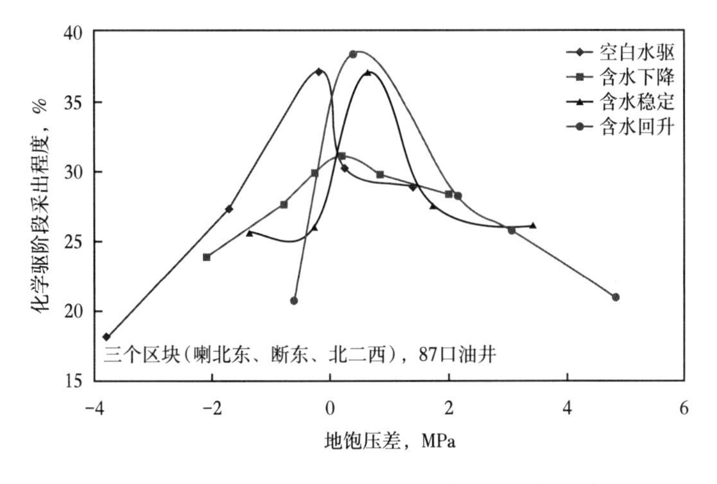

图 6-20　不同阶段地层压力与阶段采出程度的关系

5. 压力场分布特征对三元复合驱开发效果的影响

开展 60cm×60cm×4.5cm 三层层内非均质平板物理模拟，模型设置 1 注 1 采 20 个压力监测点。从物模研究对比来看，井间压力梯度分布越均衡，越可以更好地启动动用井间油藏中部剩余油，改善三元复合驱开发效果（图 6-21）。通过统计三元复合驱不同阶段井间油藏深部压力变化，结果表明增加井间油藏深部压力梯度，可以改善三元复合驱效果。通过对比北二西、北一断东及喇北东注入端地层压力与采出端地层压力之差的变化可以看出，差值越大说明油藏深度的压力梯度越高，对应的复合驱提高采收率越高（表 6-4）。

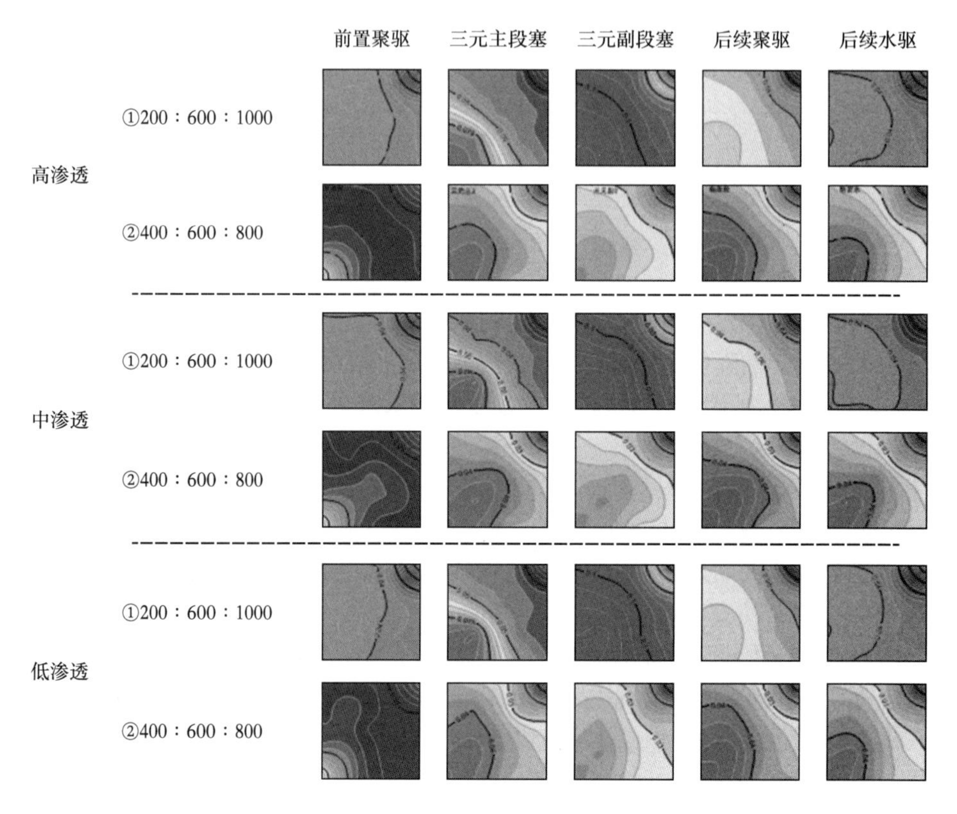

图 6-21　不同条件压力场分布对比

表 6-4　物理模拟实验效果对比

实验编号	三层渗透率的比	黏度 mPa·s	采收率，%		
			水驱	三元驱	提高幅度
1	200：600：1000	40	39.50	58.10	18.60
2	400：600：800	40	41.60	65.07	23.47

四、流压与开发效果的关系及合理流压界限

流压是指油井正常生产时测得的油层中部压力，它表示流体从地层流到井底后剩余的压力，流压可表示为：

$$p_{流}=p_{套}+(H_{中}-H_{动})\sigma\times0.0098 \tag{6-6}$$

从式（6-6）反映的影响流压的直接因素来看，流压高低主要受套压、动液面以及井筒液柱密度的影响。

1. 流压的影响因素及与地层压力的关系

流压实际是油层供液能力与地面采液能力综合作用的结果，反映了油藏的剩余能量。从油藏角度来看，流压主要取决于油层的供液能力，它是油层供液能力按流动系数加权的结果。油层的供液能力受供液半径、地层能量（地层压力）及油层的流动能力综合影响。地层能量受注入的影响，流动能力受油层条件的影响。总的来看，影响流压水平的根本因素是注入水平（外因）和油层条件（内因）两个因素[22]。

随着化学剂注入、含水下降，流体流动能力变差，油井供液能力下降，流压水平降低；之后随着含水回升和化学剂突破后被采出，油层流体流动性又逐渐变好，流压逐渐上升。从统计和理论分析来看，无论是水驱还是三元复合驱，流压与地层压力均呈正相关。流压与地层压力的关系受油层的流动能力和流量的影响。从空白水驱和三元复合驱流压与地层压力关系来看，由于三元复合驱流动能力变差，斜率明显增大。即相同流压水平下，三元复合驱生产压差大于空白水驱生产压差。

2. 不同阶段产液、产剂变化特征及影响因素

空白水驱阶段、三元复合驱阶段生产压差与日产液量均为正相关关系，但受采液指数变化的影响，空白水驱单位压差的液量增加幅度大于三元驱阶段。产液受渗流能力和生产压差两方面因素影响，随着化学剂注入及含水下降，采液能力下降，产液量也随之下降。一方面由于产液能力的下降会使地层压力升高，另一方面为了维持产液水平会降低流压，从而扩大了生产压差来提高产液量。两者相互作用，三元复合驱过程中采液量保持基本稳定或逐渐下降。

在空白水驱阶段，随着流压降低单位地层系数产液量先逐渐增加，降到一定流压水平，单位产液量出现拐点，拐点由饱和压力与流压的关系确定，继续降低流压单位产液量降低。三元段塞含水稳定阶段，随着流压降低产液量增加且曲线呈下凹状，下凹幅度受流体黏度影响，流体黏度越大下凹幅度越大。不同阶段产液量随流压的变化特征不同，主要原因是由于油藏中流体发生了变化，流压与地层压力关系发生了变化（同一流压生产压差不同），影响流体渗流的主控因素发生了变化。空白水驱阶段流体黏度低，随着流压降低油层脱气增加后使液相流动能力下降，降低流压所增加的压差不能弥补脱气影响液相渗流时，流压与产液量的关系出现拐点；三元段塞含水稳定阶段降低单位流压增加的生产压差比空白水驱大，同时由于油藏流体黏度增加使影响液相流动的主要因素是流体黏度，气相对液相渗流的影响相比较空白水驱效果减弱，所以三元段塞含水稳定阶段随流压增加单位产液量增加，没有出现拐点。

空白水驱阶段，油井 IPR 曲线不仅是分析油井动态的基础，也是制订油井工作制度的依据。水驱利用 $K_{ro}/(\mu_o/B_o)$ 与压力的函数关系建立了饱和油藏和未饱和油藏流入动态方程及其通式，然后将油相拟稳态流动方程与油相和液相相对流动能力方程相结合，建立了描述具有最大产量点的流入动态曲线的新型流入动态方程。

化学驱阶段，研究流变参数发生变化的三元复合驱地层流体的油井流入动态关系，在用黏弹性流体本构模型描述三元复合驱地层流体流变特性的基础上，建立了三元复合驱地层流体在地层中渗流的基本微分方程，采用有限差分法对其进行了数值求解，并用拉格朗日插值法对产能进行预测，分析了流体的流变参数对产能的影响。

三元体系在地下运移过程中，聚合物、碱、表活剂发生色谱分离，到达采出端时，所用时间不同，采出化学剂的相对浓度也不同。色谱分离程度主要受以下几方面因素控制：竞争吸附、离子交换、液—液分配、多路径运移及滞留损失，色谱分离是每种化学剂由以上一种或几种因素作用的结果。

工业性试验区采剂情况与先导性试验区类似。聚合物最先采出，相对采出浓度最大；表活剂吸附滞留最大，相对采出量最少，突破最晚；由于化学反应，碱在储层中的消耗量也较大，相对采出浓度也较低。见聚时间从注前置聚合物段塞开始计算，见表活剂和见碱时间从注三元体系开始计算。

采剂变化特征是复合驱驱替油藏动态特征的反应，见剂时机、采剂浓度及其上升速度之间反映了化学剂的均衡程度。初期见剂浓度越低，含水下降速度越快。

3. 流压对三元复合驱开发效果的影响

（1）前聚阶段流压对开发效果的影响。

三元复合驱过程中前置聚合物段塞的作用是调整剖面吸水状况、改善层间吸水差异，从而改善复合驱效果。从 3 个复合驱试验区 80 多口单井统计结果来看，前聚阶段流压大于 4MPa 后对复合驱开发效果影响不大；小于 4MPa 时，流压水平越低，化学驱阶段采出程度越低。将单井分弱非均质（0.15~0.6→0.46）、中非均质（0.6~0.8→0.71）和强非均质（0.8~0.92→0.83）三类研究前置聚合物段塞流压与化学驱阶段采出程度的关系表明，随着非均质增强合理流压界限降低。

从数值模拟对比分析来看，随着前置聚合物流压增加层间分流差异减小；非均质越强，增加前置聚合物段塞流压对剖面的改善作用越弱。前聚流压对复合驱开发的影响体现在两个方面：一方面是流压小于 5MPa 时，随着流压降低三元复合驱产液下降幅度增加；另一方面是随着前聚流压增加，对剖面非均质的调整减弱。综合两方面影响，前聚合理流压应保持在 4~5MPa（图 6-22）。

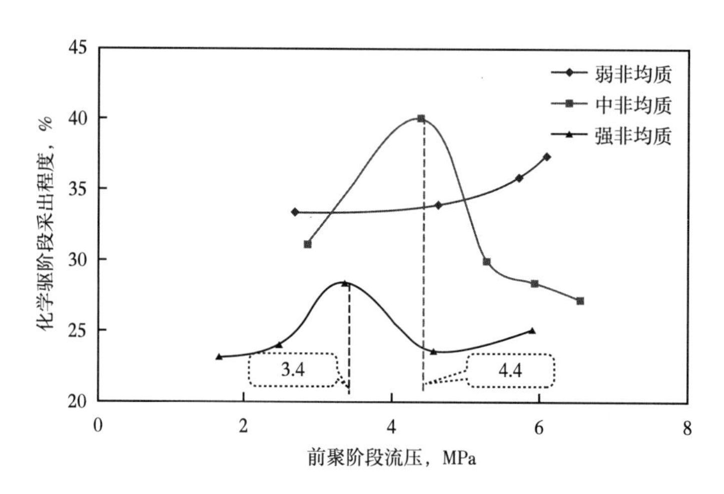

图 6-22　前聚阶段合理流压

（2）三元段塞含水下降阶段流压对开发效果的影响。

三元复合驱三元段塞含水下降阶段的主要作用是降低含水，为此开展了含水降低幅度与流压关系的研究。通过统计单井含水下降阶段流压与含水下降幅度的关系，流压保持在2.5~3.5MPa时含水下降幅度最大。针对不同油层非均质特点统计分析表明，非均质弱时三元段塞含水下降阶段合理流压较低，非均质越强，合理流压越高，且从统计看中等油层非均质单井含水下降幅度最大。从流入动态曲线（IPR）及数值模拟结果来看，合理的流压有利于动用差层、增大差层分流量，从而增加含水下降幅度（图6-23和图6-24）。

从数模分析来看，产液均衡程度随流压升高而降低。

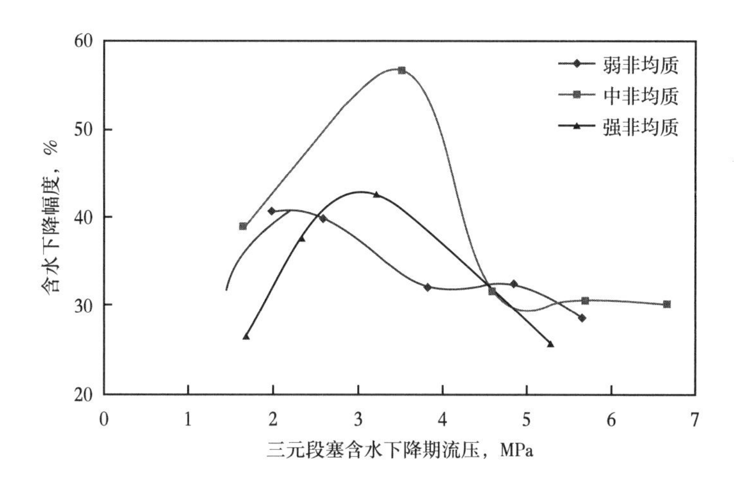

图6-23　合理流压与含水下降幅度关系

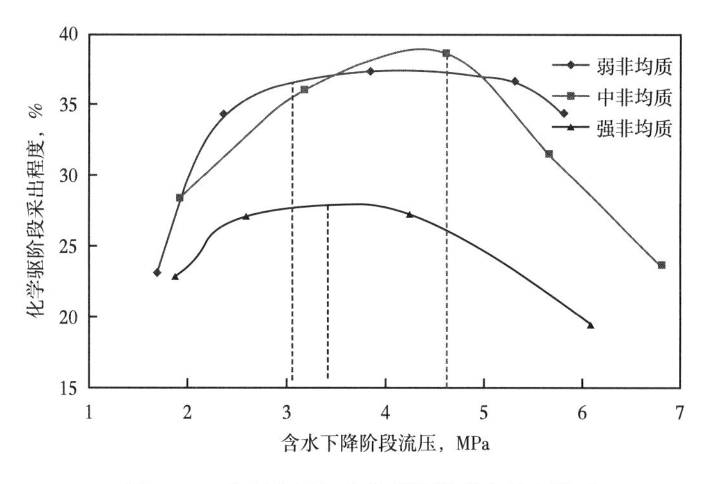

图6-24　合理流压与化学驱阶段采出程度关系

（3）三元段塞含水稳定阶段流压对开发效果的影响。

三元段塞含水稳定阶段保持合理流压使产油能力最佳是保证效果的重要条件。从统计结果来看，三元段塞含水稳定阶段采油指数最佳的流压与油层饱和压力有关且为正相关关系。从单井流压与开发效果的统计结果来看，三元复合驱稳定阶段合理流压受饱和压力、含水等条件影响。总体来看，三元复合驱稳定阶段合理流压应控制在 2~3.5MPa；三元复合驱稳定阶段合理流压阶段含水级别越高，合理流压越高，不同含水级别的流压范围为 2~5MPa。含水率小于 70% 时，合理流压为 2MPa；含水率 70%~90% 时合理流压应控制在 3~4MPa。含水率大于 90% 时，合理流压应控制在 4~5MPa（图 6-25）。

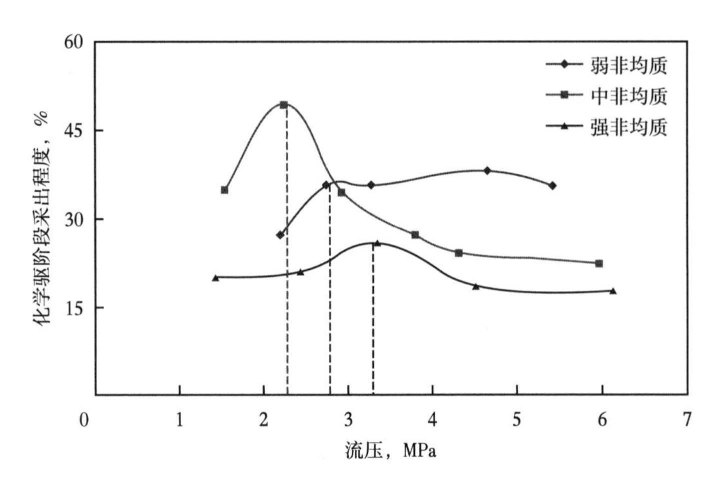

图 6-25　三元段塞含水稳定阶段合理流压

（4）三元段塞含水回升阶段流压对开发效果的影响。

三元段塞含水回升阶段含水回升速度是影响三元复合驱开发效果的重要指标。通过统计区块三元段塞含水回升阶段流压与含水回升速度的关系，确定了三元段塞含水回升阶段合理流压为 3.5~4.5MPa。从不同非均质条件的含水回升阶段流压与含水回升速度的关系来看，弱非均质条件下合理流压最高为 4MPa 左右；中非均质条件下合理流压最低为 2.5MPa 左右；而强非均质条件下合理流压为 3.5MPa（图 6-26）。

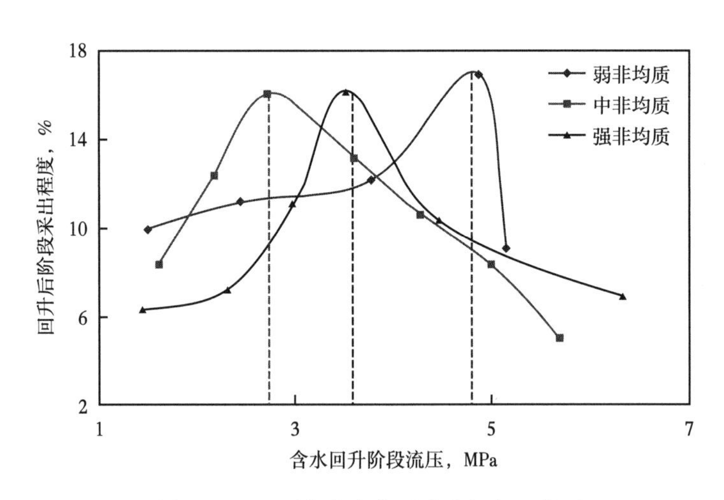

图 6-26　三元段塞含水回升阶段合理流压

（5）保护段塞流压对开发效果的影响。

保护段塞的主要作用是防止化学剂过早突破，延缓含水上升，进一步提高采收率。保护段塞采聚浓度受注入体系浓度、黏度、化学剂段塞大小、注采速度及油层物性非均质等多因素影响。从保护段塞流压与采聚浓度关系来看，北二西着北一断东试验区随着保护段塞流压升高，采聚浓度降低；而喇北东区块采聚浓度随着流压升高先降低后升高，最低点出现在 4MPa 左右。从保护段塞流压与保护段塞阶段采出程度来看，保护段塞流压在 4MPa 左右时保护段塞阶段采出程度提高幅度最大（图 6-27）。

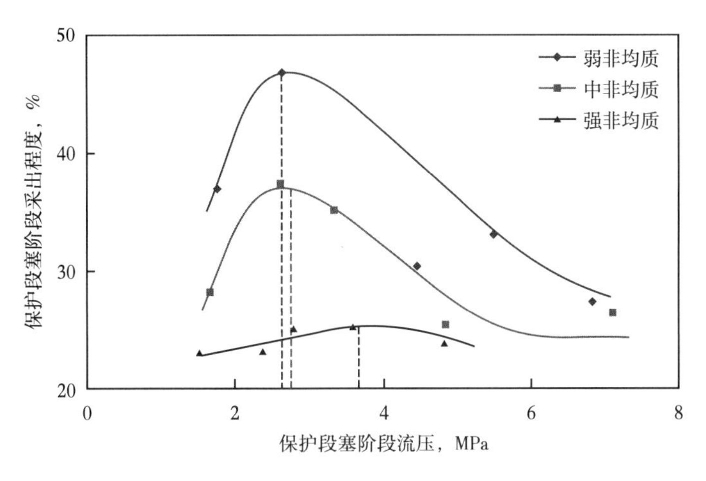

图 6-27　保护段塞阶段合理流压

第三节　三元复合驱开发效果评价技术

一、复合驱开发效果评价方法

油田开发效果评价贯穿着油田整个开发历程，开展三元复合驱开发效果评价方法研究的目的在于确定一套完整而科学的油田三元复合驱开发效果评价指标体系和评价方法，以便及时有效地对油田三元复合驱开发效果和挖潜措施效果作出客观、科学的综合性评价，在此基础上提出进一步的挖潜措施，达到高效合理开发油田的目的[23]。

1. 数值模拟方法

油藏数值模拟方法的主要原理是运用偏微分方程组描述油藏开采状态，通过计算机数值求解得到开发指标变化。这种方法不仅机理明确，而且是最方便、最节约运行成本的一种方法，既可通过模拟不同地质状态来评价开发效果，也可根据油田开发实际中的问题设计模拟状态，然后评价开发效果。

2. 特征点预测法

在矿场动态统计和物理模拟、数值模拟的基础上，通过驱替机理推导和影响因素的敏感性分析，建立了适合大庆油田的三元复合驱注采能力变化的预测方法和含水变化预测的系列图版。

（1）影响因素及预测关键点的确定。

通过对复合驱动态统计分析和模拟研究确定了复合驱开采指标变化的主要影响因素，包括与地质开发相关的渗透率、渗透率变异系数、控制程度、井网、初含水、与方案设计相关的界面张力、体系黏度、注入程序及段塞大小。结合大庆油田已开展的复合驱井网和层系组合原则及方案设计思想[16]，忽略了井网的影响，并假设全程注入体系黏度一致、三元体系主副段塞界面张力一致。依托方案段塞设计和含水变化特征，确定了指标随着注入体积变化的 6 个关键点，包括初始、受效（以下降 1% 为限）、最低、转聚、转水及结束点（含水率为 98%）。采用 6 个关键点控制含水变化，采用初始、转聚及结束 3 个关键点控制注采能力变化（图 6–28）。

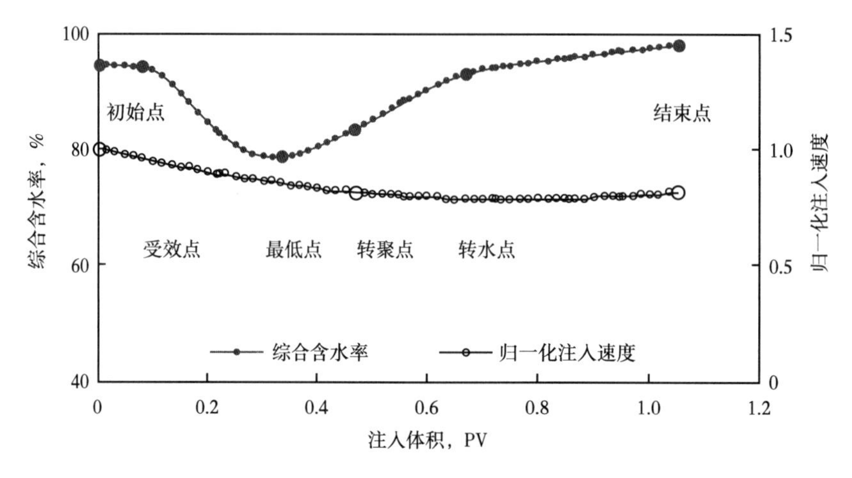

图 6–28　复合驱指标变化特征及预测关键点示意图

（2）注采能力预测方法的建立。

基于注采平衡的原则从注入量的变化出发，建立产液量变化预测方法。对于五点法井网年注入速度可以写为：

$$v_{\mathrm{i}}=\frac{360q_{\mathrm{i}}}{2r^2h\phi}=\frac{180J_{\mathrm{i}}p_{\mathrm{i}}}{r^2\phi} \tag{6-7}$$

式中 v_{i}——年注入速度，PV/a；

q_{i}——日注入量，$\mathrm{m^3/d}$；

r——注采井距，m；

h——油层厚度，m；

ϕ——孔隙度；

J_{i}——单位厚度视吸水指数，$\mathrm{m^3/(MPa\cdot d\cdot m)}$；

p_{i}——注入压力，MPa。

将水驱（下标 w）和化学驱（下标 c）的五点法井网年注入速度表达式做比，并引申定义 $R_{\mathrm{f}}'=J_{\mathrm{w}}/J_{\mathrm{c}}$ 为吸水指数下降，则可得到化学驱后的注入速度：

$$v_{\mathrm{ci}}=v_{\mathrm{wi}}\frac{1}{R_{\mathrm{f}}'}\frac{p_{\mathrm{ci}}}{p_{\mathrm{wi}}} \tag{6-8}$$

从式（6–8）可以看出，化学驱后的注入速度与初始注入速度、吸水指数下降、压力变化及吸水厚度等多因素相关。

通过室内驱油实验研究，明确了复合驱吸水指数下降 R_f' 与岩心有效渗透率 K 及驱替体系黏度比 μ_c/μ_o 的量化统计关系（表 6-5），应用式（6-9）可以得到不同渗透率和黏度比下的复合驱最大吸水指数下降，矿场有条件的也可以通过相邻区块的 HALL 曲线获得该参数。

$$R_f' = R_{f0}'\left(1 + a\frac{\mu_c}{\mu_o}K^{-b}\right) \tag{6-9}$$

式中 R_{f0}'——黏度等于水相黏度时吸水指数下降，可取 1；

K——有效渗透率，$10^{-3}\mu m^2$；

μ_c，μ_o——化学体系和油黏度（取地下），mPa·s；

a，b——待定参数，分别取 19.57 和 0.54。

表 6-5　岩心驱油实验数据统计

气测渗透率 $10^{-3}\mu m^2$	原油黏度 mPa·s	复合体系黏度 mPa·s	水驱压力 MPa	复合驱最大压力 MPa	吸水指数 下降
300	10	20	0.27	1.22	4.52
500	10	20	0.39	1.13	2.90
800	10	20	0.20	0.58	2.90
1200	10	20	0.15	0.39	2.60
1700	10	20	0.05	0.11	2.20
300	10	40	0.18	1.13	6.28
500	10	40	0.21	0.97	4.62
800	10	40	0.27	1.12	4.15
1000	10	40	0.19	0.73	3.84
1200	10	40	0.13	0.44	3.38
1500	10	40	0.10	0.29	2.90

注：实验用碱为 NaOH、实验用表面活性剂为烷基苯磺酸盐、实验用聚合物分子量为 2500 万。

矿场动态表明当化学剂注入后续聚段塞阶段注入压力基本不再增大，注入速度也不再下降，甚至后期会产生一定程度的回升。因此得到化学驱速度低值后，在初始点至转聚点间可建立注入速度随体积的变化关系，如果求得的速度不低于初始速度时常采用定液预测；当最低速度小于初始速度时，采用指数、幂函数递减预测，递减方式可参考相近区块类比。确定注入速度随体积变化关系后，可进一步推导得到注入体积及时间的关系。

注入量恒定（定液）：

$$v = C \tag{6-10}$$

注入量指数递减时：

$$v = a\mathrm{e}^{(-bV)} \tag{6-11}$$

注入量幂函数递减时：

$$v = aV^{-b} \tag{6-12}$$

式中 v——注入速度，PV/ 月；

V——注入体积，PV；

t——注入时间，m；

a，b——待定常数；

C——定液预测的速度，PV/ 月。

由注入速度和区块孔隙体积计算得到注入量，考虑注采平衡再结合注采比可预测产液量的变化。

$$L_{\rm P} = \frac{1}{\rm PIR} L_{\rm i} \tag{6-13}$$

式中 $L_{\rm P}$——累计产液量，t；

$L_{\rm i}$——累计注入量，m^3；

PIR——取井网分布计算的理想注采比或水驱时统计的注采比。

3. 含水变化预测图版的建立

大庆油田部分已开展的区块方案设计、实施情况及预测设计的注入程序见表 6-6，以化学剂总段塞 0.70PV（0.35PV 三元主段塞 +0.15PV 三元副段塞 +0.20PV、聚合物段塞、三元主、副段塞界面张力 10^{-3}mN/m、地下油水黏度比为 2）方案的含水变化为基础，通过对影响因素模拟的敏感分析，分层次修正含水变化形态。

表 6-6 复合驱矿场实施及指标预测的方案注入段塞设计

区块	总注入体积 PV	前置聚体积 PV	三元主段塞体积 PV	三元副段塞体积 PV	后续聚体积 PV	聚合物体积比 %	备注
南五区	0.688	0.038	0.300	0.150	0.200	34.55	设计
	0.934	0.062	0.330	0.315	0.228	31.00	实施
喇北东	0.725	0.075	0.300	0.150	0.200	37.93	设计
	0.864	0.082	0.363	0.181	0.238	37.04	实施
预测	0.600	0.30		0.10	0.20	33.33	前置聚计入三元体积
	0.700	0.35		0.15	0.20	28.57	
	0.800	0.35		0.20	0.25	31.25	
	0.900	0.40		0.25	0.25	27.78	
	1.000	0.40		0.30	0.30	30.00	

首先，以动态的初始含水（92%、94%、96% 和 98%）为线，考虑静态的油层纵向非均值性（0.4、0.5、0.6、0.7 和 0.8）、化学驱控制程度（60%、70%、80%、90% 和 100%）两个因素，组合确定了 100 条含水变化关键点的基础数值；其次，依据体系配方的界面张

力（10^{-1}mN/m、10^{-2}mN/m、10^{-3}mN/m 和 10^{-4}mN/m）和油水黏度比（1.0、2.0、3.0 和 4.0）两个因素，给出不同初始含水条件下关键点的一次修正系数；再次，考虑化学剂注入体积（0.6PV、0.7PV、0.8PV、0.9PV 和 1.0PV）对上述修正后关键点的影响，给出曲线形态后期关键点的二次修正系数；最后，对两次修正后的最终关键点，应用贝塞尔函数内插计算得到任意点的含水值。

上述考虑的影响因素基本涵盖了矿场不同地质条件和方案实施情况（非图版条件通过插值获得），解决了多因素影响含水变化带来的不确定性，能满足复合驱含水变化预测的需求。

4. 其他相关指标预测

由注入速度结合已知的孔隙体积和注入方案设计还可以计算出各段塞化学剂的用量，再通过采液量和含水及地质储量可以求得采油量，阶段采出程度等相关指标。

二、复合驱经济效益评价方法

目前国际石油公司还没有推广三元复合驱技术，相应的经济评价研究也少见。在进行三元复合驱项目经济评价时，采用的是通用的评价方式。国内的复合驱项目经济评价方法为规范的现金流量动态经济评价方法。评价方法包括有无对比法和增量评价法两种方法。但是在经济评价实施阶段，多数评价没有区分阶段产出和增量产出，没有对化学驱进行过全过程的经济效益论证。而且三元复合驱因其技术效果、油层条件、管理规范等多方面的不确定性，导致仅采用常规经济评价方法无法准确评价复合驱项目的经济效益。为了实现合理开发，获得最佳的经济效益，还有待于对三元复合驱潜力区块进行优选，对比水驱、聚合物驱和三元复合驱开发效益的差别，确定水驱转注化学驱的经济开发时机，完善三种驱替方式的经济评价模式[24]。

（1）研究复合驱成本特点，创新建立复合驱操作成本预测方法。

三元复合驱生产成本包括操作成本、化学药剂摊销和固定资产折旧折耗。其中，操作成本包括材料费、燃料费、水费、电费、员工费用、井下作业费、测井试井费、维护修理费及其他支出。从各项构成看，化学剂费用约占生产成本 28.5%，其中表活剂占比最大；固定资产折旧约占生产成本 34.3%，钻建投资中地面投资占比最大；操作成本约占生产成本 37.2%，操作成本中材料、员工、电费及井下作业费占比较大。

①依托常规预测方法，以成本项目为因素建立类比修正现有操作成本预测方法。

已有经济评价软件中固化了常规操作成本预测方法。在实际工作中，由于没有对应的复合驱成本参数[22]，采用全厂数据替代后得到的预测值与实际相差较大。已完成注剂复合驱区块较少，单独用某个块和全厂平均的差值确定修正系数，进行复合驱操作成本预测不具有代表性。因此，选取已结束 6 个区块成本参数与全厂平均参数的比值，作为修正参数的样本点。将 6 个典型区块与全厂的各项成本费用之比作为样本点，应用最小距离公式［式（6-14）］，从不同均值函数测得的距离中选取距离最小的函数作为成本费用定额的修正系数公式，将该公式测得的系数作为修正系数。

$$\min d=\sqrt{\left(x_1-\bar{x}\right)^2+\left(x_2-\bar{x}\right)^2+\cdots+\left(x_6-\bar{x}\right)^2} \tag{6-14}$$

式中 d——欧式距离；

$x_1, x_2, \cdots, x_6$——样本点参数；

$\bar{x}$——样本点参数平均值。

②应用统计分析建立多因素分阶段操作成本预测方法。

根据现行成本核算方法，结合复合驱开发规律和生产特点，通过经验分析，初步得出影响操作成本的 3 类共计 30 余项因素。然后应用复相关分析等方法筛选出 14 项相关因素。

应用灰色关联分析方法确定 14 项影响因素与操作成本的关联程度，得出关联度大于 0.85 的 5 项因素为密切相关因素（表 6–7）。5 项指标与操作成本关系的数据拟合分析显示，这些指标与操作成本的拟合关系较好，可以作为操作成本预测自变量。

表 6–7 确定与操作成本相关性密切程度

关系	具体指标
密切相关	采油速度、注剂时含水、乳化井数比、检泵率、单井控制地质储量
部分相关	井网密度、注入速度、碱浓度、聚合物分子量
相关较小	职工人数、油价、CPI 、结垢期、注入系统黏损率

以这 5 个指标为预测自变量，选取数据组合处理方法（图 6–29），建立预测公式，区块操作成本的预测符合率达 90%。该方法用于把握全过程不同阶段的成本趋势和研究规律特点。

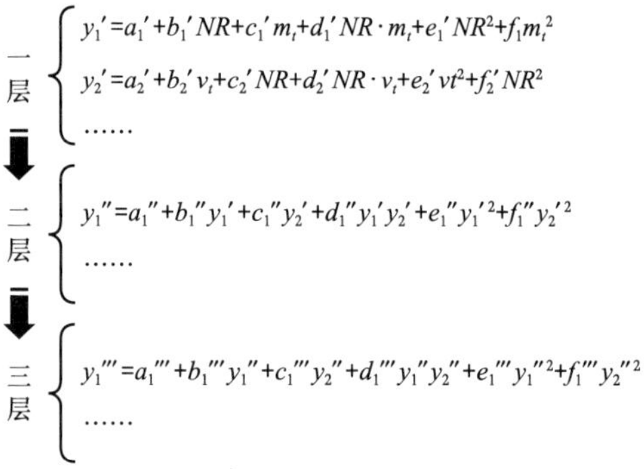

一层

$$y_1'=a_1'+b_1'NR+c_1'm_t+d_1'NR\cdot m_t+e_1'NR^2+f_1m_t^2$$

$$y_2'=a_2'+b_2'v_t+c_2'NR+d_2'NR\cdot v_t+e_2'vt^2+f_2'NR^2$$

……

二层

$$y_1''=a_1''+b_1''y_1'+c_1''y_2'+d_1''y_1'y_2'+e_1''y_1'^2+f_1''y_2'^2$$

……

三层

$$y_1'''=a_1'''+b_1'''y_1''+c_1'''y_2''+d_1'''y_1''y_2''+e_1'''y_1''^2+f_1'''y_2''^2$$

……

图 6–29 数据组合处理方法优化过程

数据组合处理方法是通过将复杂的函数关系，由任意两变量构成二元二次完全多项式函数“部分实现”，然后选择准则集，淘汰出最优复杂度模型的方法。它最后的优化模型（各项指标均为均值化无量纲值）。

$$y=a+by_1'''+cy_2'''+dy_1'''y_3'''+ey_1'''^2+fy_2''' \tag{6–15}$$

式中 y', y'', y'''——多项式逼近函数；

a, b, c, d, e, f——多项式系数；

NR——单井控制地质储量，10^4t；

f_w——注剂时含水率；

m_t——第 t 年检泵率；

v_t——第 t 年采油速度；

r_t——第 t 年乳化井数比例；

y——单位操作成本，美元 / 桶。

（2）创新两种经济评价方法，形成分层次经济评价模式。

三元复合驱属于高投入、高成本、高风险的油田开发产能评价项目，在不同阶段和不同决策目标下需要采用不同的评价方法、评价指标和策略。对于已进入的三元复合驱项目，可采用增量效益与费用评价方法，开展投资决策时机分析，设定项目“止损”原则；对于拟进入的项目，则应加强情景分析研究并重视效益趋势跟踪的分析。目前油价下，常规评价 85% 以上的区块无法达到评价标准。根据三元复合驱可为油田带来综合效益和战略价值的效益特点，遵循“全过程、全成本、全要素”精细评价模式，建立适应不同层次、不同阶段目标和需求的经济评价方法。

①项目纯效益评价。

项目纯效益评价是从项目自身角度出发，测算项目的盈利能力。三元复合驱与原井网继续水驱对比，由于三元复合驱与纯水驱开发相比提高了油田的采收率，缩短了开发时间，加速了资金的回流，据折现现金流原理，建立了纯增量三元复合驱经济效益评价模型，确定三元复合驱有实施潜力的项目，评价考核指标是项目财务净现值大于零。

$$\mathrm{NPV}_1=\sum_{t=1}^{n}\frac{S_t+L_t+SR_t}{\left(1+i_c\right)^t}-\sum_{t=1}^{n}\frac{C_t+T_t+T_2+TZ_t+\omega_t P_{\mathrm{J}}}{\left(1+i_c\right)^t}\tag{6-16}$$

式中　NPV_1——项目财务净现值，万元；

S_t——第 t 年销售收入，万元；

L_t——第 t 年回收流动资金，万元；

SR_t——第 t 年其他收入，万元；

i_c——基准收益率；

C_t——第 t 年经营成本费用，万元；

T_t——第 t 年销售税金及附加，万元；

T_2——第 t 年所得税，万元；

TZ——第 t 年投资，万元；

ω_t——药剂用量，t；

P_{J}——药剂价格，万元 /t。

②项目综合效益评价。

按照评价从整体考虑，同时结合复合驱开发特点，建立综合效益多套整体评价方法。

复合驱采取一套井网多次开发利用，为科学评价复合驱综合效益，应采用多套层系整体评价。而按照现有方法，复合驱的成本费用是按平均指标分摊得到。从公司整体角度考虑，复合驱的投产摊薄了公司和厂矿的管理费用及人工成本等。另外，由于所得税的上缴为公司整体有效才发生，宜采用税前指标考核。则综合效益项目财务净现值为：

$$\Delta\mathrm{NPV}_2=\sum_{t=1}^{n}\frac{S_t+L_t+SR_t}{\left(1+i_c\right)^t}-\sum_{t=1}^{n}\frac{C_t-\alpha RG_t-\beta\left(CK_t+GF_t\right)-\delta QF_t+T_t+T_2+TZ_t+\omega_t P_{\mathrm{J}}}{\left(1+i_c\right)^t}\tag{6-17}$$

式中 ΔNPV_2——综合效益项目财务净现值，万元；

α——人工成本摊薄系数；

RG_t——第 t 年人工成本，万元；

β——厂矿管理费及管理费用摊薄系数；

CK_t——第 t 年厂矿管理费，万元；

GF_t——第 t 年其他管理费用，万元。

③项目战略效益评价。

从长远角度、战略考虑，油价、储量和技术等具有不确定性，而这些不确定性因素的变化会带来相应的价值变化。故通过考虑未来油价的变化和技术发展趋势所产生的决策权利（期权），引入期权价值体现不确定性因素带来的价值，建立考虑期权价值的战略效益评价模型。

$$\Delta NPVN=\Delta NPV_2+C$$

$$C=S\cdot N(d_1)-Ke^{-rt}N(d_2) \tag{6-18}$$

$$d_1=\frac{\lg(S/K)+rT+\sigma^2T/2}{\sigma\sqrt{T}},\ d_2=\frac{\lg(S/K)+rT-\sigma^2T/2}{\sigma\sqrt{T}}$$

式中 $\Delta NPVN$——战略效益项目财务净现值，万元；

C——期权价值，万元；

S——标的资产的当前价格，万元；

$N(d_1)$——标准正态分布的累积概率分布函数；

K——期权执行价格，万元；

$N(d_2)$——标准正态分布的累积概率分布函数；

r——无风险复合利率；

σ——价格波动率，即年复合报酬率方差；

T——期权的到期日期，a。

参考文献

[1] 程杰成，吴军政，胡俊卿．三元复合驱提高原油采收率关键理论与技术［J］．石油学报，2014，35（2）：310-318.

[2] 程杰成，王德民，李群，等．大庆油田三元复合驱矿场试验动态特征［J］．石油学报，2002，23（6）：37-40.

[3] 程杰成，廖广志，杨振宇，等．大庆油田三元复合驱矿场试验综述［J］．大庆石油地质与开发，2001，20（2）：46-49.

[4] 李华斌，李洪富．大庆油田萨中西部三元复合驱矿场试验研究［J］．油气田采收率技术，1999，6（2）：15-19.

[5] 刘晓光．北三西三元复合驱试验动态变化特征及综合调整措施［J］．大庆石油地质与开发，2006，25（4）：95-96.

[6] 么世椿，赵群，王昊宇，等．基于 HALL 曲线的复合驱注采能力适应性［J］．大庆石油地质与开发，2013，32（3）：102-106.

[7] 王凤兰，伍晓林．大庆油田三元复合驱技术进展［J］．大庆石油地质与开发，2009，28（5）：154-162.

[8] 徐艳姝．大庆油田三元复合驱矿场试验采出液乳化规律 [J]. 大庆石油地质与开发，2012，31（6）：140-144.
[9] 洪冀春，王凤兰，刘奕，等．三元复合驱乳化及其对油井产能的影响 [J]. 大庆石油地质与开发，2001，20（2）：23-25.
[10] 曹锡秋，隋新光，杨晓明，等．对北一区断西三元复合驱若干问题的认识 [J]. 大庆石油地质与开发，2001，20（2）：111-113.
[11] 李世军，杨振宇，宋考平，等．三元复合驱中乳化作用对提高采收率的影响 [J]. 石油学报，2003，24（5）：71-73.
[12] 李士奎，朱焱．大庆油田三元复合驱试验效果评价研究 [J]. 石油学报，2005，26（3）：56-59.
[13] 任文化，牛井岗，张宇．杏二区西部三元复合驱试验效果与认识 [J]. 大庆石油地质与开发，2001，20（2）：117-118.
[14] 吴国鹏，陈广宇，焦玉国，等．强碱三元复合驱对储层的伤害及结垢研究 [J]. 大庆石油地质与开发，2012，31（5）：137-141.
[15] 李洁，么世椿，于晓丹，等．大庆油田三元复合驱效果影响因素 [J]. 大庆石油地质与开发，2011，30（6）：138-142.
[16] 李洁，陈金凤，韩梦蕖．强碱三元复合驱开采动态特点 [J]. 大庆石油地质与开发，2015，34（1）：91-97.
[17] 樊宇．三元复合驱注入速度对注采能力影响研究 [J]. 内蒙古石油化工，2014，40（8）：142-143.
[18] 孔宪政．大庆萨南油田南六区三元复合驱见效特征及影响因素分析 [J]. 长江大学学报（自科版），2014，11（20）：116-117.
[19] 钟连彬．大庆油田三元复合驱动态特征及其跟踪调整方法 [J]. 大庆石油地质与开发，2015，34（4）：12-128.
[20] 赵长久，赵群，么世椿．弱碱三元复合驱与强碱三元复合驱的对比 [J]. 新疆石油地质，2006，27（6）：728-730.
[21] 于水．二类油层三元复合驱跟踪调整技术及效果认识 [J]. 内蒙古石油化工，2016，42（7）：95-96.
[22] 魏玉函．三元复合驱开发跟踪调整方法 [J]. 长江大学学报（自科版），2014，11（13）：118-120.
[23] 付雪松，李洪富，赵群，等．油田南部一类油层强碱三元矿场试验效果 [J]. 石油化工应用，2013，32（3）：108-111.
[24] 方艳君，孙洪国，侠利华，等．大庆油田三元复合驱层系优化组合技术经济界限 [J]. 大庆石油地质与开发，2016，35（2）：81-85.

第七章　三元复合驱矿场试验及工业化进展

为了研究不同油层条件、不同井网井距强碱复合驱和弱碱复合驱的开发效果和动态变化规律，从 2000 年开始先后开展了 4 个工业性矿场试验，4 个工业性示范区。同时为了进一步降本增效，在体系配方优化的基础上，开展了弱碱烷基苯表活剂、生物表活剂等现场试验，其中脂肽与石油磺酸盐复配弱碱于 2014 年实现工业化推广，目前已在萨中、萨南地区推广 10 个区块，地质储量 5741×10^4t，占复合驱储量的 42.6%，可多提高采收率 1 个百分点以上，降低表活剂费用 10% 以上[1-4]。

第一节　北三东西块弱碱三元复合驱工业性示范区

为了研究二类油层石油磺酸盐弱碱体系三元复合驱油技术经济效果及完善相关配套工艺技术，在纯油区东部选择油层发育具有代表性的北三东西块，开辟一定井数规模的示范区。历时 7 年攻关，示范区实现了全区核实提高采收率 22.32 个百分点，预计最终提高采收率 23 个百分点以上，建立了适合萨北开发区油藏特点的技术标准和管理规范。为二类油层经济有效开发、大幅度提高采收率及油田可持续发展提供更为有效的接替技术。

一、示范区目的、意义

2005 年，在萨北开发区北二西开展了二类油层弱碱三元复合驱试验，取得了提高采收率 25.8% 的好效果，但试验区规模较小、层系单一，代表性不强，同时三元复合驱在开发过程中，存在结垢严重、检泵周期短、措施维护性工作量大等问题。为进一步探索二类油层弱碱三元复合驱工业化推广效果，2011 年，在油层发育具有代表性的北三区东部开辟了非均质多油层、规模扩大化的工业性示范区，为弱碱三元复合驱工业化推广提供技术支撑。

二、示范区基本概况

北三东西块示范区位于萨尔图油田北部纯油区北三区东部，北面以北 3—丁 5 排为界，南面以北 2—丁 3 排为界，西面以北 3—丁 5—450 井与 2—丁 3—450 井连线，东面以北 3—丁 5—检 256 井与 2—丁 3—456 井连线所围成的区域。面积 $2.83km^2$，地质储量 266.12×10^4t，孔隙体积 $625.26\times10^4m^3$，采用 125m 井距五点法面积井网，示范区共有注采井 192 口，其中注入井 96 口，采油井 96 口，中心井 70 口，示范区目的层为萨Ⅱ10~16 油层，平均单井射开砂岩厚度 9.4m，有效厚度 7.1m，有效渗透率 $0.387\mu m^2$（表 7-1）。

表 7-1　试验区基本情况表

项目	全区	中心井区
面积，km^2	2.83	2.24
总井数，口	192	70
平均砂岩厚度，m	9.4	9.1
平均有效厚度，m	7.1	6.9
平均有效渗透率，μm^2	0.387	0.381
原始地质储量，10^4t	266.12	186.13
孔隙体积，10^4m^3	625.26	408.61

三、示范区方案设计及实施

示范区于 2012 年 8 月 13 日空白水驱，2013 年 3 月 13 日注入前置聚合物段塞，7 月 16 日投注三元主段塞，2015 年 3 月 10 日注入三元副段塞，2016 年 1 月 21 日注入后续聚合物保护段塞，2017 年 6 月 7 日分步停注聚，2017 年 7 月 18 日全部转入后续水驱。累计注入化学剂溶液 $582.70\times10^4m^3$，相当于地下孔隙体积 0.951PV（表 7-2）。截至 2017 年 10 月，全区累计产油量 69.84×10^4t，阶段采出程度 26.68%，化学驱提高采收率 23.58%，高于数值模拟结果 5.08%；综合含水率 95.62%，低于数值模拟结果 1.64%。中心井区累计产油量 48.18×10^4t，阶段采出程度 26.09%，综合含水率 95.89%。全区地层压力 11.17MPa，总压差 0.54MPa，流压 4.19MPa。

表 7-2　三元复合驱试验区注入方案及执行情况表

阶段	注入参数								注入孔隙体积倍数 PV		注入时间
	聚合物				碱，%		表面活性剂，%				
	浓度，mg/L		相对分子质量，10^4								
	方案	实际	方案	实际	方案	实际	方案	实际	方案	实际	
前置聚合物段塞	1200	1200	1200	1200~1600					0.04	0.064	2013.3
三元主段塞	1600	1600	1200	1200~1600	1.2	1.2	0.3	0.3	0.35	0.373	2013.7
三元副段塞	1600	1600	1200	1200~1600	1.0	1.0	0.1	0.1	0.20	0.202	2015.3
后续聚合物保护段塞	1200	1200	1200	1200~1600					0.20	0.312	2016.1
化学驱合计									0.79	0.951	

四、开发效果

示范区注入化学剂 0.1PV 左右时，含水率开始快速下降，注入化学剂 0.3PV 时，含水率下降至最低点 79.7%，低含水稳定时间长达 0.42PV，注入化学剂 0.7PV 后进入含水回升阶段，回升速度缓慢为 1.5%/0.1PV（图 7-1 和图 7-2）。示范区含水变化规律与北二西基本一致。示范区采油井见效井比例达 100%，含水下降超过 20 个百分点的井数比例达 66.7%，其中含水下降超过 30 个百分点的井数比例达 43.8%，单井含水均下降至最低点时，最低点含水达可到 71.10 个百分点。阶段采出程度 26.68%，化学驱提高采收率 23.58%。

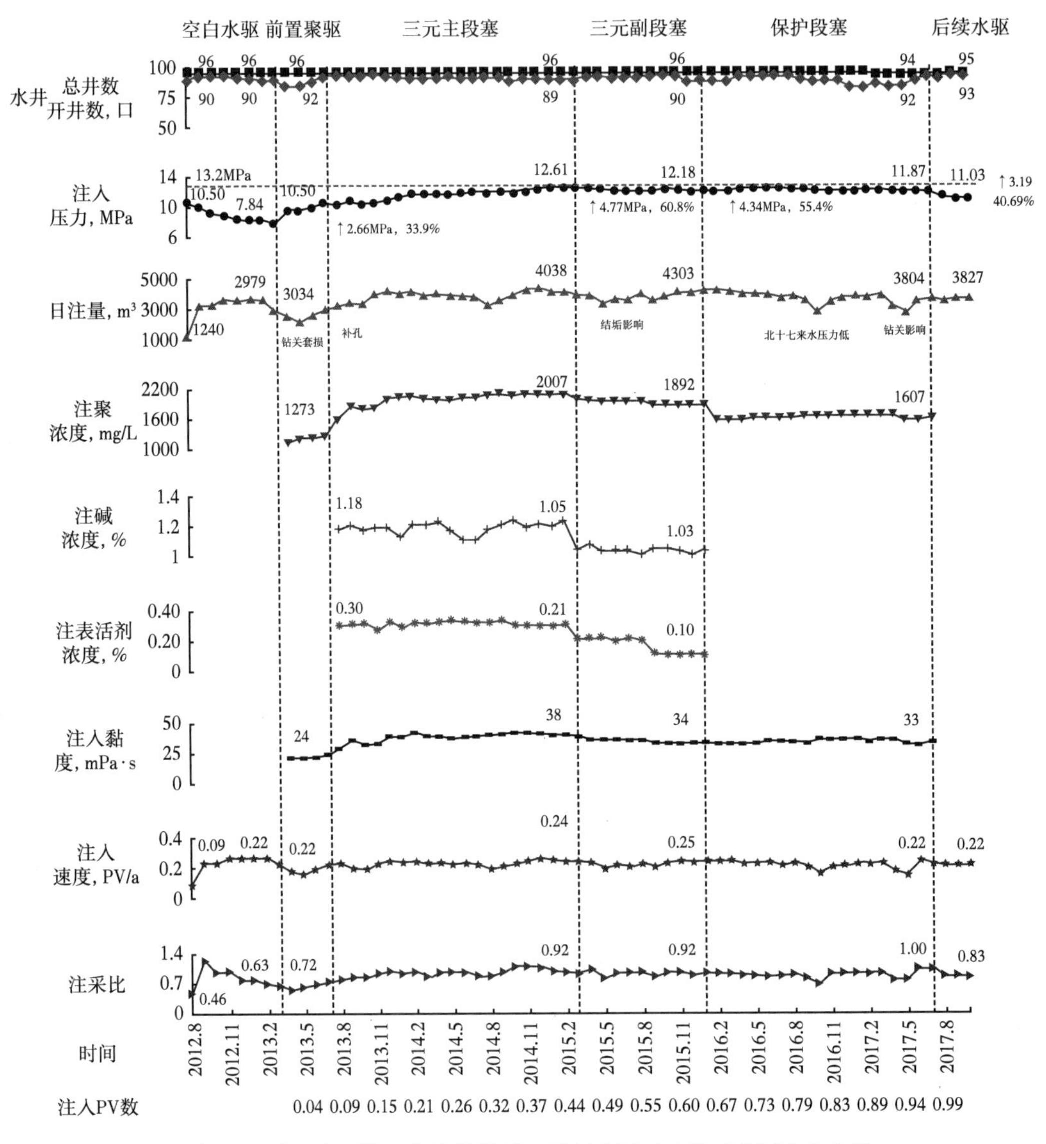

图 7-1　北三东西块二类油层弱碱三元复合驱工业性示范区注入曲线

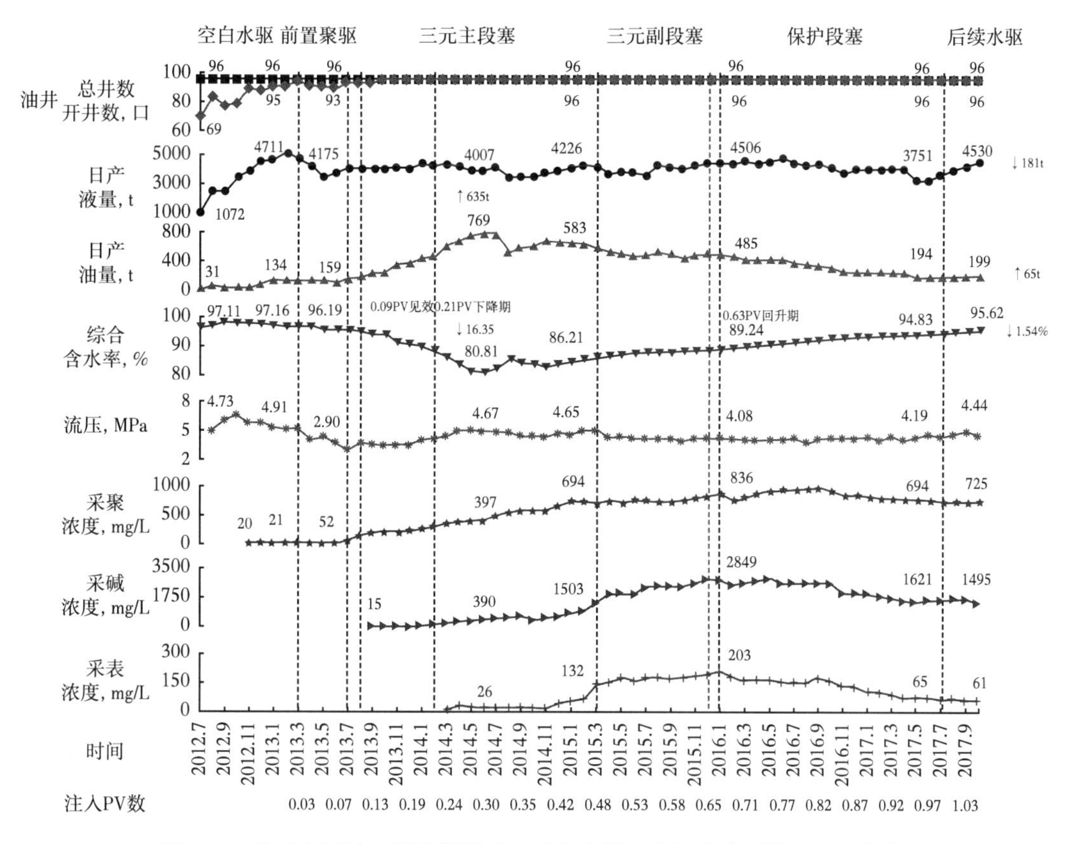

图 7-2　北三东西块二类油层弱碱三元复合驱工业性示范区综合开采曲线

第二节　杏六区东部Ⅱ块强碱三元复合驱工业性示范区

为加快推进三元复合驱主导技术攻关和推广应用步伐，进一步挖潜厚油层顶部剩余油，较大幅度提高采收率，2008 年在杏北开发区开展了杏六区东部Ⅱ块三元复合驱工业化推广区。经过 9 年多的攻关，取得了较好的效果，杏六区东部Ⅱ块提高采收率 21.68 个百分点，累计增油量 182.36×10^4t，为大庆油田杏北开发区大幅度提高原油采收率提供了技术支撑。

一、示范区目的、意义

大庆油田三元复合驱技术经过二十多年的攻关研究，经历了实验室研究阶段、引进国外表活剂的小型矿场试验阶段和具有自主知识产权的国产表活剂工业性矿场试验阶段，三元复合驱技术得到了较好的发展和完善，目前已进入工业化推广阶段。室内和现场试验均表明，强碱三元复合驱提高采收可达到 20 个百分点以上 [2]，但在工业化推广过程中，面临以下几个方面的问题：合理注采井距和层系组合方式不明确；驱油体系配方和注入参数设计不清晰；动态规律认识和配套调整技术不成熟；地面配注工艺和污水处理技术不完善；三元结垢规律和配套处理技术不确定；现场生产管理和劳动组织模式不适应。

为此，选择杏六区东部Ⅱ块作为一类油层强碱体系三元复合驱示范区，明确工业化三次采油目的层的三元体系配方和复合驱效果，总结不同阶段的动态开发规律，完善配套技术，建立相关制度，为油田持续稳产储备技术，对于大庆油田的可持续发展、创建百年油田具有十分重要意义。

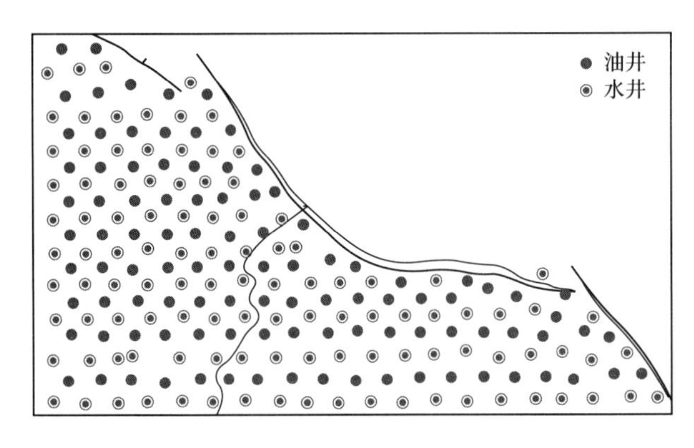

图 7-3　杏六区东部Ⅱ块葡Ⅰ3 油层强碱体系三元复合驱井位图

二、示范区基本概况

杏六区东部Ⅱ块位于杏四—六行列区内，北起杏五区丁 3 排，南至杏六区三排，西与杏六区东部Ⅰ块相邻，东与杏四—六面积及杏北东部过渡带相邻（图 7-3）。

三元复合驱区块面积 4.77km^2，为注采井距 141m 的五点法面积井网，总井数 214 口，其中注入井 110 口，采出井 104 口（包括利用井 2 口）。开采目的层葡Ⅰ3 油层孔隙体积 788.17×10^{4}m^3，地质储量 452.29×10^{4}t，平均单井射开砂岩厚度为 7.3m、有效厚度为 5.7m，平均有效渗透率 515×10^{-3}μm^2（表 7-3）。目的层埋深 940.68m，原始地层压力 11.23MPa，饱和压力 7.23MPa，平均地层破裂压力 13.76MPa，原始地层温度 50.1℃（表 7-4）。

表 7-3　杏六区东部Ⅱ块基本情况表

层位	面积 km^2	地质储量 10^{4}t	孔隙体积 10^{4}m^3	平均单井射开，m		平均有效渗透率 10^{-3}μm^2	井数，口			平均破裂压力 MPa
				砂岩	有效		注入井	采出井	小计	
葡Ⅰ3	4.77	452.29	788.17	7.3	5.7	515	110	104	214	13.76

表 7-4　杏六区东部Ⅱ块原油物性表

原始地层压力 MPa	原始饱和压力 MPa	原始地层温度 ℃	地层原油黏度 mPa·s	原油体积系数	脱气原油黏度 mPa·s	脱气原油含蜡量 %
11.23	7.23	50.1	6.9	1.124	13.86	24.60

三、示范区方案设计及实施情况

试验区于 2008 年 11 月投产，2009 年 10 月注入前置聚合物段塞，2010 年 4 月投注三元复合体系主段塞，2013 年 4 月注入三元复合体系副段塞，2014 年 7 月 10 日进入后续聚合物保护段塞，2015 年 11 月 1 日，进入后续水驱阶段（表 7-5）。

四、开发效果

截至 2017 年 12 月，杏六区东部Ⅱ块累计注入地下孔隙体积 1.70PV，累计产油 113.55×10^{4}t，阶段采出程度 25.10%。化学剂注入地下孔隙体积 1.213PV，化学驱阶段采出程度 23.70%，累计增油量 98.06×10⁴t，提高采收率 21.68 个百分点（图 7-4 和图 7-5）。

表 7-5 杏六区东部Ⅱ块注入方案及执行情况表

阶段	注入参数								注入孔隙体积倍数，PV		注入时间
	聚合物				碱，%		表面活性剂 %				
	浓度，mg/L		相对分子质量，10^4								
	方案	实际	方案	实际	方案	实际	方案	实际	方案	实际	
前置聚合物段塞	1800	1813	2500	2500					0.075	0.081	2009.10
三元主段塞	2000	2131	2500	2500	1.0	1.03	0.2	0.23	0.3	0.617	2010.04
	2000	2058	2500	2500	1.2	1.12	0.3	0.29			
三元副段塞	1700	1243	2500	2500	1.0	1.07	0.1	0.23	0.15	0.259	2013.04
后续聚合物保护段塞	1400	1215	2500	1900					0.2	0.256	2014.07
化学驱合计									0.725	1.213	

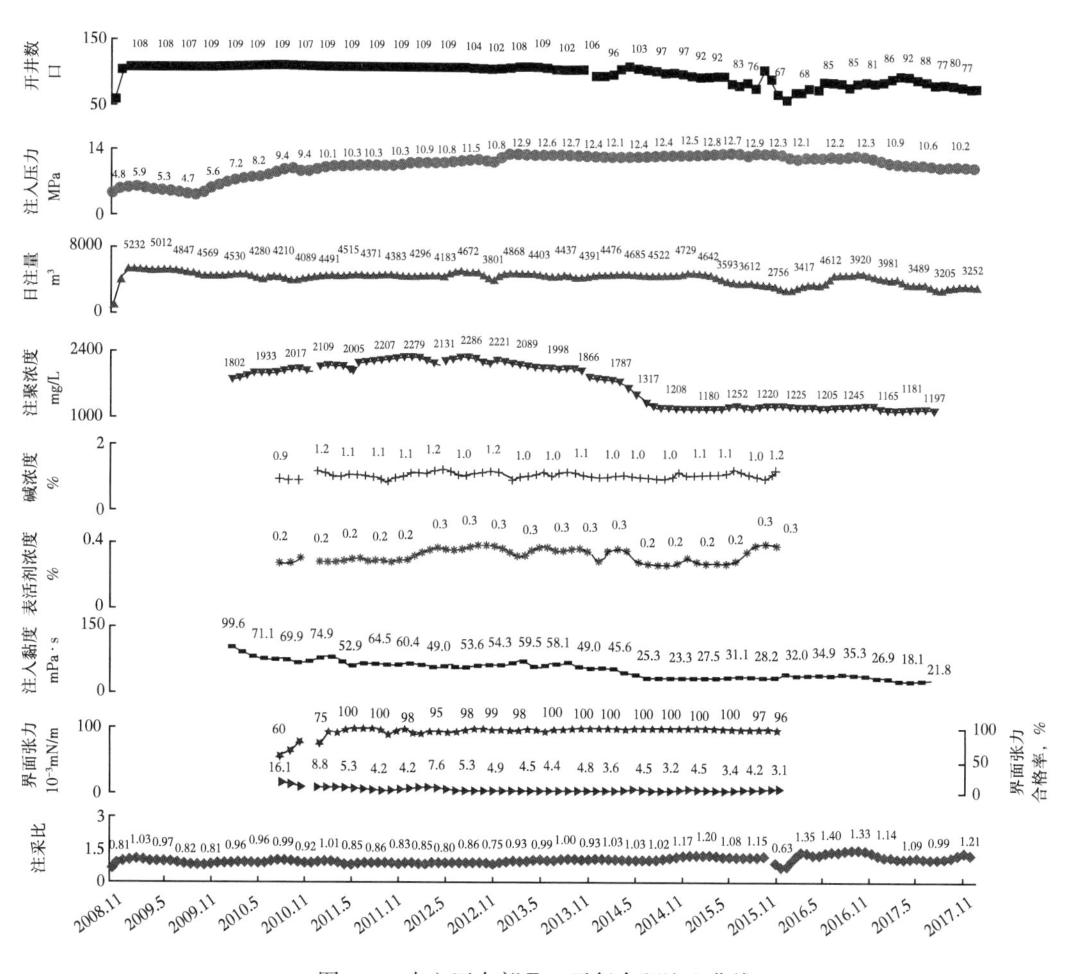

图 7-4 杏六区东部Ⅱ三元复合驱注入曲线

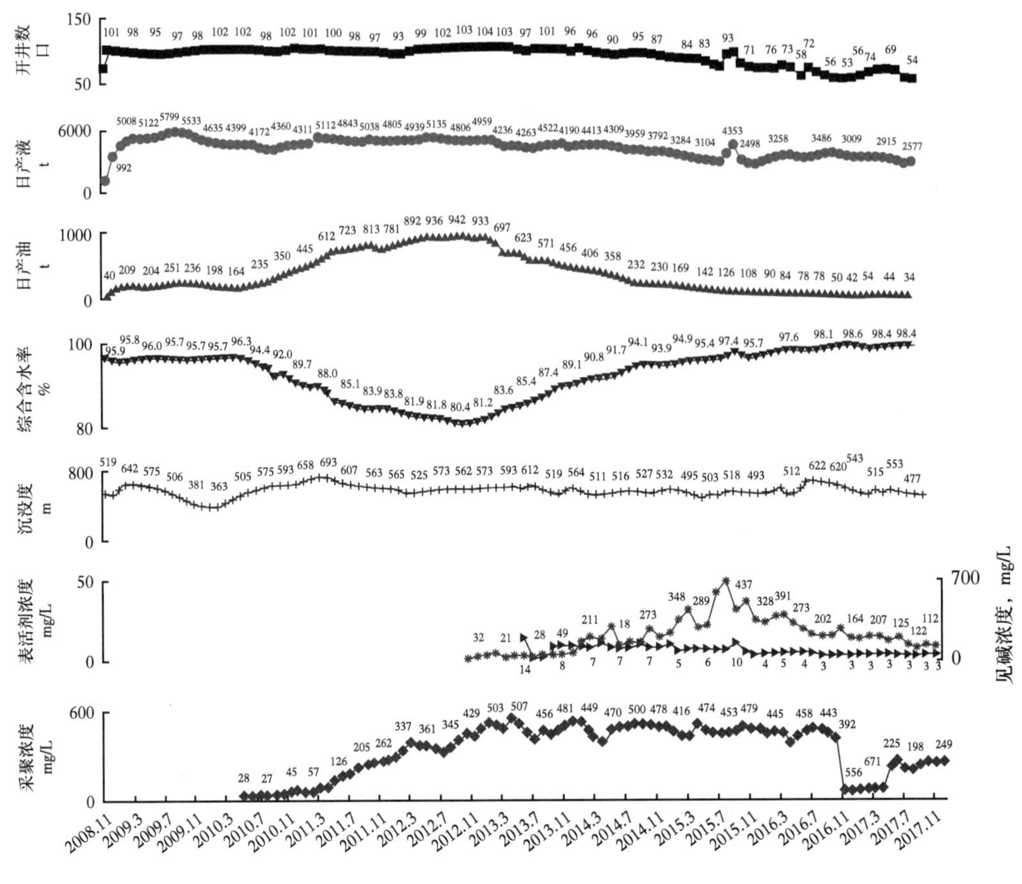

图 7-5 杏六区东部Ⅱ三元复合驱试验区综合开采曲线

该区块 2010 年 9 月开始见到注剂效果，含水率缓慢下降，含水率下降速度为 4.2%/0.1PV。2012 年 11 月，含水率降到最低值，为 80.4%，含水率在 85% 以下维持了 23 个月（表 7-6 和表 7-7）。采出井有 103 口受效，受效井比例 98.10%。三元驱高峰期日产油量 943t，平均单井日产油量 8.98t，最大增油倍数 3.1 倍，平均含水最大降幅 15.6 个百分点，取得了较好的开发效果。

表 7-6 杏六区东部Ⅱ块三元复合驱含水变化表

区块名称	空白水驱末含水，%	见效时注入量，PV	含水最大降幅 %	最低点含水率 %	含水率下降速度，%/0.1PV	含水率回升速度，%/0.1PV	含水率 85% 以下时间，月
杏六区东部Ⅱ块	96.0	0.115	15.6	80.4	4.20	2.26	23

表 7-7 杏六区东部Ⅱ块三元复合驱受效状况统计表

区块名称	总井数，口	受效井数，口	受效井比例，%	最大日产油量，t	平均单井日产油量，t	最大增油倍数
杏六区东部Ⅱ块	105	103	98.1	943	8.98	3.1

五、示范区取得的经济效益

杏六区东部Ⅱ块三元复合驱2008年基建油水井214口，其中油井104口，注入井110口，建成产能$6.1×10^4$t。按最终含水率达98%，投产年限2008—2017年，期限为9年。计算期内最高产量$27.76×10^4$t/a，计算期内累计采出原油$113.55×10^4$t，阶段采出程度25.10%。

该项目总投资97862.89万元，历年实际结算油价计算，税后财务内部收益率44%，高于12%的行业基准收益率，在经济上可行。

第三节　南四区东部二类油层组分可控烷基苯磺酸盐弱碱复合驱油现场试验

一、试验区目的、意义

萨南开发区三次采油对象从一类油层逐步向二类油层转变，油层发育进一步变差，泥质含量增加，由于强碱复合驱存在结垢严重、生产管理难度大等问题，因此弱碱复合驱成为研究应用的主要方向。2004年，以进口α-烯烃为原料，形成的弱碱烷基苯磺酸盐表面活性剂，在小井距南井组开展的复合驱矿场试验提高采收率在20个百分点以上。但表活剂原料需要进口，价格相对昂贵，为了国家的战略安全，通过组分调控，研制出国产化弱碱烷基苯磺酸盐产品，进一步降低了生产成本，室内评价可提高采收率20个百分点以上。为此在南四东3号站开展现场试验，评价该体系技术、经济可行性。

二、试验区基本情况

试验区位于南四东二类油层产能区块3号注入站，北起南三区51排，南至南四区三排，西至萨大公路，东至南4—丁11—斜P3134与南4—丁21—斜P3034连线，开发面积为1.29km²，采用五点法面积井网，开采萨Ⅱ7~14油层。试验区采用新钻井与葡Ⅰ1~4油层聚合物驱井综合利用相结合的布井方式，平均注采井距110m。试验区共有注采井101口，其中注入井48口，采出井53口，目的层地质储量$121.42×10^4$t，砂岩厚度13.2m，有效厚度8.0m，渗透率$0.273μm^2$；中心采出井22口，地质储量$52.21×10^4$t，砂岩厚度12.9m，有效厚度7.9m，渗透率$0.292μm^2$（表7-8）。

表7-8　试验区基础数据表

区块	项目	参数	项目	参数
试验区	面积，km^2	1.29	原始地层压力，MPa	11.19
	平均砂岩厚度，m	13.2	原始饱和压力，MPa	8.42
	平均有效厚度，m	8.0	油层温度，℃	49.4
	平均有效渗透率，$μm^2$	0.273	地层原油黏度，mPa·s	7.4
	油层中部深度，m	1070.9	采出水矿化度，mg/L	5641.21
	原始地质储量，10^4t	121.42	油层破裂压力，MPa	12.3
	油层孔隙体积，10^4m^3	279	注采井距，m	110

续表

区块	项目	参数	项目	参数
中心井区	控制面积，km^2	0.56	孔隙体积，10^4m^3	129
	平均砂岩厚度，m	12.9	原始地质储量，10^4t	52.21
	平均有效厚度，m	7.9	有效渗透率，μm^2	0.292

三、试验方案设计及实施

试验区块于2013年10月投入空白水驱，2015年2月1日投入前置聚合物段塞，2015年8月10日投入三元主段塞，2018年1月25日投入三元副段塞，2019年4月11日投入后续聚合物段塞。截至2020年10月31日，累计注入化学剂溶液364.6062×10^4m^3，累计化学剂注入体积1.307PV，其中后续聚合物段塞注入体积0.370PV。试验区化学驱合计产液量370.1680×10^4t，产油量28.2854×10^4t，全区阶段采出程度20.71%；中心井区化学驱合计产液量167.7043×10^4t，产油量13.3570×10^4t，化学驱阶段采出程度22.68%（表7-9）。

表7-9 试验区方案设计及执行情况表

<table>
<tr><th rowspan="3">阶段</th><th colspan="6">注入参数</th><th colspan="2" rowspan="2">注入速度
PV/a</th><th colspan="3" rowspan="2">注入孔隙体积，PV</th></tr>
<tr><th colspan="2">聚合物，mg/L</th><th colspan="2">烷基苯磺酸，%</th><th colspan="2">碱，%</th></tr>
<tr><th>方案</th><th>实际</th><th>方案</th><th>实际</th><th>方案</th><th>实际</th><th>方案</th><th>实际</th><th>方案</th><th colspan="2">实际</th></tr>
<tr><td>前置聚合物段塞</td><td>1500</td><td>1564</td><td></td><td></td><td></td><td></td><td>0.21</td><td>0.2</td><td>0.06</td><td colspan="2">0.103</td></tr>
<tr><td rowspan="2">三元主段塞</td><td rowspan="2">1800</td><td rowspan="2">1940</td><td rowspan="2">0.3</td><td rowspan="2">0.3</td><td rowspan="2">1.2</td><td rowspan="2">1.2</td><td rowspan="2">0.21</td><td rowspan="2">0.21</td><td rowspan="2">0.35</td><td>非三元体系</td><td>0.185</td></tr>
<tr><td>三元体系</td><td>0.379</td></tr>
<tr><td rowspan="2">三元副段塞</td><td rowspan="2">2400</td><td rowspan="2">2520</td><td rowspan="2">0.15</td><td rowspan="2">0.3</td><td rowspan="2">1</td><td rowspan="2">1.2</td><td rowspan="2">0.21</td><td rowspan="2">0.24</td><td rowspan="2">0.2</td><td>组分可控</td><td>0.23</td></tr>
<tr><td>萨南石油磺酸盐</td><td>0.038</td></tr>
<tr><td>后续聚合物段塞</td><td>2000</td><td>2019</td><td></td><td></td><td></td><td></td><td>0.21</td><td>0.22</td><td>0.2</td><td colspan="2">0.370</td></tr>
<tr><td>化学驱合计</td><td></td><td></td><td></td><td></td><td></td><td></td><td></td><td></td><td>0.81</td><td colspan="2">1.307</td></tr>
</table>

四、开发效果

试验区注入三元体系0.08PV时采出井开始陆续见效，采出井见效存在差异，主要受油层发育、剩余油等因素影响，全区见效井比例92.5%，最大含水降幅8.3个百分点。低含水稳定期达14个月，提高采收率17.88个百分点，阶段采出程度20.46%（图7-6）。

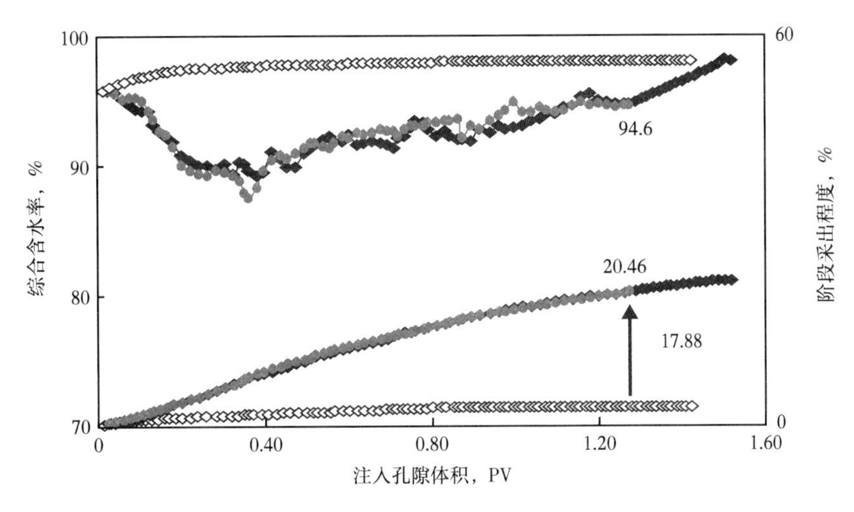

图 7-6　中心井区数模和实际对比曲线

第四节　南六区东部葡Ⅰ1-4 油层生物表面活性剂与烷基苯磺酸盐复配强碱复合驱油现场试验

一、试验区目的、意义

三元复合驱是一项能大幅度提高原油采收率的三次采油技术，大庆油田以往开展的先导性矿场试验，都取得了比水驱提高采收率 20% 以上的好效果，但是，化学剂成本过高在一定程度上制约了三元复合驱技术的推广应用。1997 年的“九五”国家重点科技攻关项目中，在北二区西部原小井距北井组的葡Ⅰ4-7 油层，开展了生物表面活性剂和合成磺酸盐表面活性剂复配三元复合驱先导性矿场试验。该试验通过应用复配表面活性剂，降低了合成磺酸盐类表面活性剂用量二分之一，节约合成表面活性剂成本近 30%，取得了比水驱提高采收率 23.24% 的好效果，大大提高了经济效益。同时也证明了用生物表面活性剂与合成磺酸盐类表面活性剂复配，是三元复合驱降低化学剂成本的有效途径。

为此，借鉴先导性试验取得的经验以及室内研究结果，在南六区 1# 注入站葡Ⅰ1-4 油层开展鼠李糖脂生物表面活性剂与烷基苯磺酸盐表面活性剂复配三元复合驱试验，在进一步降低化学剂用量条件下，研究鼠李糖脂生物表面活性剂与烷基苯磺酸盐复配三元复合驱方案优化设计，总结开发规律及调整方法，评价项目经济效益及推广可行性，探索提高采收率、降低开发成本的有效途径。

二、试验区基本情况

试验区面积 $1.40km^2$，试验目的层为葡Ⅰ1-4 油层，地质储量 170.42×10^4t，孔隙体积 $372.80\times10^4m^3$。采用五点法面积井网，注采井距 175m。试验总井数 56 口，其中三元复合驱注入井 23 口，采出井 33 口。平均单井射开砂岩厚度 13.56m，有效厚度 9.18m，有效

渗透率 $468\times10^{-3}\mu m^2$。中心井区面积 $0.76km^2$，共有注入井23口、采出井13口，砂岩厚度14.31m，有效厚度8.66m，有效渗透率 $434\times10^{-3}\mu m^2$，地质储量 87.52×10^4t，孔隙体积 $181.81\times10^4m^3$（表7-10）。

表7-10　试验区基础数据

项目	面积，km^2	砂岩厚度，m	有效厚度，m	有效渗透率，μm^2	孔隙体积，10^4m^3	地质储量，10^4t
中心井	0.76	14.31	8.66	0.434	181.81	87.52
全区	1.4	13.56	9.18	0.468	372.8	170.42

三、试验方案设计及实施

试验区于2006年8月投注空白水驱，2008年11月注入前置聚合物段塞，2009年4月投注烷基苯三元体系主段塞，2010年4月投注生物复配三元体系主段塞，2011年1月转注生物复配三元体系副段塞，2012年4月转注后续聚合物保护段塞（表7-11）。

表7-11　复合驱试验区注入方案及执行情况表

阶段	注入参数								注入速度PV/a		注入孔隙体积PV	
	聚合物，mg/L		生物表活剂，%		烷基苯表活剂，%		碱，%					
	方案	实际	方案	实际	方案	实际	方案	实际	方案	实际	方案	实际
前置聚合物段塞	1550	1515							0.2	0.18	0.06	0.0669
烷基苯三元主段塞	1600	1612			0.2	0.2	1.0	1.0	0.2	0.22	0.3	0.2146
复配三元主段塞	1600	1557	0.1	0.1	0.1	0.1	1.0	1.0	0.2	0.18		0.1397
复配三元副段塞	1500	1591	0.05	0.05	0.05	0.05	1.0	1.0	0.2	0.14	0.15	0.1730
后续聚合物保护段塞	1300	1164							0.2	0.12	0.2	0.1273
化学驱合计									0.2	0.16	0.71	0.7216

四、开发效果

生物三元复合驱试验区水驱结束时中心采油井综合含水率97.48%，采出程度46.5%，中心井区累计产油量 12.58×10^4t，累计增油量 11.72×10^4t，中心井区阶段提高采收率13.39%，目前采出程度为60.85%，试验区含水率为98%时，最终提高采收率可达到16.0个百分点以上（图7-7）。与注入单一烷基苯三元体系相比，生物三元阶段，已节约药剂费用1300万元，有效节约药剂成本11.3%。

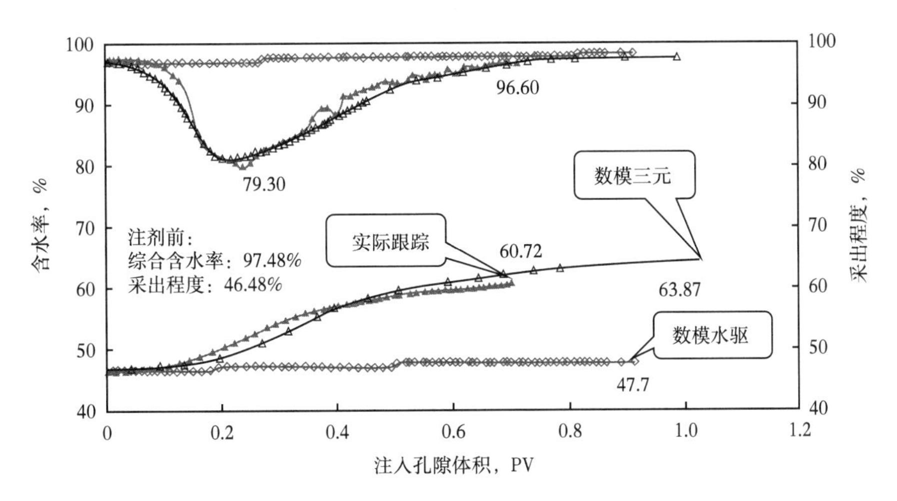

图 7-7 三元复合驱含水率及采出程度与数值模拟预测对比曲线

第五节 南四东萨Ⅱ7-12 油层石油磺酸盐 / 脂肽表面活性剂复配弱碱复合驱油现场试验

一、试验区目的、意义

萨南开发区未来几年三次采油的主要开发对象是二类油层，2009 年南二区东部、南三区东部及南二区西部二类油层陆续投入聚合物开发，提高采收率幅度预计在 10 个百分点以上，如何进一步提高二类油层采收率，是目前亟待解决的问题。室内研究和北二区西部二类油层弱碱三元复合驱矿场试验表明，弱碱三元复合驱比水驱提高采收率 20 个百分点以上。因此在借鉴一类油层强碱三元复合驱取得阶段效果的同时，萨南开发区二类油层探索应用弱碱三元复合驱的可行性具有重要意义。同时为拓展驱油用表面活性剂来源，探索表面活性剂复配，改善驱油效果的有效途径，尝试评价脂肽生物表面活性剂和石油磺酸盐表面活性剂复配三元体系。室内研究结果表明：在降低了合成石油磺酸盐表面活性剂用量三分之一的条件下，复配弱碱复合体系在一定浓度范围内，界面张力进一步降低，提高采收率幅度高于单一石油磺酸盐弱碱复合体系。为此，借鉴现场试验取得的经验以及室内研究结果，在南四区东部开展萨Ⅱ7-12 油层石油磺酸盐 / 脂肽表面活性剂复配弱碱复合驱油现场试验，在精细地质研究的基础上，结合室内物理模拟和数值模拟研究成果，对石油磺酸盐 / 脂肽弱碱三元复配体系配方进行优化和评价，对段塞组合、注入参数等进行优化设计，在进一步降低化学剂用量的条件下，研究复配弱碱三元复合体系的技术效果，评价经济效益。

二、试验区基本情况

试验区位于萨尔图油田南四区东部 2 号站地区，试验区北起南三 31 排，南至南四 10 排，西部以南 3—31—斜 P3036 与南 4—丁 10—斜 P3036 连线为界，东部以南 3—4—丙 42 与南 4—丁 10—斜 P342 连线为界。总井数 179 口，其中注入井 86 口，采出井 93 口，五点法面积井网，注采井距110m，试验目的层为萨Ⅱ7–14油层，试验区面积2.55km^2，平均单井射开砂岩厚度13.5m，有效厚度8.9m，有效渗透率0.301μm^2，地质储量229.62×10^{4}t，孔隙体积531.85×10^{4}m^3。中心井区面积1.33km^2，砂岩厚度13.7m，有效厚度9.0m，有效渗透率0.312μm^2，地质储量128.55×10^{4}t，孔隙体积262.35×10^{4}m^3（表7–12）。

表7–12　试验区基础数据表

区块	扩大试验区	
	全区	中心区
面积，km^2	2.55	1.33
总井数（注水井＋采油井），口	179（86+93）	140（86+54）
平均射开砂岩厚度，m	13.5	13.7
平均射开有效厚度，m	8.9	9
平均有效渗透率，10^{-3}μm^2	0.301	0.312
地质储量，10^{4}t	229.62	128.55
孔隙体积，10^{4}m^3	531.85	262.35

三、试验方案设计及实施

试验区于2013年10月投注空白水驱，2014年12月25日投注前置聚合物段塞，阶段注入聚合物溶液71.1258×10^{4}m^3，阶段注入地下孔隙体积0.134PV。2015年8月1日转注三元主段塞，2016年6月29日，聚合物分子量由1900×10^{4}调至2500×10^4，阶段注入三元溶液216.6084×10^{4}m^3，阶段注入地下孔隙体积0.412PV。2017年7月8日转注三元副段塞，三元阶段注入化学剂192.9652×10^{4}m^3，阶段注入地下孔隙体积0.363PV。2019年4月11日转注后续聚合物段塞。截至2019年9月30日，阶段注入化学剂54.3385×10^{4}m^3，阶段注入地下孔隙体积0.102PV，合计注入地下孔隙体积1.011PV。试验区累计产油量41.0071×10^{4}t，井口阶段采出程度17.86%；中心井区累计产油量26.2869×10^{4}t，阶段采出程度20.45%（表7–13）。

表7–13　试验方案执行情况表

阶段	注入参数					注入速度PV/a	注入孔隙体积，PV	
	聚合物分子量，10^4	聚合物，mg/L	碱，%	石油磺酸盐，%	脂肽，%		方案	实际
前置聚合物驱	1600~1900	1699				0.22	0.06	0.134
三元主段塞	1600~1900	1815	1.22	0.21	0.2	0.22	0.35	0.198
	2500	1806	1.23	0.24	0.24	0.2		0.214
三元副段塞	2500	1851	1	0.1	0.1	0.21	0.2	0.27
	1600~1900	1860	1	0.1	0.1	0.21		0.093
后续聚驱	1200~1600	1600					0.2	0.102
化学驱合计							0.81	1.011

四、开发效果

试验区中心井区阶段采出程度 18.01%，提高采出率 17.11%，预计综合含水率为 98% 时，提高采收率达到 19.2 个百分点，高于设计方案 3.2 个百分点。试验取得较好的开发效果（图 7-8）。

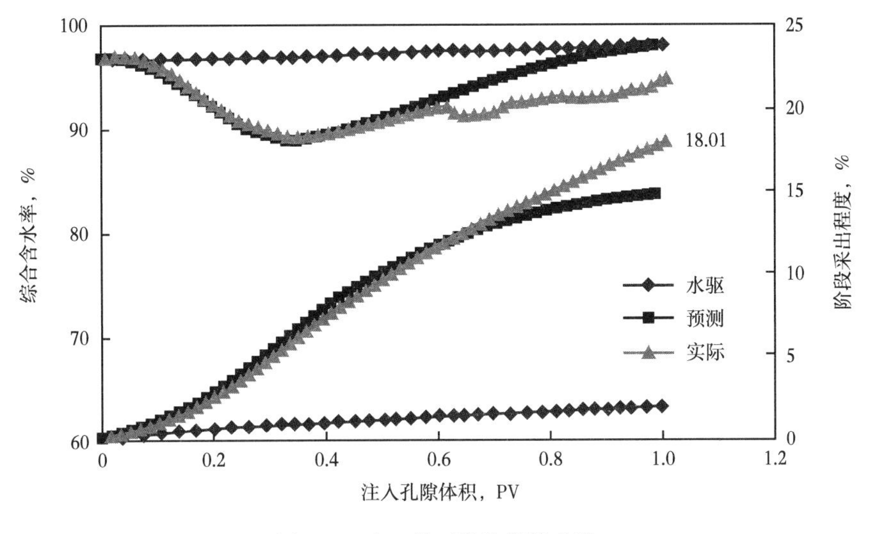

图 7-8　中心井区数值模拟曲线

第六节　复合驱工业化应用情况

大庆油田 1965 年开始三次采油技术攻关，不断突破聚驱、复合驱传统驱油理论，自主研发出抗盐聚合物和表面活性剂系列驱油剂，创建油藏工程配套技术，率先在世界上推广应用，建成全球最大化学驱生产基地。

三元复合驱技术于 2014 年开始推广应用，一类油层 8 个区块，动用地质储量 3719×10^4t，目前平均提高采收率 15.6 个百分点，预测最终提高采收率 16.9 个百分点；二类油层 27 个区块，动用地质储量 1.71×10^8t，目前平均提高采收率 13.9 个百分点，预测最终提高采收率 16.8 个百分点。其中脂肽复配弱碱三元复合驱主要在萨南二类 B+ 三类油层应用，目前已推广到萨中开发区，累计工业化推广 10 个区块，动用地质储量 5741×10^4t，预计最终平均提高采收率 18.10 个百分点。

截至 2023 年底，三元复合驱累计推广工业化区块 35 个，累计产油量 5149×10^4t，连续 8 年产油量超过 400×10^4t。

面对油田高质量发展的需求，持续开展核心技术攻关，随着开发对象和开发形势的变化，复合驱进入深度开发阶段。通过规模应用低成本驱油体系，发展完善油藏工程配套技术，进一步发展复合驱提质提效技术。

参考文献

[1] 程杰成，吴军政，胡俊卿．三元复合驱提高原油采收率关键理论与技术［J］．石油学报，2014，35（2）：310-318.

[2] 程杰成，王德民，李群，等．大庆油田三元复合驱矿场试验动态特征［J］．石油学报，2002，23（6）：37-40.

[3] 程杰成，廖广志，杨振宇，等．大庆油田三元复合驱矿场试验综述［J］．大庆石油地质与开发，2001，20（2）：46-49.

[4] 李华斌，李洪富．大庆油田萨中西部三元复合驱矿场试验研究［J］．油气田采收率技术，1999，6（2）：15-19.